全国科学技术名词审定委员会

科学技术名词·自然科学卷（全藏版）

6

海峡两岸地理学名词

海峡两岸地理学名词工作委员会

国家自然科学基金资助项目

科学出版社

北京

内 容 简 介

本书是由海峡两岸地理学界专家会审的海峡两岸地理学名词对照本，是在海峡两岸各自公布名词的基础上加以增补修订而成。内容包括地理学总论、自然地理学、地貌学、气候学、水文学、生物地理学、土壤地理学、医学地理学、环境地理学、化学地理学、冰川学、冻土学、沙漠学、湿地学、海洋地理学、古地理学、人文地理学、经济地理学、城市地理学、资源地理学、旅游地理学、人口地理学、历史地理学、社会与文化地理学、数量地理学、地球信息科学、地图学、地名学、遥感应用、地理信息系统等 30 大类，共收词约 5700 条。本书可供海峡两岸地理学界和其他领域的有关人士使用。

图书在版编目 (CIP) 数据

科学技术名词. 自然科学卷：全藏版 / 全国科学技术名词审定委员会审定.
—北京：科学出版社，2017.1
ISBN 978-7-03-051399-1

I. ①科… II. ①全… III. ①科学技术–名词术语 ②自然科学–名词术语
IV. ①N61

中国版本图书馆 CIP 数据核字 (2016) 第 314947 号

责任编辑：李玉英 / 责任校对：陈玉凤
责任印制：张　伟 / 封面设计：铭轩堂

科 学 出 版 社 出版
北京东黄城根北街 16 号
邮政编码：100717
http://www.sciencep.com
北京厚诚则铭印刷科技有限公司印刷
科学出版社发行　各地新华书店经销
*
2017 年 1 月第　一　版　　开本：787×1092 1/16
2017 年 1 月第一次印刷　　印张：20 1/4
字数：479 000
定价：5980.00 元 (全 30 册)
（如有印装质量问题，我社负责调换）

海峡两岸地理学名词工作委员会委员名单

召 集 人：郑　度　　蔡运龙

委　　员(按姓氏笔画为序)：

王五一　　刘卫东　　齐清文　　李　平　　李玉英

李丽娟　　吴绍洪　　冷疏影　　宋长青　　张国友

张镱锂　　周尚意　　柴彦威　　顾朝林

召 集 人：王秋原　　鄭勝華

委　　員(按姓氏筆畫爲序)：

吳連賞　　何猷賓　　沈淑敏　　林俊全　　徐美玲

陳國川　　張瑞津　　趙建雄　　鄧國雄　　薛益忠

嚴勝雄

序

科学技术名词作为科技交流和知识传播的载体,在科技发展和社会进步中起着重要作用。规范和统一科技名词,对于一个国家的科技发展和文化传承是一项重要的基础性工作和长期性任务,是实现科技现代化的一项支撑性系统工程。没有这样一个系统的规范化的基础条件,不仅现代科技的协调发展将遇到困难,而且,在科技广泛渗入人们生活各个方面、各个环节的今天,还将会给教育、传播、交流等方面带来困难。

科技名词浩如烟海,门类繁多,规范和统一科技名词是一项十分繁复和困难的工作,而海峡两岸的科技名词要想取得一致更需两岸同仁作出坚韧不拔的努力。由于历史的原因,海峡两岸分隔逾50年。这期间正是现代科技大发展时期,两岸对于科技新名词各自按照自己的理解和方式定名,因此,科技名词,尤其是新兴学科的名词,海峡两岸存在着比较严重的不一致。同文同种,却一国两词,一物多名。这里称"软件",那里叫"软体";这里称"导弹",那里叫"飞弹";这里写"空间",那里写"太空";如果这些还可以沟通的话,这里称"等离子体",那里称"电浆";这里称"信息",那里称"资讯",相互间就不知所云而难以交流了。"一国两词"较之"一国两字"造成的后果更为严峻。"一国两字"无非是两岸有用简体字的,有用繁体字的,但读音是一样的,看不懂,还可以听懂。而"一国两词"、"一物多名"就使对方既看不明白,也听不懂了。台湾清华大学的一位教授前几年曾给时任中国科学院院长周光召院士写过一封信,信中说:"1993年底两岸电子显微学专家在台北举办两岸电子显微学研讨会,会上两岸专家是以台湾国语、大陆普通话和英语三种语言进行的。"这说明两岸在汉语科技名词上存在着差异和障碍,不得不借助英语来判断对方所说的概念。这种状况已经影响两岸科技、经贸、文教方面的交流和发展。

海峡两岸各界对两岸名词不一致所造成的语言障碍有着深刻的认识和感受。具有历史意义的"汪辜会谈"把探讨海峡两岸科技名词的统一列入了共同协议之中,此举顺应两岸民意,尤其反映了科技界的愿望。两岸科技名词要取得统一,首先是需要了解对方。而了解对方的一种好的方式就是编订名词对照本,在编订过程中以及编订后,经过多次的研讨,逐步取得一致。

全国科学技术名词审定委员会(简称全国科技名词委)根据自己的宗旨和任务,始终把海峡两岸科技名词的对照统一工作作为责无旁贷的历史性任务。近些年一直本着积极推进,增进了解;择优选用,统一为上;求同存异,逐步一致的精神来开展这项工作。先后接待和安排了许多台湾同仁来访,也组织了多批专家赴台参加有关学科的名词对照研讨会。工作中,按照先急后缓、先易后难的精神来安排。对于那些与"三通"

有关的学科,以及名词混乱现象严重的学科和条件成熟、容易开展的学科先行开展名词对照。

在两岸科技名词对照统一工作中,全国科技名词委采取了"老词老办法,新词新办法",即对于两岸已各自公布、约定俗成的科技名词以对照为主,逐步取得统一,编订两岸名词对照本即属此例。而对于新产生的名词,则争取及早在协商的基础上共同定名,避免以后再行对照。例如 101~109 号元素,从 9 个元素的定名到 9 个汉字的创造,都是在两岸专家的及时沟通、协商的基础上达成共识和一致,两岸同时分别公布的。这是两岸科技名词统一工作的一个很好的范例。

海峡两岸科技名词对照统一是一项长期的工作,只要我们坚持不懈地开展下去,两岸的科技名词必将能够逐步取得一致。这项工作对两岸的科技、经贸、文教的交流与发展,对中华民族的团结和兴旺,对祖国的和平统一与繁荣富强有着不可替代的价值和意义。这里,我代表全国科技名词委,向所有参与这项工作的专家们致以崇高的敬意和衷心的感谢!

值此两岸科技名词对照本问世之际,写了以上这些,权当作序。

2002 年 3 月 6 日

前　　言

　　历经数年,《海峡两岸地理学名词》终于付梓,我们希望通过两岸地理学名词的对照与求同存异,对两岸地理学术语交流和地理知识交流起积极作用。

　　这个工作的基础,在大陆方面是全国科学技术名词审定委员会于 2006 年公布,科学出版社于 2007 年正式出版的《地理学名词》(第二版);台湾方面是地理学会地理名词工作委员会研订的"地理学领域学术名词"。双方工作委员会成员各自做了细致的案头工作,相互间又进行了多次交流和讨论,本书是两岸地理学工作者共同努力的结果。

　　两岸虽然同种同文,但毕竟曾隔绝多时,各自有地理学发展的路径,所以对很多地理概念的表达有所不同。本着求同存异的原则,我们已尽力将两岸地理学名词的"同"和"异"收录进本书。很难说哪种表达更好,但无疑可相互学习、相互借鉴。

　　自 20 世纪 90 年代以来的两岸三地华人地理学者会议,及地理专业领域的各类型学术交流研讨会中,两岸地理学者们皆发现专业术语的两岸各表,已到了要正视与共识的地步了。因此,本书是两岸地理学家交流、合作的一个见证,也是今后交流、合作的一个新起点,我们期待更进一步的交流、合作。

　　地理学在发展,其概念也在不断发展和变化,新名词频繁出现。例如,近年来出现的地理学新名词有 ABC(atmosphere brown cloud,棕色云层)、panarchy(攀级)、audio walk(音响步道)、catena(土链)、fragmentation(碎裂化)、natural capital(自然资本)、noosphere(智能圈)等等;原来的一些名词也引申出新的含义,例如,triangulation 原为测量学名词"三角测量",目前已引申为一个地理学方法名词(试译为"多源数据综合分析法")。上述种种,都尚未来得及收录进本书,今后还会不断有新名词出现,我们希望这个修正的工作能持续进行,也盼望能建立快速的网络修正平台,使全球华人地理学者对新的地理学名词之中文译名快速取得共识。

　　限于我们的常识和能力,《海峡两岸地理学名词》难免有疏漏和瑕疵,切望读者指正,以利今后改进。

海峡两岸地理学名词工作委员会

2010 年 1 月

编 排 说 明

一、本书是海峡两岸地理学名词对照本。

二、本书分正篇和副篇两部分。正篇按汉语拼音顺序编排;副篇按英文的字母顺序编排。

三、本书[ ]中的字使用时可以省略。

正篇

四、本书中祖国大陆和台湾地区使用的科技名词以"大陆名"和"台湾名"分栏列出。

五、本书正名和异名分别排序,并在异名处用(=)注明正名。

六、本书收录名词的对应英文名为多个时(包括缩写词)用","分隔。

副篇

七、英文名对应多个相同概念的汉文名时用","分隔,不同概念的用① ② ③分别注明。

八、英文名的同义词用(=)注明。

九、英文缩写词排在全称后的( )内。

目　　录

正 篇

A

大 陆 名	台 湾 名	英 文 名
阿尔卑斯运动	阿爾卑斯[造山]運動	Alpine orogeny
阿尔法数	阿爾法指數	alpha index
阿拉伯地理学	阿拉伯地理學	Arabic geography
阿拉伯文明	阿拉伯文明	Arabic civilization
阿隆索[地租]模型	阿隆索[競租]模式	Alonso model
癌症分布	癌症分佈	cancer distribution
爱奥尼亚地图	愛奧尼亞地圖	Ionian map
爱奥尼亚哲学家	愛奧尼亞哲學家	Ionian philosopher
岸礁	裙礁	fringing reef
暗沃土(＝软土)		
暗棕壤	暗棕壤	dark brown forest soil, dark brown soil
凹岸,掏蚀坡	基蝕坡,切割坡	undercut slope
奥陶纪	奧陶紀	Ordovician Period
澳大利亚界	澳大利亞界	Australian realm
澳大利亚植物区	澳大利亞植物區	Australian kingdom

B

大 陆 名	台 湾 名	英 文 名
巴萨基学派	巴薩基學派	Passarge school
白浆土	白漿土	Baijiang soil
白龙堆	白龍堆	bailongdui
白云母	白雲母	muscovite
白云岩	白雲岩	dolomite
斑晶	斑晶	phenocryst
斑岩	斑岩	porphyry
搬运作用	搬運作用	transportation
板块	板塊	plate

大　陆　名	台　湾　名	英　文　名
板块边缘	板塊邊緣	plate boundary
板块构造学	板塊運動［學］	plate tectonics
板岩	板岩	slate
板状劈理	板狀劈理	slaty cleavage
半岛	半島	peninsula
半岛效应	半島效應	peninsula effect
半固定沙丘	半固定沙丘	semifixed dune
半农半牧区	半農半牧區	farming-pastoral region
半球	半球	hemisphere
半衰期	半衰期	half-life
半水生	半水生	semiaquatic
包裹体	包裹體	inclusion
包价旅游	套裝旅遊	package tourism
包气带	飽和氣帶	aeration zone
包气带水	滲流水	vadose water
孢粉图谱	孢粉圖譜	pollen diagram
雹击线	雹線	hailstreak
雹灾	雹災	hail damage
薄层土	薄層土	Leptosol
薄膜水迁移	薄膜水遷移	film water migration
饱和带	飽和帶	saturated zone
饱和地面径流	飽和地表徑流	saturation overland flow
饱和水汽压	飽和水汽壓	saturation vapor pressure
保护	保護,保存,保育	preservation
保护生物学	保育生物學	conservation biology
保健地理	保健地理,健康照護地理	geography of health care
保守主义改革	保守主義革命	conservative revolution
保税区	保稅區,免稅區	duty-free zone
堡礁	堡礁	barrier reef
暴发洪水	暴洪	flash flood
暴露	暴露	exposure
暴雨径流	暴雨徑流	storm flow
爆发(=喷发)		
北半球	北半球	northern hemisphere
北方带	北方帶	boreal
北方灰化土	北方灰化土	nordic podzol
北回归线	北回歸線	Tropic of Cancer

大　陆　名	台　湾　名	英　文　名
北极	北極	north pole
北极圈	北極圈	arctic circle
北美草原	[北美]大草原	prairie
贝克曼城镇体系模型	貝克曼城鎮體系模型	Beckmann model of city system
贝塔数	貝塔數,貝塔指標	beta index
贝叶斯推理	貝氏推理	Bayesian inference
背风面	背風面	leeside
背风坡	背風坡	leeward slope
背景理论	脈絡理論	contextual theory
被动大陆边缘	被動陸緣,鈍性陸緣	passive continental margin
被动散布	被動散佈	passive dispersal
被动遥感	被動式遙測	passive remote sensing
本初子午线	本初子午線	prime meridian
本地化	地方化	localization
本地化程度	地方化程度,在地内涵	local content
本地化经济	區位化經濟	localization economy
崩解,解体	崩解[作用]	disintegration
比较地理学	比較地理學	comparative geography
比较地图学	比較地圖學	comparative cartography
比较分析	比較分析	comparative analysis
比较水文学	比較水文學	comparative hydrology
比较研究	比較研究	comparative study
比较优势	比較利益,比較優勢	comparative advantage
比例尺逻辑(=尺度逻辑)		
比热	比熱	specific heat
比湿	比濕	specific humidity
比重	比重	specific gravity
闭合盆地	封閉盆地	closed basin
边际农民	邊際農民	marginal farmer
边际生产力	邊際生產力	marginal productivity
边疆	邊疆	frontier
边疆城市	邊境都市	frontier city
边疆学说	邊境理論	frontier thesis
边界/区域参考索引	邊界/區域參考指數	boundary/district reference index
边境区	過境區	transit area
边石	緣石	rimstone
边缘城市	邊緣城市	edge city

大　陆　名	台　湾　名	英　文　名
边缘地	邊緣地區	peripheral area
边缘弧	邊緣弧	border arc
边缘匹配	邊緣契合	border matching
边缘效应	邊緣效應	edge effect
边缘增强	邊緣增強	edge enhancement
扁椭圆体	扁椭圆體	oblate ellipsoid
便捷距离	便捷距離	convenience distance
变差系数	變異係數	coefficient of variation
K-L变换	K-L變換	K-L transform
变温有机体	變溫有機體	poikilotherm
变形碛	變形碛	deformation till
变性土,膨转土	反轉土,膨轉土,黏裂土	vertisol
变质程度	變質度	metamorphic grade
变质相	變質相	metamorphic facies
变质岩	變質岩	metamorphic rock
变质作用	變質作用	metamorphism
辫状河	辮狀河	braided stream
标型元素	標型元素	typomorphic element
标志化石	指標化石	index fossil
标注	標注	label
[标准]大都市统计区	[標準]大都會統計區	Standard Metropolitan Statistical Area, SMSA
标准化死亡率	標準化死亡率	standardized mortality
标准交换格式	標準交換格式	standard interchange format, SIF
标准经线	標準經線	standard meridian
标准时	標準時	standard time
标准时间系统	標準時間系統	standard time system
标准时区	標準時區	standard time zone
标准纬线	標準緯線	standard parallel
表层水,壤中水	表層水,地下水	subsurface water
表面张力	表面張力	surface tension
表土层	表土層	surface soil layer, top soil
表现世界	表現世界	world of appearance
表型	表現型	phenotype
表征[再现]	表徵[再現]	representation
滨河床沙坝	河道沙洲	channel bar, sand bar
滨外	濱外	offshore
滨外坝	離岸沙洲,濱外沙洲	offshore bar

大　陆　名	台　湾　名	英　文　名
濒危物种	瀕危物種	endangered species
濒危遗产	瀕危襲產	heritage in danger
冰雹	冰雹	hail
冰暴	冰暴	ice storm
冰擦痕	冰擦痕	glacial stria
冰川	冰川	glacier
冰川拔蚀作用	冰拔,拔蝕	plucking
冰川编目	冰川編目	glacier inventory
冰川变化	冰川變動	glacial fluctuation
冰川冰	冰川冰	glacier ice
冰川冰结构	冰川冰結構	glacier ice texture
冰川补给	冰川補給	alimentation of glacier
冰川带	冰川帶	glacial zone
冰川地貌	冰河地形	glacial landform
冰川地质学	冰河地質學	glacial geology
冰川分类	冰川分類	classification of glacier
冰川风	冰川風	glacial wind
冰川后退	冰川後退	glacier retreat
冰川积累区	冰川積累區	accumulation area of glacier
冰川裂隙	冰隙	crevasse
冰川泥石流	冰川土石流	glacial debris flow
冰川年代学	冰河年代學	glacier chronology
冰川平衡线	冰川平衡線	glacier equilibrium line
冰川气候学	冰河氣候學	glacioclimatology
冰川前进	冰川前進	glacier advance
冰川融水径流	冰川融水徑流	glacier melt water runoff
冰川三角洲	冰河三角洲	glacial delta
冰川水文学	冰河水文學	glaciohydrology
冰川挖掘[作用]	冰拔[作用]	glacial plucking
冰川物理学	冰川物理學	physics of glacier
冰川物质平衡	冰川塊體平衡	glacier mass-balance
冰川消融区	冰融區	ablation area of glacier
冰川消退	冰川消退	deglaciation
冰川学	冰河學	glaciology
冰川跃动	冰川湧動	glacier surging
冰川运动	冰川流動	glacier motion, flow of glacier
冰川阻塞湖	冰川堰塞湖	glacier-dammed lake
冰川作用	冰河作用	glaciation

大　陆　名	台　湾　名	英　文　名
冰斗	冰斗	cirque
冰斗冰川	冰斗冰川	cirque glacier
冰海沉积	冰海沈積	iceberg deposit
冰河沉积	冰河沈積	glacio-river deposit
冰后期	冰後期	post-glacial age
冰湖沉积	冰湖沈積	glacio-lacustrine deposit
冰湖溃决洪水	冰湖潰決洪水	glacial lake outburst flood
冰花	冰花	shuga
冰架	冰架,冰棚	ice shelf
冰肋	冰肋	ogives, Forbes bands
冰砾阜	冰礫階	kame
冰砾阜阶地	冰礫臺地	kame terrace
冰流	冰流	ice stream
冰帽	冰帽	ice cap
冰瀑布	冰瀑	icefall
冰期	冰期	ice age
冰碛	冰磧	moraine
冰碛平原	冰磧平原	till plain
冰碛物	冰磧石,冰磧土	till
冰碛岩	冰磧岩	tillite
冰碛阻塞湖	冰磧堰塞湖	moraine-dammed lake
冰情	冰情	ice phenomena
冰塞	冰塞	frazil jam
冰山	冰山	iceberg
冰山运输模型	冰山運輸形態	iceberg form of transport
冰舌	冰舌	glacier tongue
冰蚀槽	冰蝕槽,冰河谷	glacier trough
冰蚀湖	冰蝕湖	glacial erosion lake
冰蚀平原	冰蝕平原	ice-scoured plain
冰水沉积	冰水沈積	glaciofluvial deposit
冰水沉积平原	外洗平原	outwash plain
冰水扇	冰水扇,外洗扇	outwash fan
冰透镜体	冰透鏡體	ice lens
冰下河道	冰下河道	subglacial channel
冰楔多边形	冰楔多邊形	ice wedge polygon
冰楔假型	冰楔鑄型	ice wedge cast
冰芯	冰芯	ice core
冰芯定年	冰芯定年	ice core dating

大 陆 名	台 湾 名	英 文 名
冰芯记录	冰芯記錄	ice core record
冰雪化学	冰雪化學	glaciochemistry
冰雪灾害	冰雪災害	disaster from snow and ice
冰原	冰原	ice field
冰原岛	冰原島	nunatak
冰缘	冰緣	periglacial
冰缘地貌	冰緣地形	periglacial landform
冰缘岩柱	冰緣岩柱	periglacial tor
冰缘作用	冰緣作用	periglacial process
冰针	冰針	needle ice, pipkrake(法)
冰组构图	冰組構圖	ice fabric diagram, Sohmidt diagram
病带	病帶	disease belt
病原复合体	病原複合體	pathogen complex
病原菌地理学	病原菌地理學	geography of pathogenic microbe
S 波(=次波)		
波长	波長	wave length
波动性气旋	波狀氣旋	wave cyclone
波动周期	波浪週期	wave period
波峰	波峰	wave crest
波高	波高	wave height
波谷	波谷	wave trough
波痕	波痕	ripple mark
波浪	波浪	wave
波浪侵蚀	波[浪侵]蝕	wave erosion
波浪折射	波折射	wave refraction
波依廷格地图	柏丹格地圖	Peutinger Table
波状沙地	波狀沙地	wave-form sand
剥蚀面	剝蝕面	denudation surface
剥蚀作用	剝蝕作用	denudation
剥削理论	剝削理論	theory of exploitation
伯格曼定律	伯格曼定律	Bergmann's rule
伯克利学派	柏克萊學派	Berkeley school
柏拉图形而上学	柏拉圖形上學	Plato's metaphysics
柏拉图真理概念	柏拉圖真相概念	Plato's conception of truth
博彩旅游	博奕旅遊	gambling
博弈论	博奕理論,賽局理論	game theory
补偿贸易	補償貿易	compensatory trade
补给	補注	recharge

大　陆　名	台　湾　名	英　文　名
捕虏体	捕虏岩	xenolith
捕食	捕食	predation
捕食者-被捕食者模型	捕食者-被捕食者模式	prey-predator model
不称河	不稱河,錯置河	misfit stream
不规则三角网	不規則三角網	triangular irregular network，TIN
不经济	非經濟	diseconomy
不可更新资源	非再生資源	non-renewable resources
不可知论	不可知論	agnosticism
不连续多年冻土	不連續永凍土	discontinuous permafrost
不连续面	不連續面	discontinuity
不确定性	不確定性	uncertainty
不同时性(=异步化)		
不透水	不透水	impermeable
不稳定的空气	不穩定的空氣	unstable air
不整合	不整合	discordance
布吕克纳周期	布呂克納週期	Brückner cycle
布容正向极性期	布容正向極性期	Brunhes normal polarity chron
部分融熔	部分融熔	partial melting
部门地理学	部門地理學	sectorial geography
部门经济地理学	部門經濟地理學	sectorial economic geography
部门自然区划	部門自然區域化	sectorial physical regionalization

C

大　陆　名	台　湾　名	英　文　名
擦痕	擦痕	striation
裁弯取直	曲流快捷方式,曲流切斷	meander cutoff
采矿工程师	礦業工程師	mining engineer
彩色合成	彩色合成	color composite
彩色增强	彩色增強	color enhancement
菜园土	菜園土	vegetable garden soil
参数化	參數化	parameterization
残积风化层	殘積風化層	residual regolith
残积景观	殘積景觀	eluvial landscape
残积矿床	殘積礦床	residual deposit
残积土	殘積土	residual soil
残积物	殘積物	eluvium

大　陆　名	台　湾　名	英　文　名
残留因素	殘留因素	relic factor
残丘	殘丘	monadnock
残遗土	殘遺土	relict soil
残遗种	殘遺種,孑遺種	relict species
残余多年冻土	殘餘永凍土	relict permafrost
操纵限制	操縱限制	steering constraint
漕河	漕河	waterway of grain transporting
漕运	漕運	grain transporting
槽谷	槽谷,箱形谷	box valley
草本植物	草本植物	herb
草场模型	牧場模式	pasture model
草丛湿地	草叢濕地	grass wetland
草丛沼泽	草叢沼澤	grass swamp
草地退化	牧場退化	pasture degradation
草甸	草地,草場	meadow
草甸草原	濕[貧]草原	meadow steppe
草甸土	濕草原土	meadow soil
草甸沼泽化	草地沼澤化	meadow paludification, swampiness of meadow
草方格沙障	草方格沙柵	grass pane sandfence
草库伦	封閉的草原	enclosed grassland
草食性动物	草食性動物	herbivore
草原	貧草原	steppe
草原动物群	貧草原動物群	steppe faunal group
草原气候	貧草原氣候	steppe climate
草原土壤	貧草原土壤	steppe soil
侧碛垄	側冰磧	lateral moraine
侧向侵蚀	側向侵蝕	lateral erosion
层	層	layer
E 层	E 層	E horizon
层叠扩散	層級擴散	cascade diffusion
层积云	層積雲	stratocumulus
层间流	層間流	interaquifer flow
层结湖	層結湖	stratified lake
层理	層理	stratification
层流	層流	laminar flow
层云	層雲	stratus
层状火山	層狀火山	stratovolcano

大　陆　名	台　湾　名	英　文　名
层状云	層狀雲	stratiform cloud
插入机会(=介入机会)		
查帕拉尔群落	查帕拉爾群落,硬葉常綠矮木林,荊棘灌叢	chaparral
差异风化	差異風化	differential weathering
差异侵蚀	差異侵蝕	differential erosion
差异世界	差異世界	world of difference
产流	徑流的生成	runoff generation
4D 产品	4D 產品	DLG, DOM, DEM and DTM products
产沙率	產沙率	sediment production rate
产水量	產水量	water yield
产业垂直联系	垂直產業關聯	vertical industrial linkage
产业带区位	產業帶區位	industrial belt location
产业惯性	產業慣性	industrial inertia
产业集群	產業集群	industrial cluster
产业间关联	產業內部關聯	inter-industry linkage
产业联系	產業關聯	industrial linkage
产业区理论	工業區理論	industrial district theory
产业水平联系	產業水平聯繫	horizontal industrial linkage
颤沼	顫沼,踐動沼	quaking bog
长波辐射	長波輻射	longwave radiation
长城	長城	the Great Wall
长石	長石	feldspar
长寿区	長壽區	longevous area
长狭海湾	谷灣	ria
常规化	定型化	routinization
常流河	常流河	perennial stream
常绿阔叶林	常綠闊葉林	evergreen broadleaved forest
常人方法论	常民方法論[學]	ethnomethodology
场所(=地方)		
场所感	地方感	sense of place
场所与非场所,地方与非地方	場所與非場所,地方與非地方	place and placelessness
敞田	敞田	openfield
敞田制度	敞田制度	openfield system
超空间	超空間	hyperspace
超镁铁岩	超基性岩	ultramafic rock

大　陆　名	台　湾　名	英　文　名
超渗产流	超滲徑流	runoff generation from excess rain
超渗地表径流	超滲地表徑流	infiltration-excess overland flow
超图	超圖	hypergraph
超微化石	超微化石	nannofossil
超越论者	先[超]驗論者	transcendentalist
潮差	潮差	tidal range
潮沟	潮溝	tidal creek
潮间带	潮間帶	intertidal zone
潮流	潮流	tidal current
潮流界	潮流界	tidal current limit
潮流沙脊	潮流沙脊	tidal ridge
潮坪,潮滩	潮汐灘地,潮埔	tidal flat
潮区界	潮區界	tidal limit
潮上带	潮上帶	uptidal zone, supralittoral zone
潮滩(=潮坪)		
潮土	潮土	fluvo-aquic soil
潮汐	潮汐	tide
潮汐三角洲	潮汐三角洲	tidal delta
潮汐通道	潮流道,潮流口	tidal channel, tidal inlet
潮下带	潮下帶	subtidal zone, sublittoral zone
沉积构造	沈積構造	sedimentary structure
沉积物	沈積物	sediment
沉积相	沈積相	sedimentary facies
沉积学	沈積學	sedimentology
沉积岩	沈積岩	sedimentary rock
沉积作用	沈積作用	sedimentation
沉积作用型海面变化	沈積[作用]型海面變化	sedimento-eustasy
沉降	落塵	fallout
成层冰碛	層狀冰磧	stratified drift
成熟土壤	成熟土壤	mature soil
成像光谱仪	成像光譜儀	imaging spectrometer
成像雷达	成像雷達	imaging radar
成型土	成型土	patterned ground
成岩作用	成岩作用	diagenesis
承受力	承受力	stress
承压地下水	受壓地下水	confined groundwater
承载量	承載量,負載力	carrying capacity

大　陆　名	台　湾　名	英　文　名
城邦	城邦	city-state
城郊经济学	城郊經濟學	economics of outskirts
城市	城市	city
城市边缘区	都市外緣	urban fringe
城市病	城市病	city disease
城市布局	都市佈局	urban layout
城市场	都市場	urban field
城市成长阶段	都市成長階段	urban growth stage
城市创业主义	都市創業主義［精神］	urban entrepreneuriatism
城市道路等级	都市道路階層	urban road hierarchy
城市等级体系	都市階層	urban hierarchy
城市地理信息系统	都市地理資訊系統	urban GIS, UGIS
城市地理学	都市地理學	urban geography
城市地貌学	都市地形學	urban geomorphology
城市地图	都市地圖	urban map, city map
城市地图集	都市地圖集	urban atlas
城市地域结构	都市地域結構	structure of urban area
城市复兴	都市重振	urban rehabilitation
城市腹地	城市腹地	city hinterland
城市感应	城市識覺	city perception
城市高速交通系统	都市大眾運輸系統	urban mass transport system
城市革命	都市革命	urban revolution
城市更新	都市更新	urban renewal
城市管理主义	都市管理主義	urban managerialism
城市管治	都市治理	urban governance
城市规划	都市計畫	urban planning
城市规划区	都市計畫區	urban planning area
城市规模	城市規模	city size
城市规模等级	都市規模等級	order of urban size
城市规模分布	城市規模分佈	city size distribution
城市过密	過度集中	over-concentration
城市合理规模	最適城市規模	optimum city size
城市核心	都市核心	urban core
城市化	都市化	urbanization
城市化地区	都市化地區	urbanized area
城市化经济	都市化經濟	urbanization economy
城市化曲线	都市化曲線	urbanization curve
城市化水平	都市化程度	degree of urbanization

大　陆　名	台　湾　名	英　文　名
城市环境	都市環境	urban environment
城市基础设施	都市基礎設施	urban infrastructure
城市集聚区	都市聚集	urban agglomeration
城市计划	都市計畫	urban program
城市交通	都市交通	urban transport
城市交通规划	都市交通規劃	urban traffic planning
城市结构	都市結構	urban structure
城市结构规划	都市結構規劃	urban structural planning
城市经济基础理论	都市經濟基礎理論	urban economic base theory
城市经济区	都市經濟區	urban economic region
城市经济学	都市經濟學	urban economics
城市经济职能	都市經濟機能	urban economic function
城市经理人与守门人	都市經理人與守門人	urban manager and gatekeeper
城市扩展	都市擴張	urban expansion
城市连续建成区	都市道	urban tract
城市旅游	都市旅遊	urban tourism
城市蔓延	都市蔓延	urban sprawl
城市密度梯度	都市密度梯度	urban density gradient
城市密度梯度律	都市密度梯度律	urban density gradient law
城市起源	城市起源	city origin
城市气候	都市氣候	urban climate
城市区域	市區	city region
城市群岛	都市列嶼	urban archipelago
城市人口	都市人口	urban population
城市人口结构	都市人口結構	urban population structure
城市人口预测	都市人口預測	urban population projection
城市容量	都市容量	urban capacity
城市设计	都市設計	urban design
城市社会学	都市社會學	urban sociology
城市社会运动	都市社會運動	urban social movement
城市社区	城市社區	city community
城市生活方式	都市生活風格	urban style of life
城市生态经济学	都市生態經濟學	economics of urban ecology
城市生态系统	都市生態系統	urban ecological system
城市生态学	都市生態學	urban ecology
城市生长极	都市成長極	urban growth pole
城市首位度	都市首位度	urban primacy ratio
城市首位律	首要城市定律	law of the primate city

大　陆　名	台　湾　名	英　文　名
城市疏散	都市去中心化	urban decentralization
城市衰退	都市衰退	urban decline
城市水文学	都市水文學	urban hydrology
城市体系	都市體系	urban system
城市土地经济学	都市土地經濟學	economics of urban land
城市网络	都市網絡	urban network
城市文化	都市文化	urban culture
城市问题	都市問題	urban issue, urban problem
城市吸引力	都市吸引力	urban attraction
城市系统动力学模式	都市系統動力學模式	urban system dynamic model
城市详细规划	都市細部規劃	urban detailed planning
城市信息系统	都市資訊系統	urban information system
城市形态	都市形態	city form, urban morphology
城市遥感	都市遙測	urban remote sensing
城市意象	城市意象	city image
城市影响分析	都市影響分析	urban impact analysis
城市影响区	都市林蔭	urban shadow
城市用地评价	都市用地評價	land evaluation for urban development
城市用地选择	都市用地選擇	land option for urban development
城市远郊	都市遠郊	exurban
城市运动	都市運動	urban movement
城市再开发	都市再開發	urban redevelopment
城市增长	都市成長	urban growth
城市政策	都市政策	urban policy
城市职能	城市機能	city function
城市职能分类	城市機能分類	functional classification of city
城市职能指数	都心機能指數	functional index of urban center
城市中心	都市中心	urban center
城市中轴线	都市計畫中軸線	central axis of urban planning
城市专门化指数	城市中心專業化指數	specialization index of urban center
城市自然地理学	都市自然地理學	urban physical geography, physical geography of city
城市总体规划	都市總體規劃	urban master planning
城乡交错带	城鄉交錯帶	rural-urban fringe
城乡连续谱	城鄉連續帶	rural-urban continuum
城乡一体化	城鄉整合	rural-urban integration
城镇发展轴线	都市發展軸線	urban development axis
城镇景观	城鎮景觀	townscape

大　陆　名	台　湾　名	英　文　名
城镇中的破落街区	貧民區	skid row
城址选择	城址選擇	selection of city site
城址转移	市址變遷	change of city site
城中村	都市村	urban village
持久性有机污染物	持久性有機污染物	persistent organic pollutant
尺度辩证法	尺度論證	scale dialectics
尺度分析	尺度分析	scale analysis
尺度逻辑,比例尺逻辑	尺度邏輯,比例尺邏輯	dialectics of scale
尺度效应	尺度效應	scale effect
赤道	赤道	equator
赤道槽	赤道槽	equatorial trough
赤道带	赤道帶	equatorial zone, equatorial belt
赤道东风	赤道東風	equatorial easterlies
赤道无风带	赤道無風帶	doldrums
赤道洋流	赤道洋流	equatorial current
赤道雨林	赤道雨林	equatorial rainforest
赤红壤	赤紅壤	latosolic red soil
冲断层	逆[沖]斷層	thrust fault
冲沟	蝕溝	gully
冲积层	沖積層	alluvium
冲积平原	沖積平原	alluvial plain
冲积扇	沖積扇	alluvial fan
冲积土	沖積土	Fluvisol
冲积物	沖積物	alluvial deposit
冲积锥	沖積錐	alluvial cone
冲浪带	衝浪帶,礁波帶	surf zone
冲流带(=急流带)		
冲刷	雨洗	washout
重叠原理	疊置定律	law of superposition
重复分凝成冰	重複分凝成冰	repeated ice segregation
重复脉冰	重複脈冰	repeated vein ice
重构区域地理	重構區域地理	reconstructed regional geography
重结晶作用	再結晶作用	recrystalization
抽样技术	抽樣技術	technique of sampling
臭氧	臭氧	ozone
臭氧层	臭氧層	ozone layer
臭氧层空洞	臭氧層破洞	ozone hole
臭氧层损耗	臭氧層損耗	depletion of ozone layer

大　陆　名	台　湾　名	英　文　名
出境旅游	出境旅遊	outbound tourism
出口基础理论	出口基礎理論	export base theory
出口加工区	出口加工區	export processing zone
出流河	出流河	effluent stream
出行方式	出遊方式	modes of trip
初波	初波	primary wave
初级产业(＝第一产业)		
初级生产力	初級生產力	primary productivity
初级生产者	初級生產者	primary producer
初级消费者	初級消費者	primary consumer
初渗	初滲	initial infiltration
初生水,岩浆水	初生水,岩漿水	juvenile water
初始地形	初始地形	initial landform
初学者	業餘博學者	learnt amateur
雏形土	始成土	Cambisol
储油岩	儲油岩	reservoir rock
触觉地图	觸覺地圖	tactile map, tactual map
传媒地理	媒體地理[學]	geography of media
传染病分布	傳染病分佈	infectious disease distribution
传染病模型	傳染模式	infection model
传统病	傳統病	traditional disease
传统区域经济学	傳統區域經濟學	traditional regional economics
串珠湖	串珠湖	pater noster lake
创世和谐	創世和諧	harmony of Creation
创投基金	風險投資基金	venture capital fund
创新	創新	innovation
创新分析,革新分析	創新分析,革新分析	analysis of innovation
创造论	創造論	Creation
吹蚀	吹蝕	deflation
吹雪	吹雪	snow drift
垂直地带	垂直分佈帶	altitudinal belt
垂直地带性	垂直成帶性	altitudinal zonality
垂直极化	垂直極化	vertical polarization
垂直农业	垂直農業	vertical farming
垂直企业	垂直企業	vertical corporation
垂直外资	垂直國外直接投資	vertical foreign direct investment
春分	春分	vernal equinox
纯地理学	純地理學	reine geography

大　陆　名	台　湾　名	英　文　名
词素	詞素	morpheme
磁极	磁極	magnetic pole
[磁]倾角	磁傾角	inclination
磁性地层学	地磁地層學	magnetostratigraphy
磁性时期	地磁期	magnetic epoch
磁悬浮列车	磁浮列車	maglev train, magnetic suspension train
次波,S 波	次波,S 波	secondary wave
次成河,后成河	次成河,後成河,走向河	subsequent river, subsequent stream
次级房贷	次級房貸	subprime lending
次级房贷风暴	次級房貸風暴	subprime crisis
次级消费者	次級消費者	secondary consumer
次生岸	次生岸	secondary coast
次生地形	次生地形	sequential landform
次生矿物	次生礦物	secondary mineral
次生污染	次生污染	secondary pollution
次生演替	次生演替	secondary succession
次生植物演替	次生植物演替	secondary plant succession
次像元	亞像素	subpixel
丛林旅游	叢林旅遊	jungle tourism
粗糙度	粗糙度	roughness
粗放	粗放	extensive
粗化	粗粒化	coarse granulization
村落	村落	village
错置	錯置	anachronism

D

大　陆　名	台　湾　名	英　文　名
达尔马提亚型海岸	達爾馬提安型海岸	Dalmatian coastline
达尔文理论	達爾文理論	Darwin's theory
达尔文主义	達爾文主義	Darwinism
达西定律	達西定律	Darcy's law
大堡礁	大堡礁	Great Barrier Reef
大潮	大潮[汐]	spring tide
大城市连绵区	特大都會	megalopolis
大地构造学	大地構造學	tectonics
大都市	大都會	metropolis
大都市村庄	大都市村莊	metropolitan village

大　陆　名	台　湾　名	英　文　名
大都市化	大都會化	metropolization
大都市劳动力区	大都市勞動力區	metropolitan labor area, MLA
大都市区	大都市區	metropolitan area, metropolitan region
大都市人口普查区	大都會區人口普查	census metropolitan area
大都市–卫星城假说	大都會–衛星城假説	metropolis-satellite hypothesis
大骨节病	大骨節病	Kaschin-Beck disease
大规模生产(＝大量生产)		
大洪水	大洪水	Deluge
大块冰	大塊冰	massive ice
大理论	大理論,巨型理論	grand theory
大理石	大理石	marble
大量生产,大规模生产	大量生產,大規模生產	mass production
大陆	大陸	continent
大陆冰盖	大陸冰被	continental ice sheet
大陆岛	大陸島	continental island
大陆度	大陸度,陸性率	continentality
大陆架	大陸棚	continental shelf
大陆坡	大陸坡	continental slope
大陆桥运输	大陸橋運輸	continental bridge transport
大陆性气候	大陸性氣候	continental climate
大旅游	大旅遊	grand tour
大卖场	大賣場	mass market
大气窗	大氣窗	atmospheric window
大气候	大氣候	macroclimate
大气环流	大氣環流	general atmospheric circulation
大气环流模式	大氣環流模式	general circulation model, GCM
大气活动中心	大氣活動中心	atmospheric center of action
大气圈	大氣圈	atmosphere
大气水	天水,雨水	meteoric water
大气污染	大氣污染	atmospheric pollution
大气遥感	大氣遙[感探]測	atmospheric remote sensing
大田制度	大田制度	field system
大[型]科学	大[型]科學	big science
大学城	大學城	campus town
大学–科学城	大學–科學城	university-science city
大洋盆地	海洋盆地	oceanic basin
大洋岩石圈	海洋岩石圈	oceanic lithosphere

大　陆　名	台　湾　名	英　文　名
大圆	大圓	great circle
大众流行	大眾流行	mass fashion
大众文化	大眾文化	mass culture
大众消费	大眾消費	mass consumption
代	代	era
带	區帶	belt
带薪假期	帶薪假期	paid vacation
带型城市	線型城市	linear city
带状发展	帶狀發展	ribbon development
贷款政策	貸款政策	mortgage policy
袋状滩	袋形灘	pocket beach
丹霞地貌	丹霞地形	Danxia landform
单边贸易	單邊貿易	unilateral trade
单个土体	單土體	pedon
单核城市	單核心市	nuclear city
单面山	單面山	cuesta
单位过程线	單位水歷線	unit hydrograph
单元景观	單元景觀	elementary landscape
淡水湖	淡水湖	freshwater lake
淡水湿地	淡水濕地	water wetland
淡水沼泽	淡水沼澤	freshwater swamp
氮循环	氮循環	nitrogen cycle
当地地名	地方名	local name
岛弧	島弧	island arc
岛架	島棚	island shelf
岛坡	島坡	insular slope
岛丘,岛状丘	島丘,島狀丘	inselberg
岛[屿]	島[嶼]	island
岛屿生物地理学理论	島嶼生物地理學理論	theory of island biogeography
岛状丘(＝岛丘)		
倒钩状水系格局	倒鉤狀水系型	barbed drainage pattern
倒石堆	崖錐堆積	talus
倒转褶皱	倒轉褶曲	overturned fold
到场有效性	存在的可用性	presence availability
道路网	公路網	road network
德国地理学	德國地理學	Germany geography
德国与美国学派	德國與美國學派	German schools and American schools
等费线	等費線	isodapane

大　陆　名	台　湾　名	英　文　名
等积投影	等積投影	equiareal projection
等级	體系	hierarchy
等级规模法则	等級規模法則	rank-size rule
等级扩散	階層擴散	hierarchical diffusion
等角投影	等角投影	equiangle projection
等距投影	等距投影	equidistant projection
等流时线	等流時線	isochrone
等位基因	對偶基因	allele
等温线	等溫線	isotherm
等斜褶皱	等斜褶曲	isoclinal fold
等压线	等壓線	isobar
等雨量线	等雨線	isohyet
等震线	等震[度]線	isoseismal line
等值线法	等值線法	isoline method
等值线图	等值線圖	isoline map
低潮	低潮	low water
低地	低地	lowland
低度城市化	低度城市化	under-urbanization
低发病区	低發病區	disease area with low incidence
低活性淋溶土	低活性淋溶土	Lixisol
低平火山口	低平火山口	maar
低速带	低速帶	low velocity zone
低位沼泽	低位沼澤	lowmoor
低硒带	低硒帶	low selenium belt
低压槽	低壓槽	low pressure trough
底痕	底痕	sole mark
底流	底流	undertow
底碛	底磧	ground moraine
底土	底土	subsoil
底土层	底土層	substratum
地表径流	地表徑流	surface flow
地表面热量平衡	地表熱量平衡	heat balance of the earth's surface
地表能量转换	地表能量轉換	energy transformation on earth surface
地表水	地表水	surface water
地表物质迁移	地表物質遷移	matter migration on earth surface
地表物质循环	地表物質循環	matter cycle on earth surface
地槽	地槽	geosyncline
地层	地層	stratum

大　陆　名	台　湾　名	英　文　名
地层学	地層學	stratigraphy
地带	地帶	zone
地带性	地帶性	zonality
地点	地點	site
地动型海面变化	地動型海面變化	diastrophico-eustasy
地盾	地盾	shield
地方,场所	地域,場所	locale
地方病	地方病	endemic disease
地方和地域	地方和地域	place and territory
地方历史	地方史	local history
地方模型	地方模式	local model
地方嵌入	地方嵌入	local embeddedness
地方认同	地方認同	place identification
地方社会	當地社會	local society
地方社区	地方社區	place community
地方生态基础	地方生態基礎	local ecological basis
地方时	地方時	local time
地方文化	地方文化	local culture
地方效用	地方效用	place utility
地方性	地方性,地域性	locality
地方性风	地方風	local wind
地方性氟中毒	氟中毒	fluorosis
地方与非地方(=场所 与非场所)		
地方主义	地方主義	localism
地核	地核	earth's core
地级市	地級市	prefecture city
地籍图	地籍圖	cadastral map
地籍信息	地籍資訊	cadastral information
地角	岬,角	cape
地景,景观	地景,景觀	landscape
地景类型学	地景類型學,景觀類型 學	landscape typology
地垒	地壘	horst
地理边缘效应	地理邊界效應	boundary effect in geography
地理编码	地理編碼	geo-coding
地理标识符	地理標識	geographic identifier
地理不利国	地理不利國	geographically disadvantaged state

大　陆　名	台　湾　名	英　文　名
地理参数	地理參數	geographical parameter
地理查询语言	地理查詢語言	geographic query language，GQL
地理场	地理場	geographical field
地理迟滞效应	地理遲滯效應	retarding effect in geography
地理大发现	地理大發現	the great discovery of geography
地理单元	地理單元	geographical unit
地理的宇宙因素	地理的宇宙因素	cosmographic dimension of geography
地理底图	地理底圖	geographic base map，cartographic base map
地理地带性周期律	地理帶週期律	periodic law of geographic zonality
地理动态系统	地理動態系統	dynamic geosystem
地理对象	地理對象	geographic object
地理反馈	地理回饋	geographical feedback
地理分布	地理分佈	geographical distribution
地理风险决策	地理風險決策	risk decision-making in geography
地理格局	地理圖案	geographical patterning
地理隔离	地理隔離	geographical isolation
地理个性	地域個性	geographic personality
地理功能	分區功能	geographical function
地理关系模型	地緣關係模型	geo-relational model
地理过程	地理過程	geographical process
地理耗散结构	地理耗散結構	geographical dissipative structure
地理环境	地理環境	geographical environment
地理环境虚拟	虛擬地理環境	virtual geographical environment
地理环境应力	強調地理環境	stress of geographical environment
地理集	地理集	geographical set
地理加权回归	地理加權回歸	geographic weighted regression
地理教育	地理教育	geographical education
地理节律性	地理節奏,地理規律	geographical rhythm
地理结构	地理結構	geographical structure
地理界线	地理界線	geographical boundary
地理经度	地理經度	geographic longitude
地理精度	地理精度	geographic accuracy
地理景观	地理景觀	geographical landscape
地理矩	地理矩	geographical moment
地理考察	地理調查	geographical survey
地理可视化	地理視覺化	geographic visualization
地理空间	地理空間	geographical space

大 陆 名	台 湾 名	英 文 名
地理空间对策	地理空間決策	spatial strategy in geography
地理空间数据仓库	地理空間資料倉儲	geo-spatial data warehouse
地理空间效应	地理空間效應	spatial effect in geography
地理控制论	地理控制論	geo-control theory
地理连续过渡说	地理連續性理論	continuity theory of geography
地理联系率	地理關聯係數	coefficient of geographical linkage
地理流	地理流	geographical flow
地理模拟	地理模擬	geographical simulation
地理模型	地理模式	geographical model
地理模型检验	地理模式檢驗	test of geographical model
地理谱	地理頻譜	geographical spectrum
地理区	地理區	geographical region
地理趋稳性	地理趨穩性	trend to stability in geography
地理熵	地理熵	geographical entropy
地理时空耦合	地理時空耦合	temporal and spatial coupling in geography
地理实体	地理實體	geographic entity
地理势	地理潛勢	geographical potential
地理数据集	地理資料集	geographic data set
地理数据计算机处理	地理資料電腦處理	computer manipulation of geographic data
地理数据库管理系统	地理資料庫管理系統	geographic database management system
地理思想体系	地理知識學	geosophy
地理通名	地理通名	general geographical name
地理同异互补论	地理同異互補論	complementation theory of similarity and variability in geography
地理拓扑空间	地理拓撲空間	topological space in geography
地理纬度	地理緯度	geographic latitude
地理位置	地理位置	geographical position
地理系统	地理系統	geographical system
地理系统边界	地理系統邊界	boundary of geosystem
地理系统分类	地理系統分類	classification of geosystem
地理系统分析	地理系統分析	geographic system analysis
地理系统工程	地理系統工程	geo-system engineering
地理系统连锁反应	地理系統連鎖反應	chain reaction of geosystem
地理系统敏感性	地理系統敏感性	sensitivity of geosystem
地理系统冗余水平	地理系統冗餘級別	redundant level of geosystem
地理系统识别	地理系統識別	identification of geosystem
地理系统稳定性	地理系統穩定性	stability of geosystem
地理协同论	地理協同論	synergetics in geography

大　陆　名	台　湾　名	英　文　名
地理信息	地理資訊	geographic information
地理信息服务体系	地理資訊服務體系	geographic information service system
地理信息科学	地理資訊科學	geographic information science
地理信息网络	地理資訊網路	geography network
地理信息系统	地理資訊系統	geographic information system, GIS
地理信息系统革命	地理資訊系統革命	revolution of GIS
地理学	地理學	geography
地理学传统知识	地理傳知	geographical lore
地理学二元论	地理學二元論	geographical dualism
地理学方法论	地理學方法論	geographical methodology
地理学史	地理學史	history of geography
地理学思想史	地理學思想史	history of geographic thought
地理学体系	地理科學體系	system of geographical sciences
地理学想象力	地理想像[力]	geographical imagination
地理学与公正	地理學與正義	geography and justice
地理学哲学	地理哲學	geographical philosophy
地理学者观点	地理學者觀點	geographer's eye
地理学者技能	地理學者技能	geographer's craft
地理循环	地理週期	geographical cycle
地理要素	地理要素	geographical element, geographic feature
地理遗传分类	地理遺傳分類	geographic-genetic classification
地理因果律	地理因果律	rule of causation in geography
地理因子	地理因子	geographical factor
地理优化	地理最佳化	geographical optimization
地理有序性	地理秩序	geographical ordering
地理预测	地理預測	geographical forecasting
地理阈值	地理閾值	geographical threshold
地理战略区域	地理戰略區域	geostrategic region
地理政策	地理政策	geographical policy
地理政治变迁	地緣政治變遷	geopolitical transition
地理制图	地理製圖	geographic mapping
地理中心效应	地理中心效應	central effect in geography
地理专名	地理專名	specific geographical name
地理状态变量	地球系統的狀態變數	state variable of geosystem
地理综合	地理綜合	geographical synthesis
地理坐标	地理座標	geographical coordinate
地理坐标参考系	地理參考系統	geo-reference system
地理坐标网格	地理座標網	geographical coordinate net

大 陆 名	台 湾 名	英 文 名
地幔	地幔,地函	earth's mantle
地幔运动	地函運動	mantle movement
地貌	地形	landform
地貌倒置	地形倒置	inversion of landform
地貌过程	地形過程	geomorphological process
地貌类型隶属函数	地形類型的隸屬函數	membership function of geomorphic type
地貌临界	地形閾值	geomorphic threshold
地貌年代学	地形年代學	geomorphochronology
地貌平衡	地形平衡	geomorphic equilibrium
地貌熵	地形熵	entropy in geomorphology
地貌水准面	地形水準面	geomorphological level surface
地貌系统	地形系統	geomorphic system
地貌形成作用	地形形成作用	landform forming process
地貌学	地形學	geomorphology
地貌组合	地形組合	landform assemblage
地貌最小功原理	地形最小功理論	theory of minimum energy dissipation in geomorphology
地面沉降	地層下陷	land subsidence
地面分辨率	地面解析度	ground resolution
地名	地名	geographical name
地名标准化	地名標準化	standardization of geographical name
地名调查	地名調查	names survey
地名录	地名錄,地名詞典	gazetteer
地名罗马化	地名拼音化	romanization of geographical name
地名数据库	地名資料庫	toponymic database
地名索引	地名索引	gazetteer index, names index
地名学	地名學	toponomanistics, toponomy
地名雅化	地名雅化	names refinement
地名译写	地名轉換	names conversion
地名正名	地名正名	orthography of geographical name
地名准则	地名準則	toponymic guideline
地盘政治	地盤政治	turf politics
地–气相互作用	陸–氣交互作用	air-land interaction
地堑	地塹	graben
地壳	地殼	earth's crust
地壳变动	地殼變動	diastrophism
地壳均衡	地殼均衡	isostasy
地壳均衡型海面变化	地殼均衡型海面變化	isostatic eustasy

大　陆　名	台　湾　名	英　文　名
地球	地球	earth
地球表层	磊晶地圈	epigeosphere
地球表层系统	地球表層系統	earth surface system
地球公转	地球公轉	earth revolution
地球观测系统计划	地球觀測系統計畫	plan earth observing system
地球化学	地球化學	geochemistry
地球化学景观	地球化學景觀	geochemical landscape
地球化学景观制图	地球化學景觀製圖	geochemistry landscape mapping
地球化学联系	地球化學鏈接	geochemical link
地球化学屏障	地球化學屏障	geochemical barrier
地球化学生态学	地球化學生態學	geochemical ecology
地球监测	地球監測,監測地球	monitoring the Earth
地球空间信息学	地球空間資訊學	geo-informatics
地球模拟器	地球模擬器	Earth simulator
地球体	地球體	geoid
地球外射	地球外射	outgoing terrestrial radiation
地球物理卫星	地球物理衛星	geophysic satellite
地球物理学	地球物理學	geophysics
地球系统	地球系統	earth system
地球信息机理	地球資訊學	geo-informatics
地球信息科学	地球資訊科學	geo-information science
地球仪	地球儀	globe
地球资源卫星	地球資源衛星	earth resources satellite
地球自转	地球自轉	earth rotation
地区	地區,地域	area
地区竞争优势	地區比較優勢	regional comparative advantage
地区性海[平]面变化	地區性海[水]面變化	regional sea level change
地圈	地圈	geosphere
地圈–生物圈计划	地圈–生物圈計畫	geosphere-biosphere plan
地热遥感	地熱遙[感探]測	geothermal remote sensing
地生态学	地生態學	geoecology
地势曲线	地勢曲線	hypsometric curve
地图	地圖	map
T-O地图	T-O地圖	T and O maps
地图编辑	地圖編輯	map editing
地图编辑系统	地圖編輯系統	cartographic editing system
地图表示方法	地圖標記法	cartographic representation
地图表示手段	地圖呈現方法	means of cartographic representation

大　陆　名	台　湾　名	英　文　名
地图传输论	地圖傳輸論	cartographic communication theory
地图叠置分析	地圖套疊分析	map overlay analysis
地图方法	製圖方法	cartographic method
地图分幅	地圖分幅	sheet line system
地图分类	地圖分類	map classification
地图分析	地圖分析	cartographic analysis
地图符号	地圖符號	cartographic symbol, map symbol
地图符号库	地圖符號庫	map symbol bank
地图符号学	地圖符號學	map semiology
地图复制	地圖複製	map reproduction
地图概括	地圖概括	cartographic generalization
地图感知论	地圖識覺理論	cartographic perception theory
地图跟踪数字化	地圖跟蹤數位化	map scout digitizing
地图更新	地圖更新	map revision
地图功能	地圖功能	map function
地图归纳法	地圖歸納法	cartographic induction method
地图规范	地圖規範	cartographic specification
地图集	地圖集	atlas
地图经验论	地圖經驗理論	cartographic experience theory
地图句法	地圖語法	cartographic syntax
地图可靠性	地圖可靠性	map reliability
地图可视化	地圖視覺化	cartographic visualization
地图刻绘	地圖刻繪	map scribing, cartographic scribing
地图利用	地圖利用	map use
地图量算	地圖量測	map measurement
地图模式论	地圖模式論	cartographic modeling theory
地图模型	地圖模型	map model
地图判读	地圖判讀	cartographic interpretation, map interpretation
地图评价	地圖評價	map evaluation, map critique
地图潜在信息	地圖潛在資訊	cartographic potential information
地图认知	地圖認知	cartographic cognition
地图容量	地圖容量	map capacity
地图扫描数字化	地圖掃描數位化	map scanning digitizing
地图色标	地圖色標	map color standard
地图色彩库	地圖色庫	map color bank
地图色谱	地圖色譜	map color atlas
地图设计	地圖設計	cartographic design, map design

大　陆　名	台　湾　名	英　文　名
地图生产	地圖生產	map production
地图输出	地圖輸出	map output
地图数据结构	地圖資料結構	map data structure
地图数学模型	地圖數學模型	map mathematic model
地图数字化	地圖數位化	map digitizing
地图特征码	地圖特徵碼	map feature code
地图统一协调性	地圖統一與協調	map unity and concert
地图投影	地圖投影	map projection
地图图型	地圖圖型	map form
地图文字库	地圖文字形檔	map verbal bank
地图信息	地圖資訊	cartographic information
地图信息论	地圖資訊理論	cartographic information theory
地图信息系统	地圖資訊系統	cartographic information system
地图选取	地圖選取	cartographic selection
地图学	地圖學	cartography
地图学史	地圖學史	history of cartography
地图演绎法	地圖演繹法	cartographic deduction method
地图易读性	地圖易讀性	map readability, map legilicity
地图用户	地圖用戶	cartographic user
地图语言	地圖語言	cartographic language
地图语义	地圖語義	cartographic semantics
地图语用	地圖語用學	cartographic pragmatics
地图整饰	地圖整飾	map decoration
地图制图专家系统	地圖製圖專家系統	map mapping expert system
地图注记	地圖注記	map lettering
地图坐标网	地圖座標網	map graticule
地文期	地文期	physiographic stage
地文学	地文學	physiography
地系统	大地系統	geosystem
地峡	地峽	isthmus
地下冰	地下冰	ground ice
地下河	地下河	underground river
地下水	地下水	groundwater
地下水补给	地下水補注	groundwater recharge
地下水动力学	地下水動力學	dynamics of groundwater
地下水降落漏斗	地下水洩降錐	groundwater depression cone
地下水均衡	地下水平衡	groundwater balance
地下水库	地下水庫	underground reservoir

大　陆　名	台　湾　名	英　文　名
地下水年龄	地下水年齡	groundwater age
地下水人工回灌	地下水人工回灌	artificial groundwater recharge
地下水水文学	地下水水文學	groundwater hydrology
地下水位	地下水面	groundwater table
地形	地形	topography
地形等高线	地形等高線	topographic contour
地形模型	地形模型	relief model
地形气候	地形氣候	topoclimate
地形气候学	地形氣候學	topoclimatology
地形图	地形圖	topographic map
地形雨	地形雨	orographic rain
地学集成计算环境	整合地學計算環境	integrated geo-computational environment
地学计算	地學計算	geocomputation
地学数据处理	地學資料處理	geo-data processing
地学数据同化	地學資料同化	geo-data assimilation
地学数据挖掘	地學資料採擷	geo-data mining
地学统计	地理統計	geostatistics
地学信息分析	地學資訊分析	geo-information analysis
地学信息共享	地學資訊共用	geo-information sharing
地学信息平台	地學資訊平臺	geo-information platform
地学信息图谱	地學資訊地圖集	geo-informatic atlas
地学知识发现	地學知識發現	geo-knowledge discovery
地衣	地衣	lichen
地域背景	地域脈絡	areal context
地域差异	地域差異	areal differentiation
地域分异规律	領域分異規則	rule of territorial diffenrentiation
地域过程	領域歷程	territorial process
地域结构	領域結構	territorial structure
地域社会指标	領域社會指標	territorial social indicator
地域生产综合体	地域生產綜合體	territorial production complex
地域系统	領域系統	territorial system
地域研究传统	地域研究傳統	area studies tradition
地域专业化	地域專業化	areal specialization
地缘政治学	地緣政治學	geopolitics
地震	地震	earthquake
地震表面波	地震表面波	seismic surface wave
地震波	地震波	seismic wave
地震烈度	地震強度	earthquake intensity

大 陆 名	台 湾 名	英 文 名
地震体波	地震體内波	seismic body wave
地震学	地震學	seismology
地震仪	地震儀	seismograph
地震震级	地震規模	earthquake magnitude
地震作用	地震作用	seismicity
地址地理编码	位址地理編碼	address geocoding
地址匹配	地址匹配	address matching
地志学	地志學	chorography
地质大循环	地質大循環	geological cycle
地质年代表	地質年代表	geological time scale
地质年代学	地質年代學	geochronology
地质学家	地質學者	geologist
地质遥感	地質遙[感探]測	geological remote sensing
地质柱状剖面	地質柱狀剖面	geologic column
地中海气候	地中海氣候	Mediterranean climate
地轴	地軸	earth's axis
地转风	地轉風	geostrophic wind
地租梯度	地租梯度	rent gradient
帝国主义	帝國主義	imperialism
递阶扩散	階層擴散	hierarchic diffusion
递阶系统	階層系統	hierarchical system
第二产业	[第]二級產業	secondary industry
第二帝国	第二帝國	Second Reich
第二级产业部门	第二級產業[部門],次級產業	secondary sector
第二居所	第二寓所	second home
第三产业	第三級產業	tertiary industry
第三级产业部门	[第]三級產業[部門]	tertiary sector
第三级产业化	第三級產業化	tertiarization
第三纪	第三紀	Tertiary Period
第三空间	第三空間	third space
第三世界	第三世界	Third World
第三意大利	第三義大利	the Third Italy
第四纪	第四紀	Quaternary Period
第四纪冰川作用	第四紀冰川作用	Quaternary glaciation
第四纪冰期	第四紀冰期	Quaternary glacial
第四纪沉积类型	第四紀沈積類型	original type of Quaternary deposit
第四纪地质学家	第四紀地質學者	Quaternary geologists

大　陆　名	台　湾　名	英　文　名
第四纪海[平]面变化	第四紀海[平]面變化	Quaternary sea level change
第四纪黄土	第四紀黃土	Quaternary loess
第四世界	第四世界	the Forth World
第一产业,初级产业	第一級產業,初級產業	primary industry
典范	典範	paradigm
典型草原	典型貧草原	typical steppe
典型年	典型年	typical year
点格局分析	點形態分析	point pattern analysis
点源	點源	point source
点值法	點值法	dot method
点值图	點值圖	dot map
点轴系统模式	點軸模式	pole-axis model
点状符号法	點狀符號法	dot symbol method
碘缺乏病	碘缺乏病	iodine deficient disorder
电磁波	電磁波	electromagnetic wave
电磁波谱	電磁波譜	electromagnetic spectrum
电磁场	電磁場	electromagnetic field
电磁辐射	電磁輻射	electromagnetic radiation
电离层	電離層	ionosphere
电视会议	視訊會議	video-conference
电信革命	電信革命	telecommunication revolution
电信网络	電信網路	telecommunication network
电子地图	電子地圖	electronic map
电子商务	電子商務	electronic commerce
电子通勤	遠距工作	telecommute
淀积作用	澱積作用	illuviation
凋萎系数	凋萎係數	wilting coefficient
跌水潭(=瀑布潭)		
叠层石	疊層石	stromatolite
叠瓦型洪积扇	覆瓦式洪積扇	imbricated proluvial fan
叠置河	疊置河	superimposed river
丁伯根城镇体系模型	丁伯根城市體系模式	Tinbergen's model of city system
顶极群落	終極群落,極盛社會	climax community
顶极土壤	終極土壤	climax soil
顶蚀作用	頂蝕作用	stoping
定单生产	訂單生產	build-to-order, BTO
定点统计图表法	定點統計圖表法	locating diagram method
定积土	定積土,原積土	sedentary soil

大 陆 名	台 湾 名	英 文 名
定量判读	量化判讀	quantitative interpretation
定期集市体系	定期市集體系，週期市場體系	periodic market system
定期兼职	兼職定期	part-time regular
定位	定位	orientation
定性判读	質性判讀	qualitative interpretation
东方主义	東方主義	Orientalism
东风波	東風波	easterly wave
东洋界	東洋界	Oriental realm
冬季风	冬季風	winter monsoon
冬眠	冬眠	winter dormancy, hibernation
冬至	冬至	winter solstice
动画地图	動畫地圖	animated map
动力变质作用	動力變質作用	dynamic metamorphism
动力地貌学	動力地形學	dynamic geomorphology
动力气象学	動力氣象學	dynamic meteorology
动力学模型	動力學模式	dynamical model
动能	動能	kinetic energy
动热变质作用	動熱變質作用	dynamothermal metamorphism
动态地图	動態地圖	dynamic map
动态聚类	動態聚集	dynamic clustering
动态数据交换	動態資料交換	dynamic data exchange
动态系统	動態系統	dynamical system
动物地理学	動物地理學	zoogeography
动物分布区	動物分佈區	animal distribution area
动物区系	動物相	fauna
动物群	動物群	faunal group
动线地图	動線地圖	arrowhead map
冻拔	凍拔	frost jacking
冻害	凍害	freezing damage
冻结锋面	凍結鋒面	freezing front
冻结力	凍結力	adfreeze strength
冻结敏感土	凍結敏感土	frost-susceptible ground
冻结速度	凍結速率	freezing rate
冻结缘	凍結緣	frozen fringe
冻结指数	凍結指數	freezing index
冻融分选	凍結淘選	frost sorting
冻融潜移	凍融潛移	frost creep

大　陆　名	台　湾　名	英　文　名
冻融蠕流	土石緩滑	solifluction
冻融循环	凍融循環	freeze-thaw cycle
冻融作用	結凍作用	frost action
冻缩开裂	凍縮開裂	frost cracking, thermal contraction cracking
冻土	凍土	frozen ground
冻土动力学	凍土動力學	permafrost dynamics
冻土力学	凍土力學	mechanics of frozen ground
冻土流变性	凍土流變性	rheological properties of frozen soil
冻土强度	凍土強度	strength of frozen soil
冻土区	凍土區	cryolithozone
冻土相分析	凍土相分析	permafrost facies analysis
冻土学	凍土學	geocryology
冻雨	凍雨	freezing rain
冻原	凍原,苔原	tundra
冻胀	冰舉	frost heaving
冻胀力	冰舉力	frost heaving force
冻胀丘	凍脹丘	frost mound
洞壁凹槽	洞壁凹槽	cave notch
洞穴冰	洞穴冰	cavity ice
洞穴堆积	洞穴堆積	cave deposit
洞穴化学淀积物	洞穴化學澱積物	speleothem
洞穴碎屑沉积	洞穴碎屑沈積	clastic cave sediment
洞穴学	洞穴學	speleology
豆腐岩	豆腐岩	tofu rock
都(＝京)		
都市国家	都市國家	urban nation
都市精英	都市精英	urban elite
都市景观	都市景觀	urban landscape
毒害废弃物	毒害廢棄物	hazardous waste
独特性[研究]取向	殊相研究取向	idiographic approach
杜能模式	屠能模型	von Thünen pattern
度假营	度假營	holiday camp
短波辐射	短波輻射	shortwave radiation
短期聚落	短期聚落	camp settlement
短途旅游者	短途旅遊者	excursionist
断层	斷層	fault
断层谷	斷層谷	fault valley

大　陆　名	台　湾　名	英　文　名
断层海岸	斷層海岸	fault coast
断层泥	斷層泥	fault gouge
[断层]三角面	[斷層]三角面	triangular facet
断层线崖	斷層線崖	fault line scarp
断层崖	斷層崖	fault scarp, fault escarpment
断错脊	斷錯脊	offset ridge
断口(=断裂)		
断块山	斷塊山	fault-block mountain
断裂,断口	裂隙,斷口	fracture
断裂带,破碎带	破裂帶	fracture zone
断裂点	斷裂點	breaking point
断裂点理论	斷裂點理論	break point theory
断塞湖	斷塞湖	fault sag lake
断头河	斷頭河	beheaded river
断线	斷線	breakline
断褶山	斷褶山	fault-folded mountain
堆积岛	堆積島	deposition island
堆积阶地	堆積階地	accumulation terrace
堆积物	堆積物	deposit
堆积作用	堆積作用	deposition
对比流域	對比流域	comparative watershed
对称褶皱	對稱褶曲	symmetrical fold
对冲基金	避險基金	hedge fund
对地观测集成技术	地球觀測整合技術	integrated technology for the earth observation
对地观测卫星	地球觀測衛星	earth observation satellite
对地观测系统	地球觀測系統	earth observation system
对流层	對流層	troposphere
对流层顶	對流層頂	tropopause
对数变换	對數轉換	logarithmic transform
对象管理组	物件管理團隊	Object Management Group, OMG
对象链接与嵌入	物件鏈結與嵌入	Object Linking and Embedding, OLE
对象指向分析	物件導向式分析	object-oriented analysis
对应分析	對應分析	correspondence analysis
盾状火山	盾狀火山	shield volcano
多边贸易	多邊貿易	multilateral trade
多边形地图	多邊形地圖	polygon map
多边形-弧段拓扑数据	多邊形-弧拓撲結構	polygon-arc topology

大　陆　名	台　湾　名	英　文　名
结构		
多核城市	多核心城市	multiple nuclear city
多媒体电子地图集	多媒體電子地圖集	multimedia electronic atlas
多米诺理论	骨牌理論	domino theory
多内核模式	多核心模式	multiple-nuclei model
多年冻土	永凍土	permafrost, perennially frozen ground
多年冻土进化	永凍土積夷,永凍土擴張	permafrost aggradation
多年冻土南界	永凍土南界	southern limit of permafrost
多年冻土上限,永冻土上限	永凍層面,永凍土上限	permafrost table
多年冻土退化	永凍土退化	permafrost degradation
多年冻土下界	永凍土下界	low limit of permafrost
多年冻土下限	永凍土下限	permafrost base
多年生冻胀丘	凍脹穹丘	pingo
多谱段扫描仪	多譜段掃描器	multispectral scanner, MSS
多谱段遥感	多譜段遙測	multispectral remote sensing
多谱段影像	多譜段影像	multispectral image
多样化	多樣化,雜異化	diversification
α 多样性	α 多樣性	alpha-diversity
β 多样性	β 多樣性	beta-diversity
γ 多样性	γ 多樣性	gamma-diversity
δ 多样性	δ 多樣性	delta-diversity
多样性中心	多樣性中心	center of diversity
多要素地图	多要素地圖	multicomponent map
多雨期	多雨期	pluvial period
多元论	多元論	pluralism
多元社会	多元社會	plural society
多元统计分析	多變量統計分析	multivariate statistical analysis
多元韦伯问题	多源韋伯問題	mulitsource Weber problem
多元文化方案	多元文化方案	program of multiculturalism
多元文化熔炉	多元文化熔爐	multicultural melting pots
多元文化主义	多元文化主義	multiculturalism
多源空间数据	多維資料	multi-dimensional data
多制式联运	多制式聯運	inter-modism

E

大　陆　名	台　湾　名	英　文　名
厄尔尼诺	聖嬰現象	El Niño
厄尔尼诺–南方涛动	聖嬰—南方震盪	ENSO
鲕粒	鮞石	oolite
二叠纪	二疊紀	Permian Period
二十四节气	二十四節氣	twenty-four solar terms
二元结构	二元結構	dual-texture

F

大　陆　名	台　湾　名	英　文　名
发达资本主义	先進資本主義	advanced capitalism
发生土壤学	土壤學	pedology
发展地理学	發展地理學	development geography
发展区	發展區	developing area
法国学派	法國學派	French school
法律地理学	法律地理學	geography of law
法术型	秘術型	magic type
翻土	鬆土	scarification
反本质论	反本質論	anti-essentialism
反差增强	反差增強	contrast enhancement
反磁力吸引体系[理论]	反磁吸體系理論	theory of counter-magnetic system
反距离律	反距律	inverse distance law
反馈	回饋	feedback
反馈分析	回饋分析	feedback analysis
反馈机制	回饋機制	feedback mechanism
反气旋	反氣旋	anticyclone
反射	反射	reflection
反射红外	紅外線反射	reflective infrared
反射率	反射率	reflectance
反文化	反文化	counterculture
反演	反演,倒轉	inversion
反应扩散模型	反應擴散模式	reaction-diffusion model
反应系列	反應系列	reaction series

大　陆　名	台　湾　名	英　文　名
反照率	反照率,反射率	albedo
反自然	反自然	antinature
犯罪地理学	犯罪地理學	geography of crime
泛北极植物区	泛北極植物區	Holarctic kingdom
泛大陆	原始大陸	Pangaea
泛南极植物区	泛南極植物區	Holantarctic kingdom
泛热带	泛熱帶	Pantropical
泛域土	泛域土	azonal soil
范畴经济	範疇經濟	economy of scope
范畴数据分析	類別資料分析	categorical data analysis
范围	範圍	range
范围法	面積法	area method
范围图	區域地圖	areal map
方差	變異[量]	variance
方法论	方法論	methodology
方法论的个体论	方法論的個體論	methodological individualism
方格状水系格局	格子狀水系	trellis drainage pattern
方面导向	剖面導向	aspect-oriented
方山	方山	mesa
方位投影	方位投影	azimuthal projection
方言	方言	dialect
方志	方志	gazetteer, record of local geography
防波堤	防波堤,突堤	groin
防沙林	防風林	windbreak forest
仿古旅游	仿古旅遊	antique tourism
访古旅游	訪古旅遊	historical tourism
放射虫	放射蟲	radiolaria
放射性定年法	放射性定年法	radiometric dating
放射性废物	放射性廢棄物	radioactive waste
放射性热能	放射性熱能	radiogenic heat energy
放射性碳测年	放射性碳定年	radiocarbon dating
放射性蜕变	放射性蛻變	radioactive decay
放射状水系	放射狀水系	radial drainage
放射状水系格局	放射狀水系	radial drainage pattern
放射走廊型城市形态	放射走廊型都市形態	urban pattern of radiating corridor
飞地	飛地	enclave
非饱和带	未飽和帶	unsaturated zone
非地带性	非地帶性	azonality

大　陆　名	台　湾　名	英　文　名
非点源	非點源	nonpoint source
非法聚落,棚户区	非法聚落,棚戶區	squatter settlement
非法占用	非法佔用	squatting
非贯通融区	非貫通融區	closed talik
非基本活动	非基礎生產活動	non-basic activities
非监督分类	非監督分類	unsupervised classification
非均衡发展	失衡發展	uneven development
非均匀流	非均勻流	nonuniform flow
非生源景观	非生物景觀	abiogenic landscape
非数值方法	非數值逼近法	non-numerical approximation
非碎屑岩	非碎屑岩	nonclastic rock
非稳定流	非穩定流	unsteady flow
非优化行为	非最適行為	nonoptimal behavior
非政府组织	非政府組織	Non Governmental Organisations, NGO
[废气]排放	[廢氣]排放	emission
废石堆	廢石堆	spoil
[废水]排放	[廢水]排放	discharge
沸石	沸石	zeolite
分辨率	解析度	resolution
分布区	分佈區	areal
分布区间断	地區分離,地區分裂	areal disjunction
分布区型	區欄位型別	areal type
分布区中心	地區中心	areal center
分布式数据库	分散式資料庫	distributed database, DDB
分布式系统	分散式系統	distributed system
分布型	分佈類型	distribution pattern
分布学	分佈學	chorology
分层设色法	分層設色法	hypsometric method
分叉	分叉,分歧[點]	bifurcation
分汊型河道	分汊型河道	branching river channel
分岔系数	分岔係數,分叉係數	fork factor
分封制	分封制	system of enfeoffment
分解者	分解者	decomposer
分类码	分類碼	classification code
分类图	分類圖	classification map
分类与区划	分類與分區	classification and regionalization
分离边缘	歧見邊界	divergent boundary
分离结晶作用	分化結晶作用	fractional crystallization

大　陆　名	台　湾　名	英　文　名
分凝冰	分凝冰	segregated ice
分凝成冰	分凝成冰	ice segregation
分凝势	分凝勢	segregation potential
分配性资源（＝配置性 　资源）		
分区分级统计图法	分區分級統計圖法	regional classified statistic agraph method
分区统计图表法	分區統計圖表法	regional diagram method, cartodiagram 　　method
分区制	分區制	zoning
分权	分權	devolution
分散	分散	dispersion
分散城市	分散城市	dispersed city
分散集团型城市形态	分散型都市形態	urban pattern of dispersed component
分散元素	分散元素	dispersed element
分散晕	分散量	dispersion halo
分水岭	分水嶺	water divide
分析性思维	分析性思維	analytical thought
分形	碎形	fractal
分形几何	碎形幾何	fractal geometry
分选作用	淘選作用	sorting
焚风	焚風	foehn
粉砂	坋砂	silt
粉砂岩	粉砂岩	siltstone
粪化石	糞化石	coprolite
风暴潮	風暴潮	storm surge
风暴潮沉积	風暴沈積	storm deposit
风暴眼	風暴眼	eye of storm
风成沉积	風成沈積	aeolian deposit
风成地貌	風成地形	aeolian landform
风成堆积	風成堆積	aeolian accumulation
风成过程	風成作用	eolian process
风成沙	風成砂	aeolian sand
［风成］沙丘	［風成］沙丘	aeolian dune
风洞	風洞	wind tunnel
风化层	風化層	regolith
风化窗	風化窗	tafoni
风化基面	風化基面	basal surface of weathering
风化壳	風化殼	weathered crust

大　陆　名	台　湾　名	英　文　名
风化作用	風化[作用]	weathering
风积地貌	風積地形	wind-accumulated landform
风积土	風積土	aeolian soil
风口	風口	wind gap
风棱石	風稜石	wind-faceted stone, ventifact
风力作用	風力作用	wind force action
风区	風域	fetch
风沙地貌	風沙地形	aeolian sand landform
风沙动力学	風成動力學	eolian dynamics
风沙工程学	風沙工程學	sand-laden wind engineering
风沙环境	風沙環境	desert environment
风沙流	風沙流	wind drift sand flow, sand-laden wind
风沙土	風沙土	aeolian sandy soil
风沙土改良	風沙土改良	amelioration of aeolian sandy soil
风沙物理学	風沙物理學	blown sand physics
风蚀	風蝕	wind erosion
风蚀壁龛	風蝕壁龕	wind-eroded habitacle
风蚀残丘	風蝕殘丘, 風蝕雅爾當地形	wind-eroded yardang landform
风蚀地	風蝕地	wind-eroded ground
风蚀地貌	風蝕地形	wind erosion landform
风蚀湖	風蝕湖	wind erosion lake
风蚀坑	吹蝕穴	blowout pit
风蚀洼地	風蝕窪地	deflation hollow
风水	風水	geomancy
风速	風速	wind speed
风土	風土	fudo
风险	風險	risk
风险评价	風險評估	risk assessment
风险资本	創投資本	venture capital
风向	風向	wind direction
风灾	風災	wind damage
风障	風障, 防風林	windbreak
封闭式旅游	封閉式旅遊	enclave tourism
封闭系统	封閉系統	closed system
封闭系统冻结	封閉系統凍結	closed-system freezing
封建主义	封建制度	feudalism
封土	封土	grave mound

大 陆 名	台 湾 名	英 文 名
峰	峰	peak, mount
峰丛	峰叢	Fengcong, cone karst
峰林	峰林	Fenglin, tower karst
锋	鋒	front
锋面雨	鋒面雨	frontal rain
蜂窝岩	蜂窩岩	honeycomb rock
蜂窝状沙丘	蜂窩狀沙丘	honeycomb dune
缝合线	縫合線	suture
弗雷尔环流胞	弗雷爾環流胞	Ferrel cell
GIS Web 服务	GIS 網路服務	GIS Web Services
服务区	服務區	service area
服务业	服務業	services industries
服务业地理学	服務業地理學	geography of services
服务远程化	服務遠端化	tele-mediation of services
浮石	浮石	pumice
浮游动物	浮游動物	zooplankton
浮游生物	浮游生物	plankton
浮游植物	浮游植物	phytoplankton
符号	符號,象徵	symbol
符号景观	符號景觀,徵象地景	symbolic landscape
符号模型	符號模式	symbolic model
符号学者	符號學者	semiologist
福利地理学	福利地理學	welfare geography
福利国家	福利國家	welfare state
福利经济学	福利經濟學	welfare economics
福特主义	福特主義	Fordism
福特主义模式	福特主義模式	Fordist model
辐聚式水系格局	輻聚式水系型	convergent drainage pattern
辐射	輻射	radiation
辐射平衡	輻射平衡	radiation balance
辐射雾	輻射霧	radiation fog
抚养比	撫養比	dependency ratio
俯冲带	隱沒帶	subduction zone
俯冲作用	隱沒作用	subduction
腐殖化作用	腐質化作用	humification
腐殖土	腐殖土	muck
腐殖质	腐殖質[土]	humus
腐殖质积累作用	腐殖質積累作用	humus accumulation

大　陆　名	台　湾　名	英　文　名
负地貌	負地形	negative landform
负反馈	負回饋	negative feedback
负责任旅游	責任旅遊	responsible tourism
附加冰	附加冰	superimposed ice
附生植物	附生植物	epiphyte
复冰作用	複冰作用	regelation
复钙作用	複鈣作用	recalcification
复合城市	複合城市	conurbation
复合沙丘	複合沙丘	compound dune
复合土地利用	複合土地利用	multiple land use
复合[型]洪积扇	複合[型]洪積扇	compound proluvial fan
复合[型]阶地	複合[型]階地	compound terrace
复合型沙丘	複合型沙丘	complex dune
复式岸	複式海岸	composite coast
复杂系统	複雜系統	complex system
复杂响应	複雜回應	complex response
复杂性	複雜性	complexity
复种指数	複種指數	multi-cropping index
副热带,亚热带	副熱帶	subtropical zone
副热带高压	副熱帶高壓	subtropical high
副热带急流	副熱帶噴射氣流	subtropical jet stream
副热带无风带	副熱帶無風帶,馬緯度[無風帶]	subtropical calms
副中心	副中心	sub-center
傅里叶变换	傅利葉轉換	Fourier translation, FT
富冰冻土	富冰凍土	ice-rich soil, ice-rich permafrost
富铝化[作用]	鋁鐵土化	allitization
富铁铝风化壳	富鐵鋁風化殼	ferrallitic-rich weathering crust
富铁铝化作用	聚鐵鋁化作用,紅壤化	laterization
富营养化	富營養化	eutrophication
覆盖型喀斯特	覆蓋型喀斯特	covered karst

G

大　陆　名	台　湾　名	英　文　名
伽马指数	伽馬指數	gamma index
改向河	改向河	diverted river
钙层土	鈣層土	pedocal

大 陆 名	台 湾 名	英 文 名
钙华阶地	石灰華階地	travertine terrace
钙积土	鈣積土	Calcisol
钙积作用	鈣化作用	calcification
概率模型	概率模式	probability model
概率型商业引力模式	商業引力概率模式	probabilistic formulation of business attraction
概念模式	概念圖示	conceptual schema
概念模式语言	概念模式語言	conceptual schema language
概念模型	概念模式	conceptual model
干沉降	乾沈降	dry deposition
干谷	乾谷	dry valley
干寒土	乾寒土	dry permafrost
干旱	乾旱	drought
干旱化	乾旱化	aridification
干旱气候	乾旱氣候	arid climate
干旱区	乾旱區	arid region, arid zone
干旱区水文学	乾旱區水文學	arid region hydrology
干旱土	乾漠土	Aridisol
干旱指数	乾旱指數	drought index
干涸湖	乾涸湖	extinct lake
干绝热递减率	乾絕熱遞減率	dry adiabatic lapse rate
干热风	乾熱風	dry-hot wind
干三角洲	乾三角洲	dry delta
干湿球湿度计	乾濕球濕度計	sling psychrometer
干线公路网主枢纽	高速公路網主樞紐	arterial hub of highway network
干盐湖	乾鹽湖	playa(西班牙语)
干燥度	乾燥度	aridity
干燥作用	乾化作用	desiccation
感觉区	感覺區	recognized region
感知	識覺	perception
感知研究	識覺研究	perceptual studies
橄榄石	橄欖石	olivine
干流	主流	main stream
冈瓦纳古陆	岡瓦納古陸	Gondwana land
港口城市	港口城市	port city
港口地域群体	港區合營	areal combination of ports
港口集疏运系统	集疏物流系統	system of freight collection, distribution and transportation

大　陆　名	台　湾　名	英　文　名
港口综合吞吐能力	港口綜合吞吐能力	comprehensive handling capacity of port
港湾岸	灣內海岸	embayed coast
高潮	高潮,滿潮	high tide
高地	高地	highland
高尔夫旅游	高爾夫旅遊	golf tourism
高发病区	高發病區	disease area with high incidence
高海拔多年冻土	高山永凍土	high-altitude permafrost, alpine permafrost
高活性淋溶土	高活性淋溶土	Luvisol
高活性强酸土	高活性強酸土	Alisol
高技术产业	高科技產業	high-tech industry
高技术园区	高科技園區	high-tech park
高空气候学	高空氣候學	aeroclimatology
高空西风带	高空西風帶	upper-air westerlies
高立式沙障	高立式沙障	upright sandfence
高岭土	高嶺土	kaolin
高山矮曲林	高山矮曲林	alpine krummholz
高山病分布	高山病分佈	mountain sickness distribution
高山草场轮牧	山牧季移	rotation of alpine pasture
高山草甸土	高山濕草原土	alpine meadow soil
高山草原土	高山草原土	alpine steppe soil
高山带	高山帶	alpine belt
高山动物群	高山動物群	alpine faunal group
高山湖	高山湖	alpine lake
高山季节移牧	山牧季移	alpine transhumance
高山土壤	高山土	alpine soil
高斯–克吕格投影	高斯–克魯格投影	Gauss-Krüger projection
高纬度多年冻土	高緯度永凍土	high-latitude permafrost
高位沼泽	高位沼澤	highmoor
高原	高原	plateau
高原季风	高原季風	plateau monsoon
高原气候	高原氣候	plateau climate
高原玄武岩	高原玄武岩	plateau basalt
高原沼泽	高原沼澤	plateau swamp
戈壁	戈壁	gobi
哥德式文化,蛮风文化	哥德式文化,蠻風文化	gothic culture
革新分析(=创新分析)		
格里历	格里曆	Gregorian calendar
格林尼治平时	格林威治標準時間	Greenwich Mean Time, GMT

大　陆　名	台　湾　名	英　文　名
格网	方格	grid
格网参照	方格参照	grid reference
格网–多边形数据格式转换	方格–多邊形資料格式轉換	grid to polygon conversion
格网–弧数据格式转换	方格–弧資料格式轉換	grid to arc conversion
格网数据	方格資料	grid data
格网坐标	方格座標	grid coordinate
隔离	隔離	segregation
隔离机制	隔離機制	isolating mechanism
隔离演化	隔離演化	vicariance
隔离演化生物地理学	隔離演化生物地理學	vicariance biogeography
隔离指数	隔離指數	indices of segregation
隔室模型	隔室模型	compartment model
个案研究	個案研究	case study
个别体片断化	個體零碎化,個體片面化	individualizing fragmentation
个人生命轨迹	個人生活軌跡	trajectories of individuals
个体化	個體化	individuation
根系层	根層	root layer
更新世	更新世	Pleistocene Epoch
耕作土壤	耕作土壤	cultivated soil
耕作土壤学	耕作土壤學	edaphology
耕作制度	耕作制度	farming system
工厂化农业	工廠化農業	factory farming
工程冻土学	工程凍土學	engineering geocryology
工矿区	工礦區	industrial and mining area
工业布局	工業佈局	industrial allocation
工业城市	工業城市	industrial city
工业地带	工業地帶	industrial belt
工业地理学	工業地理學	industry geography
工业地图集	工業地圖集	industrial atlas
工业地域类型	工業地欄位型別	industrial areal pattern
工业地域综合体	工業地域綜合體	industrial territorial complex
工业废水	工業廢水	industrial wastewater
工业分散	工業分散	industrial dispersal
工业复合体	工業組合	industrial complex
工业化	工業化	industrialization
工业化国家	已工業化國家	industrialized countries

大　陆　名	台　湾　名	英　文　名
工业基地	工業基地	industrial base
工业集聚	工業聚集	industrial agglomeration
工业扩散	工業擴散	industrial diffusion
工业旅游	工業旅遊	industrial tourism
工业区	工業區	industrial zone
工业区位	工業區位	industrial location
工业区位论	工業區位理論	industrial location theory
工业区位模式	工業區位模式	model of industrial location
工业生产协作	工業生產合作	industrial production cooperation
工业枢纽	工業樞紐	industrial junction
工业体系	工業體系	industrial system
工业园	工業園區	industrial park
工业资本主义	工業資本主義	industrial capitalism
工作空间	工作空間	workspace
工作零碎化	工作零碎化	job fragmentation
公共保健系统	公共保健系統	public health care system
公共财政地理学	公共財政地理學	geography of public finance
公共服务业地理学	公共服務業地理學	geography of public services
公共管理地理学	公共管理地理學	geography of public administration
公共空间	公共空間	public space
公共选择理论	公共選擇理論	public choice theory
公共政策地理学	公共政策地理學	geography of public policy
公海	公海	high sea
公害	公害	public nuisance
公路运输	公路運輸	highway transport
公民权	公民權	citizenship
公平	公平	equity
公司空间扩展	公司空間擴展	corporation spatial expansion
公务旅行	公務旅行	business travel
公转	公轉	revolution
功利主义	效用主義	utilitarianism
功利主义者	效用主義者	utilitarian
功能主义趋向	機能主義研究取向	functionalist approach
供水量	供水量	water supply
供应域	供應域	supply area
宫城	宮城	imperial palace
共存(＝同现)		
共生	共生	symbiosis

大　陆　名	台　湾　名	英　文　名
共生多年冻土	共生永凍土	syngenetic permafrost
共生生物	共生生物	symbiont
共同景观	共同景觀	common landscape
共同市场	共同市場	common market
共相科学	共相科學	nomothetic sciences
共有基金	共同基金	mutual fund
沟谷	溝谷	ravine
沟谷密度	蝕溝密度	density of gully
沟[谷侵]蚀	侵蝕溝蝕	gully erosion
构造地貌	構造地形	structural landform
构造地貌格局	構造地形類型	morphotectonic pattern
构造地貌结构	構造地形結構	morphotectonic structure
构造地貌学	構造地形學	structural geomorphology
构造湖	構造湖	tectonic lake
构造阶地	構造階地	structural terrace
构造盆地	構造盆地	structural basin, tectonic basin
构造运动地貌	造構地形	tectonic landform, morphotectonics
购物旅游	購物旅遊	shopping tour
购物娱乐中心	購物中心	shopping mall
孤峰(=溶蚀残丘)		
孤立国	孤立國	Isolated State
孤立系统	孤立系統	isolated system
古北界	古北界	Palaearctic realm
古城遗址	古城遺址	ruins of ancient city
古代文化遗产	古代文化遺產	ancient heritage
古地磁	古地磁	paleomagnetism
古地理学	古地理學	paleogeography
古地图	古地圖	ancient map
古典地方	古典地方	classical land
古风积土	古風積土	acient aeolian soil
古海岸线	古海岸線	paleocoast line
古河道	古河道	paleochannel
古季风	古季風	paleomonsoon
古近纪	古近紀	Paleogene Period
古喀斯特	古喀斯特	paleokarst
古气候	古氣候	paleoclimate
古气候模拟	古氣候模擬	paleoclimate modeling
古热带植物区	古熱帶植物區	paleotropic kingdom

大　陆　名	台　湾　名	英　文　名
古人	尼安德塔人	homo sapiens neanderthalensis
古沙丘	古沙丘	fossil dune, ancient sand dune
古生代	古生代	Paleozoic Era
古生态	古生態	paleoecology
古生物学	古生物學	paleontology
古水文学	古水文學	paleohydrology
古特有种	古特有種	paleoendemic
古土壤	古土壤	paleosoil
古纬度	古緯度	paleolatitude
古温度	古溫度	paleotemperature
古新世	古新世	Paleocene Epoch
古语遗留区	古語遺留區	area of survival archaic language
古植物区系	古植物區系	paleoflora
谷	谷	valley
谷边碛	谷碛	valley train
股票	股票	stock
鼓丘	鼓丘,蛋丘	drumlin
固氮作用	固氮作用	nitrogen fixation
固定沙丘	固定沙丘	fixed sand dune
固溶体	固溶體	solid solution
固沙造林	固沙造林	afforestation of sand
固体废物	固體廢物	solid waste
锢囚锋	囚錮鋒	occluded front
关	關	mountain pass, check point
关键种	關鍵種	keystone species
关节	分節	articulation
关联性	脈絡性	contextuality
关贸总协定	關稅暨貿易總協,關貿協定	General Agreement on Tariff and Trade, GATT
关系网络	關係網絡	networks of relations
关于积累的正统观点	過去積累的正統觀點	orthodox views over accumulation
官僚体制	科層體制	bureaucracy
管制学派	調節學派	regulation school
贯通融区	貫通融區	open talik, through talik
惯用名	慣用名	conventional name
灌丛	灌叢	shrub
灌丛沙堆	灌叢沙丘	coppice dune
灌丛沙漠化	灌叢沙漠化	shrubbery-laden desertification

大　陆　名	台　湾　名	英　文　名
灌丛湿地	灌叢濕地	bush wetland
灌淤土	灌淤土	irrigation-silting soil
光合潜力	光合潛力	photosynthetic potential productivity
光合作用	光合作用	photosynthesis
光化学烟雾	光化學煙霧	photochemical smog
光能利用率	光能利用率	utilization ratio of sunlight energy
光谱	光譜	spectrum
光谱分辨率	光譜解析度	spectral resolution
光谱图	光譜圖	spectrogram
光温潜力	光溫潛力	photosynthesis-temperature potential productivity
广温性生物	廣溫性生物	eurythermal organism
广义 G 统计	廣義 G 統計	general G statistic
广域分布	廣域分佈	eurytopic
龟裂土	龜裂土	takyr
规范性空间思想	規範性空間思想	normative spatial thinking
规划地图	規劃地圖	planning map
规模经济	規模經濟	economies of scales
硅化[作用]	矽化[作用]	silicification
硅铝层	矽鋁層	sial
硅铝风化壳	矽鋁風化殼	siallitic weathering crust
硅铝化[作用]	矽鋁化[作用]	siallitization
硅镁层	矽鎂層	sima
硅酸盐	矽酸鹽	silicate
硅氧四面体	矽氧四面體	silica-tetrahedrom
轨道运输	軌道運輸	rail transport
鬼城	鬼鎮	ghost town
柜台外交易	店頭市場	over-the-counter, OTC
滚装运输	滾裝運輸	roll-on and roll-off transportation
郭	城廓	outer walled part of a city
锅穴	冰穴,冰鍋	kettle
国道	國道	national trunk way
国际地理联合会	國際地理聯合會	International Geographical Union
国际海底	國際海床	international sea bed
国际劳动地域分工	國際勞動地域分工	international division of labor
国际旅游	國際觀光	international tourism
国际贸易地理学	國際貿易地理學	geography of international trade
国际贸易理论	國際貿易理論	international trade theory

大　陆　名	台　湾　名	英　文　名
国际清算银行	國際清算銀行	Bank for International Settlements
国际日期变更线	國際換日線	International Date Line
国家	國家	state
国家地图集	國家地圖集	national atlas
国家地图集信息系统	國家地圖集資訊系統	national atlas information system
国家二元论	國家二元論	dual theory of the state
国家公园	國家公園	national park
国家空间信息基础实施	國家空間資訊基礎設施	national spatial information infrastructure
国家社会主义	國家社會主義	national-socialism
国家学派	國家學派	national school
国教主教,圣公会主教	國教主教	anglican bishop
国民生产总值	國民生產毛額	Gross National Product, GNP
国民总收入	國民所得毛額	Gross National Income, GNI
国内旅游	國內旅遊	domestic tourism
国内生产总值	國內生產毛額	Gross Domestic Product, GDP
国土,领土	國土,領域	territory
国土规划	國土規劃	territorial planning
国土开发	國土發展	territorial development
国土整治	國土整治	territorial management
国土资源	國土資源	territorial resources
过程	過程,營歷	process
过度城市化	過度都市化	over-urbanization
过冷水	過冷水	supercooled water
过剩冰	過剩冰	excess ice

H

大　陆　名	台　湾　名	英　文　名
哈布尘暴	哈布風	haboob
哈得来环流[圈]	哈德雷環流胞	Hadley cell
海	海	sea
海岸	海岸	sea coast
海岸带	海岸帶	coastal zone
海岸带综合管理	海岸帶綜合管理	integrated coastal zone management
海岸地貌	海岸地形	coastal landform
海岸地貌学	海岸地形學	coastal geomorphology
[海岸]后置带	[海岸]後置帶	coastal setback zone
海岸阶地	海岸階地	coastal terrace, marine terrace

大　陆　名	台　湾　名	英　文　名
海岸平衡剖面	海岸平衡剖面	equilibrium of coast, graded profile of coast
海岸沙丘	海岸沙丘	coastal dune
海岸湿地	海岸濕地	coastal wetland
海岸线	海岸線	coastline
海拔	海拔	altitude
海滨	海濱	shore
海滨平原	海濱平原	coastal plain
海滨砂矿	海濱砂礦	coastal placer
海滨线	濱線	shoreline
海冰	海冰	sea ice
海椿	海椿	stump
海底地貌	海底地形	submarine landform
海底多年冻土	海底永凍土	offshore permafrost, subsea permafrost
海底荒漠化	海底荒漠化	sea bottom desertification
海底扩张	海底擴張	sea-floor spreading
海底峡谷	海底峽谷	submarine canyon
海沟	海溝	trench
海积地貌	海積地形	marine depositional landform
海积阶地	海積階地	marine deposition terrace
海积夷平岸	海積平夷岸	marine deposition-graded coast
海积作用	海積作用	marine accumulation
海岬(=前陆)		
海岭	洋脊	oceanic ridge
海隆	海隆,海底隆起	rise
海陆风	海陸風	sea-land breeze
海[平]面	海平面	sea level
海[平]面变化	海平面變化	sea level change
海平面上升	海平面上升	sea level rise
海–气相互作用	海–氣交互作用	air-sea interaction
海侵	海進	transgression
海穹	海拱,海蝕門	sea arch
海山	海山,海丘	seamount
海蚀凹槽	海蝕凹壁	sea notch
海蚀地貌	海蝕地形	marine abrasion landform
海蚀洞	海蝕洞	sea cave
海蚀–海积夷平岸	海蝕–海積平夷岸	marine erosion-deposition graded coast
海蚀阶地	海蝕階地	marine erosion terrace

大 陆 名	台 湾 名	英 文 名
海蚀平台(=浪蚀台)		
海蚀台[地]	海蚀台	abrasion platform
海蚀崖	海崖	sea cliff
海蚀夷平岸	海蚀平夷岸	marine erosion-graded coast
海蚀柱	海蚀柱	sea stack
海蚀作用	海蚀作用	marine erosion
海水入侵	海水入侵	seawater invasion
海水入侵含水层	海水入侵含水層	seawater intrusion into aquifer
海滩	海灘	beach
海滩的海沙转运养护	海灘的海沙轉運養護	by-pasing sands of beach maintenance
海滩喂养	養灘	beach nourishment, beach replenishment
海滩岩	灘岩	beach rock
海滩养护	海灘養護	beach maintenance
海退	海退	regression
海外领土	海外領土	overseas territory
海外犹太人	海外猶太人	diaspora people
海湾	海灣	gulf, bay, bight
海雾	海霧	sea fog
海峡	海峽	strait
海相沉积	海相沈積	marine deposit, marine facies sedimentation
海啸	海嘯	tsunami
海洋岛	海洋島	oceanic island
海洋地理学	海洋地理學	marine geography
海洋地貌	海洋地形	marine landform
海洋动物群	海洋動物群	marine faunal group
海洋功能区	海洋功能區	marine function area, marine function zone
海洋气候学	海洋氣候學	marine climatology
海洋水文学	海洋水文學	marine hydrology
海洋卫星	海洋衛星	sea sat
海洋卫星系列	海洋衛星系列	seasat series
海洋污染	海洋污染	marine pollution
海洋性冰川	海洋性冰川	maritime glacier
海洋性气候	海洋性氣候	marine climate
海洋遥感	海洋遙測	oceanographical remote sensing
海洋资源	海洋資源	marine resources
海域地名	海域地名	maritime name

大　陆　名	台　湾　名	英　文　名
海渊	海淵	abyssal deep
含冰量	含冰量	ice content
含水层	含水層	aquifer
含义地图	意義地圖	Map of Meaning
寒潮	寒潮	cold wave
寒带	寒帶	cold zone, cold belt
寒冻风化	寒凍風化	frost weathering
寒冻裂缝	凍裂	frost crack
寒冻土	高山凍土	alpine frost soil
寒漠	寒漠	cold desert
寒漠土	高山凍漠土	alpine frost desert soil
寒土	寒土,寒地	cryolic ground
旱农	旱農	rainfed agriculture
旱生化	旱生化	xerophilization
旱生群落	旱生群落	xerophytia
旱生生境	旱生生境	xeric habitat
旱生生物	旱生生物	xerophilous critter
旱生植物	旱生植物	xerophyte
旱灾	旱災	drought damage
航道,河漕	水道,航道,河漕	waterway
航海地图	海圖	nautical map
航空地图	航空[地]圖	aeronautical chart
航空气候学	航空氣候學	aeronautical climatology
航空枢纽	航空樞紐	air transport hub
航空像片,航空影像	航空相片,航空照片	aerial photograph
航空遥感	航空遙[感探]測	aerial remote sensing
航空影像(=航空像片)		
航天飞机成像雷达	太空梭成像雷達	shuttle imaging radar, SIR
航天遥感	航太遙測	space remote sensing
毫巴	毫巴	millibar
好望角植物区	好望角植物區	Cape kingdom
合成地图	合成地圖	synthetic map
合成孔径雷达	合成孔徑雷達	synthetic aperture radar, SAR
合法化	合法化	legitimation
合工	合工制	job sharing
河岸生物群	河岸生物群	riparian biota
河漕(=航道)		
河床	河床	river bed, river channel

大　陆　名	台　湾　名	英　文　名
河床变形	河床變形	river bed deformation
河床地貌	河床地形	river channel landform
河床演变	流水作用	fluvial process
河道	河道	stream channel
河道等级	河道等級	channel order
河道流床方程	河床方程	river bed equation
河道坡降	河道坡降	channel gradient
河谷地貌	河谷地形	river valley landform
河谷沼泽	河谷沼澤	valley swamp
河口	河口	river mouth
河口水文	河口水文學	estuary hydrology
河口湾	河口灣,三角江	estuary
河流	河流	river
河流搬运力	河流搬運力	stream capacity
河流搬运作用	河流搬運作用	stream transportation
河流补给	河流補給	river feeding
河流沉积	河積物	fluvial deposit
河流等级	河流等級	stream order
河流负荷	河流負載	stream load
河流含沙量	河流含沙量	river sediment concentration
河流阶地	河階	river terrace
河流阶地沼泽	河流階地沼澤	river terrace swamp
河流偏移	河流偏移	river deflection
河流剖面	河流剖面	stream profile
河流湿地	河流濕地	river wetland
河流输沙量	河流輸沙量	river sediment discharge
河流数目定律	河川數目定律	law of stream number
河流水化学	河流水化學	hydrochemistry of river
河流水文学	河流水文學	potamology
河流袭夺	河流襲奪,搶水	river capture
河流系统	河流系統	river system
河流沼泽化	河流沼澤化	river paludification, swampiness of river
河漫滩	河漫灘,氾濫原	floodplain
河漫滩沼泽	氾濫原沼澤	floodplain swamp
河水水位	河川水位	stage of the river
河网	河網,水系網	drainage network
河网密度	河網密度,水系密度	drainage density
河相关系	河流水文計測	river hydraulic geometry

大　陆　名	台　湾　名	英　文　名
河型	河型	river pattern
河源	河源	headwater
核冬天	核子冬天	nuclear winter
核能	核能	nuclear energy
核心-边缘论	核心-邊陲理論	core-periphery theory
核心-边缘模式	核心-邊陲模式	core-periphery model
核心-腹地模型	核心-腹地模式	core-hinterland model
核心家庭	核心家庭	nuclear family
核心区	核心區	core area
褐红土	褐紅土	cinnamon-red soil
褐煤	褐煤	lignite
褐铁矿	褐鐵礦	limonite
褐土	褐土	cinnamon soil
赫里福德世界地图	赫里福世界地圖	Hereford world map
黑潮	黑潮	Kuroshio Current
黑钙土	黑鈣土	chernozem
黑垆土	黑壚土	Heilu soil
黑色旅游	悲暗旅遊	thanatourism, dark tourism
黑色石灰土	黑色石灰土	rendzina
黑体	黑體	black body
黑土	黑土	phaeozem, black soil
黑曜岩	黑曜岩	Obsidian
横谷	横谷	transverse valley
横向岸线	横向岸線	transverse coastline
横向沙丘	横沙丘	transverse dune
红壤	紅壤	red earth, red soil
红色石灰土	脫鈣紅土	terra rosa
红树林	紅樹林	mangrove
红树林海岸	紅樹林海岸	mangrove coast
红树林沼泽	紅樹林沼澤	mangrove swamp
红外辐射	紅外光輻射	infrared radiation
红外感光板	紅外線感光板	infrared plate
红外遥感	紅外遙[感探]測	infrared remote sensing
红线	紅線	redlining
宏观地域结构	宏觀地域結構	macroscopic structure of region
宏观进化	宏觀進化	macroevolution
宏观经济学	總體經濟學	macroeconomics
宏系统	巨集系統	macro-system

大　陆　名	台　湾　名	英　文　名
洪峰流量	洪峰流量	peak discharge
洪积扇	洪積扇	proluvium fan
洪积物	洪積物	proluvium, proluvial deposits
洪水	洪水	flood
洪水重现期	洪水回歸期,洪水複現期	flood recurrence interval
洪水调查	洪水調查	flood survey
洪水位	洪水位	flood stage
后滨	後濱	backshore
后成河(=次成河)		
后福特主义	後福特主義	post-Fordism
后工业化城市	後工業城市	post-industrial city
后工业化社会	後工業社會	post-industrial society
后历史世界	後歷史的世界	post-history world
后马克思主义社会学	後馬克思社會學	post-Marxist sociology
后生多年冻土	後生永凍土	epigenetic permafrost
后退碛	後退磧	recessional moraine
后现代	後現代	postmodern
后现代地理学	後現代地理學	postmodern geography
后现代社会	後現代社會	postmodern society
后现代世界	後現代世界	postmodern world
后现代性	後現代性	postmodernity
后现代主义	後現代主義	postmodernism
后现代主义世界	後現代主義者之世界	postmodernist world
后现代主义者	後現代主義者	postmodernist
后向联系	後向連鎖	backward linkage
后殖民研究	後殖民研究	post-colonial studies
后殖民主义	後殖民主義	post-colonialism
候选模型	候選模型	candidate model
弧段	弧段	arc
弧-结点拓扑关系	弧-結點拓撲學	arc-node topology
弧前槽	弧前槽	forearc trough
胡焕庸线	胡煥庸線	Hu's line
胡克定律	虎克定律	Hooke's law
湖沼学	湖沼學	limnology
壶穴	壺穴	pothole
湖泊	湖泊	lake
湖泊地貌	湖泊地形	lacustrine landform

大 陆 名	台 湾 名	英 文 名
湖泊富营养化	湖泊優養化	lake eutrophication
湖泊湿地	湖泊濕地	lake wetland
湖泊水量平衡	湖泊水平衡	lake water balance
湖泊水文学	湖泊水文學	lake hydrology
湖泊蓄水量	湖泊蓄水量	lake storage
湖泊沼泽化	湖泊沼澤化	lake paludification, swampiness of lake
湖积平原	湖積平原	lacustrine plain
湖流	湖流	lake current
湖盆	湖盆	lake basin
湖蚀崖	湖蝕崖	lacustrine cliff
湖水环流	湖水環流	lake circulation
湖相沉积	湖相沈積	lacustrine deposit
互补理论	權衡理論	trade-off theory
互补色立体地图	互補色立體地圖	anaglyphic stereoscopic map
互补性	互補性	complementarity
互操作	交互操作	interoperability
互惠共生	互惠共生	mutualism
互文性	互為文本性	intertextuality
户外游憩	戶外遊憩	outdoor recreation
花费距离	花費距離	cost distance
花岗岩	花崗岩	granite
花园城市运动	花園城市運動	Garden Cities movement
华莱士线	華萊士線	Wallace's line
滑动	滑動	slide
滑落面	滑落面	slip face
滑坡	地滑,山崩	landslide, landslip
滑塌	崩陷	collapse
滑雪	滑雪	skiing
滑走坡	滑走坡	slip-off slope
化石	化石	fossil
化石燃料	化石燃料	fossil fuel
化学剥蚀	化學剝蝕	chemical denudation
化学地理区划	化學地理區域化	regionalization of chemicogeography
化学地理生物效应	化學地理生物效應	biological effect of chemicogeography
化学地理学	化學地理學	chemical geography
化学风化作用	化學風化作用	chemical weathering
化学固沙	化學固沙	chemical dune stabilization
化学径流	化學徑流	chemical runoff

大　陆　名	台　湾　名	英　文　名
化学抗性	化學抗性	chemico-resistance
化学迁移	化學遷移	chemical migration
划带效应	分區效應	zoning effect
还原论[研究]取向	化約論[研究]取向	reductionlist approach
环北方	環北方	circumboreal
环礁	環礁	atoll
环境	環境	environment
环境保护	環境保護	environmental protection
环境变化的人文面向	環境變化的人文面向	human dimension of environmental change
环境变迁	環境變遷	environmental change
环境标准	環境標準	environmental standard
环境承载力	環境承載力	environmental carrying capacity
环境地理学	環境地理學	environmental geography
环境地球化学	環境地球化學	environmental geochemistry
环境地图	環境地圖	environmental map
环境地学	環境地學	environmental geoscience
环境动力学	環境動力學	environmental dynamics
环境法规	環境法規	environmental legislation
环境风险	環境風險	environmental risk
环境感知	環境識覺	environmental perception
环境管理	環境管理	environmental management
环境归宿	環境歸宿	environmental fate
环境规划	環境規劃	environmental planning
环境化学	環境化學	environmental chemistry
环境基准	環境基準	environmental criteria
环境监测	環境監測	environmental monitoring
环境健康风险评价	環境健康風險評估	environmental health risk assessment
环境结构	環境結構	environmental structure
环境决定论	環境決定論	environmental determinism
环境决定论者	環境決定論者	Environmentalist
环境可计算一般均衡	環境可計算一般均衡	environmental computable general equilib-rium
环境伦理	環境倫理	environmental ethnics
环境模拟	環境模擬	environmental simulation
环境模型	環境模式	environmental modeling
环境气候学	環境氣候學	environmental climatology
环境区划	環境區劃	environmental regionalization
环境认知	環境認知	environment cognition

大　陆　名	台　湾　名	英　文　名
环境容量	環境容量	environmental capacity
环境生态毒理学	環境生態毒理學	environmental ecotoxicology
环境史	環境史	environmental history
环境水文学	環境水文學	environmental hydrology
环境退化	環境退化	environmental degradation
环境污染	環境污染	environmental pollution
环境污染地图	環境污染圖	environmental pollution map
环境系统	環境系統	environmental system
环境效应	環境效應	environmental effect
环境胁迫	環境脅迫	environmental stress
环境遥感	環境遙[感探]測	environmental remote sensing
环境要素	環境要素	environmental element
环境异常	環境異常	environmental abnormality
环境意识	環境意識	environmental consciousness
环境影响	環境影響	environmental impact
环境影响评价	環境影響評估	environmental impact assessment
环境阈值	環境閾值	environmental threshold
环境政策	環境政策	environmental policy
环境直减率	環境直減率	environmental lapse rate
环境质量	環境品質	environmental quality
环境质量报告	環境品質報告	environmental quality statement
环境质量评价图	環境品質評價圖	environmental quality assessment map
环境质量指数	環境品質指數	environmental quality index
环境自净	環境自淨	environmental self-purification
环线旅游	巡迴觀光	circuit tourism
环形城市	環狀城市	ring city
缓冲带(=缓冲区)		
缓冲区,缓冲带	緩衝區,緩衝帶	buffer zone
缓冲区分析	緩衝區分析	buffer analysis
幻想世界	想像世界	fictive world
换汇	外匯換匯	FX swaps
荒漠	荒漠	desert
荒漠草原	沙漠草原	desert steppe
荒漠动物群	荒漠動物群	desert faunal group
荒漠化	沙漠化	desertification
荒漠漆	沙漠岩漆	desert varnish
荒漠气候	荒漠氣候	desert climate
荒漠土壤	沙漠土壤	desert soil

大　陆　名	台　湾　名	英　文　名
皇城	皇城	imperial city
皇家园林	皇家園林	royal garden
黄秉维模型	黄秉維模式	Huang's model
黄道	黄道	ecliptic
黄道面	黄道面	plane of the ecliptic
黄褐土	黄褐土	yellow-cinnamon soil
黄绵土	黄綿土	loessal soil
黄壤	黄壤	yellow earth, yellow soil
黄土	黄土	loess
黄土沉积	黄土沈積	loess deposit
黄土地貌	黄土地形	loess landform
黄土墚	黄土墚	liang, loess ridge
黄土峁	黄土丘	mao, loess hill
黄土塬	黄土塬	yuan, loess tableland
黄棕壤	黄棕壤	yellow-brown soil
灰度分辨率	灰度解析度	greyscale resolution
灰钙土	灰鈣土	sierozem
灰褐土	灰褐土	grey cinnamon soil
灰黑土	灰黑土,灰色森林土	greyzem, grey forest soil
灰化层	灰化層	spodic horizon
灰化淋溶土	灰化淋溶土	Podzoluvisol
灰化土	灰化土	podzolic soil
灰化[作用]	灰化[作用]	podzolization
灰阶	灰階	grey scale
灰卡	灰卡	grey chip
灰漠土	灰漠土	grey desert soil
灰壤	灰壤	Podzol
灰体	灰體	grey body
灰土	灰化土	Spodosol
灰棕漠土	灰棕漠土	grey-brown desert soil
恢复	復育,開墾	reclamation
恢复生态学	復原生態學	restoring ecology
挥发分	揮發物	volatile
辉长岩	輝長岩	gabbro
辉石	輝石	pyroxene
回春作用	回春作用	rejuvenation
回归	回歸	regression
汇流	匯流	flow concentration

大　陆　名	台　湾　名	英　文　名
会议旅游	會議旅遊	convention travel
绘图程序库	繪圖程式庫	plot program bank
毁动物群	毀動物群	defaunation
混沌	混沌	chaos
混合农业	混合農業	mixed farming
混合像元	混合像元	mixed pixel
混合岩	混合岩	migmatite
混语性	混語性	creolisation
混杂堆积	混同層	melange
混杂模型	混雜模式	hybrid model
混杂认同	混雜認同	hybrid identity
混杂系统	混雜系統	hybrid system
混杂性	雜化	hybridity
活动层	活動層	active layer
活动带	活動帶	mobile belt
活动构造	活動構造	active tectonics
活动空间	活動空間	activity space
活动配置模型	活動分攤模式	activity allocation model
活动日志调查	活動日誌調查	activity diaries survey
活火山	活火山	active volcano
活塞流	活塞流	piston flow
火山	火山	volcano
火山弹	火山彈	volcanic bomb
火山管	火山管	volcanic pipe
火山弧	火山弧	volcanic arc
火山灰	火山灰	volcanic ash
火山灰土	火[山]灰土	Andisol
火山角砾	火山角礫岩	volcanic breccia
火山颈	火山頸	volcanic neck
火山口湖	火口湖	crater lake
火山泥石流	火山泥流	lahar
火山碎屑	火山碎屑,火山噴出物	tephra
火山碎屑流	火山碎屑流	pyroclastic flow
火山碎屑岩	火山碎屑岩	pyroclastic rock
火山岩	火山岩	volcanic rock
火山岩屑物	火山碎屑物	pyroclastics
火山渣	火山渣	scoria
火山作用	火山作用	vulcanism, volcanism

大　陆　名	台　湾　名	英　文　名
货币地理学	貨幣地理學	geography of money
货币交换	貨幣交換	currency swaps
货币市场	貨幣市場	money market
货币与金融地理学	貨幣與金融地理學	geography of money and finance
货郎行程问题	旅行推銷員問題	traveling salesman problem
货流地理	貨流地理	geography of goods flow
[货物]分装点,转运点	[貨物]分裝點,轉運點	break-of-bulk
霍特林过程	霍特林作用	Hotelling process

J

大　陆　名	台　湾　名	英　文　名
饥饿地理学	饑餓地理學	geography of famine
[机械]淋移作用	[機械]淋移作用	mechanical eluviation, lessivage
机械能	機械能	mechanical energy
机械迁移	機械遷移	mechanical migration
机械制造	機械製造	machinofacture
积温	積溫	accumulated temperature
积雪	覆雪	snow cover
积雪水文学	積雪水文學	snow hydrology
基本方位	基本方位	cardinal point
基本/非基本比率	基本/非基本比率	basic to non-basic ratio
基本活动	基礎性活動	basic activities
基本教义主义	基本教義主義	fundamentalisms
基础工业	基礎工業	basic industry
基础宏观经济模型	基礎宏觀經濟模型	macroeconomy base model
基底	基底	base
基督教	基督教	protestant churches
基流	基流	base flow
基岩	基岩,母岩	bedrock
基质	基質,石基	groundmass
基座阶地	基岩階地	rock-seated terrace
畿,首都近郊	首都近郊	environs of capital city
激光遥感	雷射遙測	laser remote sensing
激进地理学	激進地理學	radical geography
激进地理学家	激進地理學者	radical geographer
激浪	激浪	surf
吉尔里 C 数	吉爾里 C 數	Geary C

大　陆　名	台　湾　名	英　文　名
极大陆性冰川	極大陸性冰川	supercontinental glacier
极地冰川	極地冰川	polar glacier
极地东风	極地東風	polar easterlies
极地动物群	極地動物群	polar faunal group
极地高压	極區高壓	polar high
极地环流[圈]	極地環流胞	polar cell
极地气候	極地氣候	polar climate
极锋	極鋒	polar front
极锋爆发	極鋒入侵	polar outbreak
极锋急流	極鋒噴射流	polar front jet stream
极轨气象卫星	極軌氣象衛星	polar-orbiting meteorological satellite
极化	極化	polarization
极化过程	極化過程	polarization process
极区	極區	polar zone
极限环	極限環	limit cycle
极性倒转	極性倒轉	polarity reversion
极夜	極夜	polar night
极移	極移	polar wandering
极昼	極晝	polar day
急流带,冲流带	流濺帶,沖濺帶	swash zone
急湍	急湍	rapid
疾病地理学	疾病地理學	geography of disease
疾病潜在威胁	疾病潛在威脅	potential menace of disease
疾病人群分布	病人分佈	population distribution of disease
疾病社会环境	疾病社會環境	social environment of disease
疾病医疗地图	疾病醫療地圖	medical disease map
疾病再扩散	疾病再擴散	disease re-diffusion
疾病再现	疾病再現	reemergence of disease
疾病自然环境	疾病自然環境	natural environment of disease
集聚	集塊作用,凝聚	agglomeration
集聚经济	聚集經濟	agglomeration economy
集群	群聚,聚集	cluster
集群灭绝	集群滅絕	mass extinction
集市	市集	fair
集市周期	市集週期	periodicity of fair
集水区	集水區	watershed
集水区水文循环	集水區水文循環	drainage basin hydrological cycle
集体价值	集體價值	collective value

大　陆　名	台　湾　名	英　文　名
集体认同	集體認同	collective identities
集体意识	集體意識	collective consciouness
集约农业(=精耕农业)		
集中的离心化	集中的離心化	concentrated decentralization
集中度	集中度	concentration grade
集中化与中心化	集中化與中心化	concentration and centralization
集中指数	集中指數	index of concentration
集装箱革命	貨櫃革命	container revolution
集装箱货船	貨櫃船	container ship
集装箱运输	貨櫃運輸	container transport
几何畸变	幾何畸變	geometric distortion
几何校正	幾何校正	geometric correction
几何学	幾何學	geometry
挤入构造	擠入構造	diapir
给水度	給水度	specific yield
计量革命	計量革命	quantitative revolution
计量史	計量史	quantitative history
计算地理学	計算地理學	computation geography
计算复杂性	計算複雜性	computational complexity
计算机地图出版系统	電腦地圖出版系統	computer map publish system
计算机地图概括	電腦地圖概括	computer map generalization
计算机地图制图	電腦製圖	computer cartography
计算机制图图元文件	電腦製圖元件	computer graphic metafile, CGM
技术创新	技術創新	technological innovation
技术密集型工业	技術密集工業	technology-intensive industry
技术性失业	技術性失業	technological unemployment
季风	季風	monsoon
季风爆发	季風爆發	monsoon burst
季风气候	季風氣候	monsoon climate
季[风]雨林	季[風]雨林	monsoon forest
季风指数	季風指數	monsoon index
季节冻结层	季節凍結層	seasonally frozen layer
季节冻土	季節凍土	seasonally frozen ground
季节融化层	季節融化層	seasonally thawed layer
季节性	季節性	seasonality
季节性河流	臨時河	ephemeral stream
季节性湖泊	季節性湖泊	ephemeral lake
寄生	寄生	parasitism

大　陆　名	台　湾　名	英　文　名
寄生虫病分布	傳染性寄生蟲病分佈	infectious parasitic diseases distribution
寄生植物	寄生植物	parasite
加工成本	製造成本	processing cost
加工活动	製造活動	processing activities
加积作用	填積作用,積夷	aggradation
加速侵蚀	加速侵蝕	accelerated erosion
家庭重构	家庭重構	family reconstitution
家庭类型	家庭類型	family type
家庭作业	居家工作	home-working
岬角	岬角	headland
甲烷	甲烷	methane
钾长石	鉀長石	potash feldspar
钾氩法测年	鉀氬定年	potassium-argon dating
假彩色	假色[彩]	false color
假彩色合成影像	假彩色合成影像	false color image
假喀斯特	假喀斯特	pseudokarst
假潜育土	假潛育土	pseudogley soil, pseudogley
假设	假設	hypothesis
假设−演绎	假設−演繹	hypothetico-deductive
假象	假晶	pseudomorph
假整合	假整合	disconformity
尖礁	峰礁	pinnacle
间冰期	間冰期	interglacial period
间雨期	間雨期	interpluvial
兼营农业	兼營農業	part-time farming
监察区	監察區	supervisory region
监督分类	監督分類[法]	supervised classification
剪切力	剪力	shear
剪切强度	剪力強度	shear strength
简化生物圈模型	簡化生物圈模型	simplified biosphere model
碱化[作用]	鹼化[作用]	solonization
碱土	鹼土	solonetz
间接环境梯度	間接環境梯度	indirect environmental gradient
间接旅游	間接旅遊	indirect tourism
间歇河	間歇河	intermittent stream
间歇泉	間歇泉	geyser
建成区	建成區	built-up area
建构理论	建構理論	theory of structuration

大　陆　名	台　湾　名	英　文　名
建构主义原则	建構主義原則	principles of structuration
建模	建模	modeling
建设地理学	重構地理學	reconstruction geography
建制市	設計市	designated city
建制镇	建制鎮	designated town
建筑气候	建築氣候	building climate
剑丘	劍丘	seif dune
健康岛	健康島	health island
健康地理	健康地理	geography of health
健康生态学	健康生態學	ecology of health
健康与保健地理学	健康與保健地理學	geography of health and health care
健康指标	健康指標	health indicator
溅蚀	濺蝕	splash erosion
疆界	疆界	boundary
奖励旅游	獎勵旅遊	incentive travel
降解	礦化作用	mineralization
降水	降水	precipitation
降雨强度	降雨強度	rainfall intensity
交错山嘴	交錯山嘴	interlocking spurs
交代变质作用	換質作用	metasomatism
交互地图	互動式地圖	alternant map, interactive map
交换[合约]	交換[合約]	swap
交流理论	溝通理論,通訊理論	communication theory
交切夷平面	交切平夷面	intersected plantain surface
交替作用	交替作用,置換作用	replacement
交通工程学	交通工程學	traffic engineering
交通流理论	交通流理論	traffic flow theory
交通区位	交通區位	traffic location
交通圈	交通圈	transport circle
交通枢纽城市	交通樞紐城市	traffic hub city
交通运输布局	交通運輸配置	allocation of communication and transportation
交通运输地理学	交通運輸地理學	geography of communication and transportation
交通运输地图	交通運輸地圖	transportation map
交通运输区划	交通運輸區劃	transportation regionalization
交易成本理论	交易成本理論	transaction cost theory
郊	市郊	suburbs, outskirts

大　陆　名	台　湾　名	英　文　名
郊区	郊區	suburb
郊区化	郊區化	suburbanization
胶结成冰	膠結成冰	cement ice formation
焦油砂	含油砂	tar sand
礁［石］	礁［石］	reef
角峰	角峰	horn
角岩	角頁岩	hornfels
教区	教區	parishes
教学地图	教學地圖,學校地圖	school map
教育地理学	教育地理學	geography of education
教育地图集	教育地圖集	education atlas
阶地	階地	terrace
阶地变形	階地變形	terrace deformation
阶地错位	階地錯位	terrace dislocation, terrace displacement
阶级联盟	階級聯盟	class alliances
阶级意识	階級意識	class consciouness
接触场	接觸場	contact field
接地线	接地線	grounding line
接口,界面	介面	interface
街坊	街廓	housing block
街区降级	街廓房地產炒作	blockbusting
节点	節點	node
节点区	節點區	nodal region
节理	節理	joint
节理系统	節理系統	joint system
节理组	節理組	joint set
结构	紋理,質地	texture
结构功能主义	結構功能主義	structural functionalism
结构化查询语言	結構化查詢語言	structured query language, SQL
结构化理论	造構理論	structuration theory
结构主义	結構主義	structuralism
结构主义运动	結構主義運動	structuralist movement
结节点	節點	nodal point
结节性	結節性	nodality
结晶灰华	灰華	travertine
结壳熔岩	繩狀熔岩	pahoehoe lava
截留	截留	interception
解释性地理学	解釋性地理學	explanatory geography

大 陆 名	台 湾 名	英 文 名
解释学	詮釋學	hermeneutics
解体(＝崩解)		
解组式资本主义	混亂的資本主義	disorganised capitalism
介入机会,插入机会	介入機會,插入機會	intervening opportunity
介质	介質	medium
界	界	erathem
界面(＝接口)		
金伯利岩	角礫雲橄岩	kimberlite
金融市场	金融市場	financial market
金字塔沙丘	金字塔沙丘	pyramid dune
津	津,渡口	ferry
近岸[大]洋	近岸洋	coastal ocean
近岸海	近岸海	coastal sea, coastal water
近滨	近濱	nearshore
近海渔业	海洋漁業	marine fishery
近红外	近紅外光	near infrared
近日点	近日點	perihelion
进步	進步	progress
进步理念	進步理念	idea of progress
进步意识形态	進步的意識形態	progressive ideology
进潮口	潮流口,入潮口	tidal inlet
进出口依赖度	進出口依賴度	degree of dependence on import & export
进化枝	支序[分類]學	cladistics
进积作用	[海岸]進夷	progradation
进展因素	進展因素	progressive factor
禁猎保护区	禁獵保護區	game park reserve
禁渔期	禁漁期	closure period of fishing
京,都	首都	capital of a country
京都议定书	京都議定書	Kyoto protocol
经度	經度	longitude
经济长程增长模型	經濟長程增長模型	economic growth model
经济地理条件	經濟地理條件	economic geographical condition
经济地理位置	經濟地理位置	economic geographical location
经济地理学	經濟地理學	economic geography
经济地图	經濟地圖	economic map
经济地图集	經濟地圖集	economic atlas
经济活动临海化	經濟活動海岸化	maritimization of economic activities
经济技术开发区	經濟技術開發區	economic and technological development

大　陆　名	台　湾　名	英　文　名
		zone
经济距离	經濟距離	economic distance
经济利润	經濟利潤	economic margin
经济漏损	經濟漏損	economic leakage
经济旅馆	經濟旅館	budget hotel
经济评价	經濟評價	economic appraisal
经济区	經濟區	economic region
经济区划	經濟區劃	economic regionalization
经济区位	經濟區位	economic location
经济全球化	經濟全球化	economic globalization
经济特区	經濟特區	special economic zone
经济协作区	經濟協作區	economic cooperation region
经济中心	經濟中心	economic center
经济转型	經濟轉向	economic turn
经济作物	現金作物	cash crop
经纬网格	經緯網格	fictitious graticule
经线	經線	meridian of longitude
经线传输	經線傳輸	meridian transport
经向环流	經向環流	meridional circulation
经验模型	經驗模式	experiential model
晶胞	晶胞	unit cell
晶洞	晶洞	geode
晶格态	晶格形態	lattice form
精耕农业,集约农业	精耕農業,集約農業	intensive agriculture
精益生产	精益生產	lean production
景观(=地景)		
景观地球化学	地景地球化學	landscape geochemistry
景观地球化学对比性	地景地球化學對比性	landscape geochemical contrast
景观地球化学类型	地景地球化學類型	landscape geochemical type
景观动态	地景動態	landscape dynamics
景观复原	景觀重整	reconstruction of landscape
景观功能	地景功能	landscape function
景观建设	地景建設	landscape architecture
景观结构	地景結構	landscape structure
景观解读	景觀判讀	interpretation of landscape
景观流行病学	地景流行病學	landscape epidemiology
景观评估	地景評估	landscape evaluation
景观设计	地景設計	landscape design

大　陆　名	台　湾　名	英　文　名
景观生态规划	地景生態規劃	landscape ecological planning
景观生态学	地景生態學	landscape ecology
景观思想	景域理念	idea of landschaft
景观形态	地景形態	landscape morphology
景观学	地景科學	landscape science
景观预测	地景預測	landscape prognosis
景观诊断	地景診斷	landscape diagnosis
景域学	景域學	Landschaftskunde
景域学派	景域學派	Landschaft school
警戒水位	警戒水位	warning stage
净初级生产力	淨初級生產力	net primary productivity
净光合作用	淨光合作用	net photosynthesis
径流变率	徑流變率	runoff variability
径流量	徑流量	runoff
径流模数	徑流模式	runoff modulus
径流年际分配	徑流年際變動	runoff interannual variation
径流年内分配	徑流年內分配	runoff annual distribution
径流深度	徑流深度	runoff depth
径流系数	徑流係數	runoff coefficient
径流形成过程	徑流形成歷程	runoff formation process
竞争排斥	競爭排斥	competitive exclusion
竞租曲线	競租曲線	bid-rent curve
敬地情结	敬地情結	geopiety
静风区	風幕	wind shadow
旧热带界	舊熱帶界	Palaeotropic realm
旧石器时代	舊石器時代	Palaeolithic Age
居住迁移	居住行動化	residential mobility
居住区规划	居住區規劃	residential district planning
居住区位	居住區位	residential location
居住提升	居住提升	incumbent upgrading
居住投资计划	住宅投資計畫	housing investment program
居住循环	居住循環	residential cycle
局部分析	局部分析	local analysis
局部侵蚀基准面	局部侵蝕基準面	local base level
局部 G 统计	局部 G 統計	local G statistic
局地环流	局地環流	local circulation
局地气候	地方氣候	local climate
举隅法,提喻法	舉隅法	synecdoche

大　陆　名	台　湾　名	英　文　名
矩形水系	矩形水系	rectangular drainage network
巨动物群	大型動物群	megafauna
巨系统	巨系統	huge system
具体情形	實際境遇	concrete situation
距离摩擦	距離摩擦	friction of distance
距离衰减	距離衰減	distance decay
距离缩减	距離縮減	distance shrinking
飓风	颶風	hurricane
聚合土体	聚合土體	polypedon
聚合作用	聚合作用	polymerization
聚类分析	群落分析,群聚分析	cluster analysis
聚落	聚落	settlement
聚落地理学	聚落地理學	settlement geography
聚落类型	聚落類型	settlement pattern
聚铁网纹土	聚鐵網紋土	Plinthosol
卷曲石	捲曲石,石藤	helictite
决定性要素	物質元素	material element
绝对地理空间	絕對地理空間	absolute geographical space
绝对海[平]面变化	絕對海[平]面變化	absolute sea level change
绝对距离	絕對距離	absolute distance
绝对区位	絕對區位	absolute location
绝对位置	絕對位置	absolute position
觉醒	除魅化	disenchantment
军事地理学	軍事地理學	military geography
军用地图	軍用地圖	military map
均变论	均變說,齊一說	uniformitarianism
均腐土	均腐土	isohumic soil, isohumisol
均衡	均衡	equilibrium
均衡河流,均夷河流	均夷河	graded stream
均衡剖面	均夷剖面	graded profile
均夷河流(=均衡河流)		
均匀流	均勻流	uniform flow
均值	平均值	mean
均质地域	均質地域	homogeneous area
均质区域	均質區域	homogeneous region
菌根	菌根	mycorrhiza
郡县制	郡縣制	system of prefectures and counties

K

大　陆　名	台　湾　名	英　文　名
喀斯特	喀斯特	karst
喀斯特边缘平原	喀斯特邊緣平原	karst margin plain
喀斯特地貌	喀斯特地貌,石灰岩地形	karst landform
喀斯特地貌学	喀斯特地形學	karst geomorphology
喀斯特河谷盆地	石灰岩盆地,溶盆	polje
喀斯特湖	喀斯特湖	karst lake
喀斯特平原	喀斯特平原	karst plain
喀斯特水	喀斯特水	karst water
喀斯特水文	喀斯特水文	karst hydrology
卡西尼地图	喀西尼地圖	Cassini's map
开敞空间	開放空間	open space
开敞系统冻结	開放系統凍結	open-system freezing
开发区	開發區	development area
开放城市	開放城市	open city
开放式地理信息系统协会	開放式地理資訊系統協會	Open GIS Consortium, OGC
开放式数据库互连	開放資料庫連結	Open Data Base Connectivity, ODBC
开放性地理数据互操作规范	開放地理資料互通規格	Open Geo-data Interoperability Specification, OGIS
开氏温标	凱氏溫標	Kelvin scale
凯恩斯理论	凱恩斯理論	Keynesian theory
坎儿井	坎兒井	karez, kariz
康利–利根模型	康利–利根模式	Conley-Ligon model
抗裂强度	抗裂強度	rupture strength
柯本气候分类	柯本氣候分類	Köppen's climate classification
科布–道格拉斯生产函数	科布–道格拉斯生產函數	Cobb-Douglas production function
科普定律	科普定律	Cope's rule
科学城	科學城	science town
科学机构	科學機構	science establishment
科学园	科學園區	science park
棵间土壤蒸发	棵間土壤蒸發	soil evaporation between plants

大　陆　名	台　湾　名	英　文　名
可持续发展	永續發展	sustainable development
可持续旅游	永續觀光	sustainable tourism
可达性	可達性,易達性	accessibility
可达性指数	可達性指數,易達性指數	accessibility index
可感热	可感熱	sensible heat
可计算模型	可計算模式	computable model
可计算一般均衡	可計算一般均衡	computable general equilibrium, CGE
可见光	可見光	visible light
可见光遥感	可見光遙測	visual remote sensing
可交换态	交換態	exchangeable form
可接受的改变限度	可接受的改變限度	limit of acceptable change
可扩展标记语言	可延伸標示語言	extensible markup language, XML
可能论	可能論	possibilist
可能性界限	可能性界限	possibility boundary
可能最大洪水	可能最大洪水	probable maximum flood, PMF
可能最大降水	可能最大降水	probable maximum precipitation, PMP
可吸入颗粒物	可吸入顆粒物	inhalable particle
可再生资源	可再生資源	renewable resources
可转移性	可轉移性	transferability
克拉克值	克拉克值	Clark value
克里奥尔人	克里奧爾人	Creole
克里金法	克利金法	Kriging method
克鲁格曼空间过程	克魯格曼空間過程	Krugman spatial process
克山病	克山病	Keshan disease
刻蚀平原	刻蝕平原	etched plain
刻蚀夷平面	刻蝕平夷面	etched [planation] surface
刻蚀作用	刻蝕作用	etching
客居工人	客居工人	Gastarbeiter(德)
客流地理学	客流地理學	geography of passenger flow
垦殖指数	墾殖指數	cultivation index
空间	空間	space
空间闭塞社会	空間閉塞社會	spatially-restricted society
空间不均衡性	空間不均衡性	spatial inequality
空间查询	空間查詢	spatial query
空间差异	空間差異	spatial disparity
空间崇拜	空間崇拜	spatial fetishism
空间错误	空間錯誤	spatial error

大　陆　名	台　湾　名	英　文　名
空间大地测量	大地测量	space geodesy
空间地理方程	地理空间方程	spatial equation in geography
空间典范	空間典範	spatial paradigm
空间点模式	空間點型	spatial point pattern
空间独占	空間獨佔	spatial monopoly
空间分辨率	空間解析度	spatial resolution
空间分化	空間分化	spatial ramification
空间分离主义者	空間分離主義者	spatial separatist
空间格子	空間晶格	space lattice
空间寡占	空間寡佔	spatial oligopoly
空间关系	空間關係	spatial relationship
空间惯性	空間慣性	spatial inertia
空间划分	空間區隔	spatial segregation
空间建模	空間塑模	spatial modeling
空间结构	空間結構	spatial structure
空间结构理论	空間結構理論	spatial structure theory
空间经济	空間經濟	spatial economy
空间经济学	空間經濟學	spatial economics
空间经验	空間經驗	spatial experience
空间竞争	空間競爭	spatial competition
空间聚集	空間聚集	spatial aggregation
空间均衡	空間均衡	spatial equilibrium
空间可计算一般均衡	空間可計算一般均衡	spatial computable general equilibrium
空间扩散	空間擴散	spatial diffusion
空间目相关	空間自相關	spatial autocorrelation
空间配置	空間組態	spatial configuration
空间偏好	空間偏好	spatial preference
空间数据	空間資料	spatial data
空间数据基础设施	空間資料基礎設施	spatial data infrastructure, SDI
空间数据库引擎	空間資料庫引擎	spatial database engine, SDE
空间数据挖掘	空間資料探勘	spatial data mining
空间思考	空間思考	spatial thinking
空间索引	空間檢索	spatial index
空间调整	空間調整	spatial adjustment
空间同质性	空間同質性	spatial homogeneity
空间统计	空間統計	spatial statistics
空间相关	空間相關	spatial correlation
空间相互作用	空間互動	spatial interaction

大　陆　名	台　湾　名	英　文　名
空间行为	空間行為	spatial behavior
空间性	空間性	spatiality
空间需求	空間需求	space requirement
空间缘线	空間邊緣	spatial margin
空间增长模型	空間成長模式	spatial growth model
空间组织	空間組織	spatial organization
空气动力学粗糙度	氣動力學粗糙度	aerodynamics roughness
空心化	空洞化	hollowing-out
孔隙冰	孔隙冰	pore ice
孔隙度	孔隙率	porosity
孔隙水	孔隙水	pore water
孔隙水压	孔隙水壓	pore water pressure
控制论	模控學	cybernetics
控制贸易	控制貿易	controlled trade
控制系统	控制系統	control system
口述历史	口述歷史	oral history
枯枝落叶	枯枝落葉	litter
块体运动	塊體運動	mass movement
块状崩落	塊狀崩落	crumbling
块状图	方塊圖	block diagram
快速流	快速流	quick flow
矿产资源	礦產資源	mineral resources
矿脉	礦脈	vein
矿石	礦石	ore
矿物	礦物	mineral
矿业城市	礦業城市	mining city
扩散	擴散	diffusion
扩散曲线	擴散曲線	diffusion curve
扩散障碍	擴散障礙	diffusion barrier
扩散中心	擴散中心	dispersal center
扩展扩散	擴展擴散	expansion diffusion
扩张	擴張	expansionary
扩张板块边缘	張裂板塊邊緣界	spreading plate boundary

L

大　陆　名	台　湾　名	英　文　名
拉尼娜	反聖嬰現象	La Niña
来年冻土	陳年凍層	pereletok
赖利法则	賴利法則	Reilly's law
拦门沙	河口沙洲	estuarine bar, river mouth bar
拦湾坝	海灣洲	bay bar
蓝色产业	藍色產業	blue industry
蓝色国土	藍色國土	blue state territory
廊道	廊道	corridor
浪积台[地]	浪積台	wave-built terrace
浪蚀基面	波基	wave base
浪蚀台,海蚀平台	波蝕台,波蝕棚	wave-cut bench
劳动地域分工	空間分工	spatial division of labor
劳动力地理学	勞動力地理學	geography of labor
劳动力密集型工业	勞動力密集型工業	labor-intensive industry
劳动力源地	勞工源地	labor shed
劳动生产率	勞工生產力	labor productivity
劳里模型	勞里模式	Lowry model
劳亚古陆	勞亞古陸	Laurasia
老成土	老成土,淋育土	Ultisol
老年期	老年期	old stage
涝	積水	waterlogging
勒夫波	樂夫波	Love wave
勒普雷学派	樂普雷學派	Le Play's school
雷暴	雷暴,雷雨	thunderstorm
雷达测高仪	雷達測高儀	radar altimeter
雷达卫星	雷達衛星	radar sat
雷达阴影	雷達陰影	radar shadow
雷达影像	雷達影像	radar image
类比模型	類比模式	analogue model
类型图	類型圖	type map
类型学	類型學	typology
类质同象	異質同形	isomorphism
冷冰川	冷冰川	cold glacier

大　陆　名	台　湾　名	英　文　名
冷锋	冷鋒	cold front
冷害	冷害	cold damage
冷圈	冷圈	cryosphere
冷生构造	冰凍構造	cryostructure
冷生结构	冰凍結構	cryotexture
冷生夷平	冰凍平夷	cryoplanation
冷温复合冰川	冷溫複合冰川	polythermal glacier
离岸后援部门	離岸後援部門	offshore back-offices
离岸金融中心	離岸金融中心	offshore financial center
离岸流	離岸流	rip current
离堆山	離堆山,環流丘	meander core, meander spur
离心力和向心力	離心力和向心力	centrifugal and centripetal forces
离子径流	離子徑流	ion runoff
李雅普诺夫指数	李雅普諾夫指數	Lyapunov exponent
里坊	鄰里居住區	residential area, neighborhood
里氏震级	芮氏地震規模	Richter scale
里亚型海岸	里亞型海岸,灣岬海岸	Ria coastline
理论地理学	理論地理學	theoretical geography
理论地图学	理論地圖學	theoretical cartography
理诺士学派	雷赫西學派	school of Les Roches
理想城市	理想城市	ideal city
理想景观	理想景觀	ideal landscape
理性	理性	ration
理性化	理性化	rationalization
理性形而上学	理性形上學	rational metaphysics
理性主义	理性主義	rationalism
历史–地理唯物主义	史–地唯物主義,史–地物本論	historical-geographical materialism
历史地理学	歷史地理學	historical geography
历史地理知识论	歷史地理知識論	historical geosophy
历史地貌学	歷史地形學	historical geomorphology
历史地名	歷史地名	historical name
历史地图	歷史地圖	historical map
历史地图集	歷史地圖集	historical atlas
历史环境	歷史環境	historical environment
历史景观	歷史景觀	historical landscape
历史陵区	歷史陵區	historical mausoleum area
历史墓碑	歷史墓碑	historical tombstone, gravestone

大 陆 名	台 湾 名	英 文 名
历史墓葬区	歷史墓葬區	historical grave area
历史年鉴学派	歷史學的年鑒學派	Annals School of History
历史气候	歷史氣候	historical climate
历史区	歷史區域	historical region
历史生态	歷史生態	historical ecology
历史生物地理学	歷史生物地理學	historical biogeography
历史文化生态	歷史文化生態	historical cultural ecology
历史–形态［研究］取向	歷史–形態［研究］取向	historical-morphological approach
历史学派	歷史學派	historical school
历史哲学	哲學歷史	philosophy of history
利率交换	利率交換	interest rate swaps
利亚诺斯群落	利亞諾斯群落	lianos
例外论	例外論	exceptionalism
例外主义者	例外主義者	exceptionalist
栗钙土	栗鈣土	chestnut soil, kastanozem
砾浪	礫浪	gravel wave
砾漠	礫漠	gravel desert
砾石	礫石	gravel
砾滩	礫灘	shingle beach
砾质化	礫質化	gravelification
粒化崩解	粒狀崩解	granular disintegration
粒序层	粒級層	graded bedding
粒雪	粒雪,萬年雪	firn
粒雪盆	粒雪盆	firn basin
粒雪线	粒雪線	firn line
粒状结构	粒狀岩理	granular texture
连带数	關連數	associated number
连岛坝	連島沙洲,沙頸岬	tombolo
连岛沙坝	連島沙洲	tied bar
连续多年冻土	連續性永凍土	continuous permafrost
联系	關聯	linkage
联系性	聯繫性	connectivity
恋地情结	戀地情結,鄉土愛	topophilia
链式迁移	鏈式遷移	chain migration
粮林间作	糧林間作	inter-planting of trees and crops
粮食生产基地	糧食生產基地	grain production base
量级	規模	magnitude

大　陆　名	台　湾　名	英　文　名
疗养地理	療養地理學	geography of sanatorium
廖什模型	勞許模式	Lösch model
劣地	惡地	badland
裂变径迹测年	裂跡定年	fission-track dating
裂点	裂點	knick point
裂谷	裂谷	rift valley
裂流沟道	裂流道,底流溝	rip current channel
裂隙喷发	裂隙噴發	fissure eruption
裂隙水	裂隙水	fissured water
邻近分析	鄰近度分析	proximal analysis
邻近扩散	鄰近擴散	contagious diffusion
邻居农户	城居農民	residential farmer
邻里	鄰里	neighborhood
邻里单位	鄰里單元	neighborhood unit
邻里效应	鄰里效應	neighborhood effect
邻里演变	鄰里演變	neighborhood evolution
邻里中心	鄰里中心	neighborhood center
邻域分析	鄰域分析	neighbor analysis
林区	林區	forest region
林线	林線	forest limit
林业遥感	林業遙[感探]測	forestry remote sensing
淋淀作用	淋澱作用,洗入[作用]	eluviation-illuviation
淋溶土	澱積土	Alfisol
淋溶作用	淋溶作用,洗出[作用]	eluviation
淋洗作用	淋溶作用	leaching
淋余土	淋餘土,鐵鋁土	pedalfer
磷质石灰土	富磷鈣質土	phospho-calcic soil
岭	嶺	ridge, range
凌夷作用	削夷作用,蝕夷	degradation
陵寝	陵寢	imperial mausoleum
陵邑	陵邑	mausoleum town
零点幕	零點幕	zero curtain
零售地理学	零售地理學	retailing geography
零售业革命	零售革命	retail revolution
零售引力模式	零售引力模式	model of retailing gravity
零通量面	零通量面	zero flux plane
领海	領海	territorial sea
领海基线	領海基線	baseline of territorial sea

大　陆　名	台　湾　名	英　文　名
领空	領空	territorial sky
领土(=国土)		
领土割让	領土割讓	cession of territory
领土扩张	領土擴張	territorial expansion
领土性(=领域性)		
领域	領域,領土	domain
领域化	領域化	territorialization
领域性,领土性	領域性,領土性	territoriality
另类地理学(=替代地理学)		
另类家庭	另類家庭	alternative household
流动人口	流動人口	floating population
流动沙丘	流動沙丘	mobile dune, wandering dune
流痕	流痕	scallop
流量	流量	discharge
流量地理学	流量地理學	geography of flow
流量过程线分割	流量曆線的分割	hydrograph separation
流碛	流磧	flow till
流沙固定	流沙固定	fixation of shifting sand
流石	流石	flowstone
流水地貌	河流地形	fluvial landform
流水地貌学	河流地形學	fluvial geomorphology
流水喀斯特	流水喀斯特	fluviokarst
流通网络系统	流通網絡體系	circulation network system
流纹岩	流紋岩	rhyolite
流泄风	流泄風	drainage wind
流行病学	流行病學	epidemiology
流行病学转型	流行病學轉型	epidemiologic transition
流行文化	流行的文化	popular culture
流域	流域	drainage basin
流域分水线	流域分水嶺	basin divide
流域管理	流域經營	watershed management
流域规划	流域規劃	river basin planning
流域汇流	流域匯流	watershed flow concentration
流域模型	流域模型	watershed model
流域形态	流域形態	watershed morphology
流域蒸发	流域蒸發散	basin evapotranspiration
龙卷风	龍捲風	tornado

大　陆　名	台　湾　名	英　文　名
垄断资本主义	壟斷資本主義	monopoly capitalism
壤土	壤土	tier soil
露	露	dew
露点	露點	dew point
露点递减率	露點遞減率	dew point lapse rate
露天开采	露天開採	strip mining
露头	露頭	outcrop
露营	露營	camping
陆半球	陸半球	land hemisphere
陆地动物区划	陸地動物區劃	continental faunal regionalization
陆地辐射	地球輻射,地面輻射	terrestrial radiation
陆地水文学	陸地水文學	continental hydrology, land hydrology
陆地卫星系列	陸地衛星系列	landsat series
陆地沼泽化	陸地沼澤化	land paludification, swampiness of land
陆连岛	陸連島	tombolo island
陆面蒸发	陸面蒸發	land evaporation
陆桥	陸橋	land bridge
陆圈	陸界	terrestrial sphere
陆上水域动物群	陸域水棲動物群	aquatic faunal group on the land
陆相沉积	陸相沈積	continental sedimentation, continental facies sedimentation
陆心说	陸心說	heartland theory
陆缘说	陸緣說	rimland theory
陆源沉积	陸源沈積	terrigenous deposit
路径	路徑	path
路径距离	路徑距離	route distance
路径束	[時間地理學]徑束	bundle
路径搜索	路徑搜尋	path-finding
路径依赖	路徑依賴	path dependency
旅行经销商	旅行經銷商	tour operator
旅行批发商	旅行批發商	tour wholesale
旅行时间	旅時	journey time
旅行作家	旅行作家	travel writer
旅游承载力	旅遊承載量	recreational carrying capacity
旅游城市	旅遊城鎮	tourist town
旅游淡季	旅遊淡季	low season
旅游地理学	旅遊地理學	geography of tourism
旅游地生命周期	旅遊地生命週期	life cycle of destination

大　陆　名	台　湾　名	英　文　名
旅游地图	旅遊地圖	tourist map
旅游空间	旅遊空間	tourist space
旅游美学	旅遊美學	tourism aesthetics
旅游旺季	旅遊旺季	high season, peak season, busy season
旅游卫星账户	觀光衛星帳	tourism satellite account
旅游吸引物	旅遊吸引物	attraction
旅游系统	旅遊系統	tourism system
旅游陷阱	旅遊陷阱	tourist trap
旅游业集中度	旅遊業集中率	concentration ratio
旅游者期望	旅遊者期望	anticipation
旅游资源	旅遊資源	tourist resources
旅游资源评价	旅遊資源評估	tourist resources evaluation
绿带	綠帶	greenbelt
绿岛效应	綠島效應	green island effect
绿地	綠地	green space
绿片岩相	綠片岩相	greenschist facies
绿色革命	綠色革命	green revolution
绿色旅游	綠色旅遊	green tourism
绿色制造	綠色製造	green manufacturing
绿岩	綠色岩	greenstone
绿洲	綠洲	oasis
绿洲开发	綠洲開發	oasis development
绿洲农业	綠洲農業	oasis cultivation
绿洲土壤	綠洲土壤	oasis soil
掠夺经济	掠奪經濟	Raubwirtschaft
罗马帝国[时期]	羅馬帝國[時期]	Roman Empire
罗马高卢	羅馬高盧	Roman Gaul
罗马天主教,天主教	羅馬天主教,天主教	Roman Catholicism
罗斯比波	羅斯比波	Rossby wave
逻辑经验论	邏輯經驗論	logical empiricism
逻辑实证论	邏輯實證論	logical positivism
逻辑斯蒂模型	邏輯斯蒂模型	logistic model
逻辑新实证主义	邏輯新實證主義	logical neo-positivism
裸露地盾	裸露地盾	exposed shield
裸露泥炭	露天泥炭	bare peat
裸露型喀斯特	裸露喀斯特地形	bare karst
洛伦茨曲线	羅倫茲曲線	Lorenz curve
洛特卡–沃尔泰拉模型	洛特卡–沃爾泰拉模式	Lotka-Volterra model

大　陆　名	台　湾　名	英　文　名
落水洞	渗穴	sinkhole
落叶阔叶林	落葉闊葉林	deciduous broadleaved forest
落叶阔叶与常绿阔叶混交林	落葉闊葉與常綠闊葉混合林	deciduous and evergreen broadleaved forest

M

大　陆　名	台　湾　名	英　文　名
麻粒岩	顆粒岩	granulite
马尔萨斯模型	馬爾薩斯模式	Malthusian model
马基斯群落	馬基斯群落	maquis
马克思行动主义	馬克思行動主義	Marxist activism
马克思主义地理学	馬克思主義地理學	Marxist geography
马克思主义激进分子	馬克思主義激進分子	Marxist radicals
马克思主义经济学	馬克思主義經濟學	Marxist economics
马克思主义意识形态	馬克思主義意識形態	ideology of Marxism
马丘比丘宪章	馬丘比丘憲章	charter of Machupicchu
埋藏冰	埋藏冰	buried ice
埋藏层	埋藏層	buried horizon
埋藏洪积扇	埋藏洪積扇	buried proluvial fan
埋藏阶地	埋藏階地	buried terrace
埋藏泥炭	埋藏泥炭	buried peat
埋藏山	埋藏山	buried mountain
埋藏土	埋藏土	buried soil
霾	霾	haze
脉冰	脈冰	vein ice
蛮风文化(=哥德式文化)		
满意化行为	滿意化行為	satisfying behavior
曼–肯德尔算法	曼–肯德爾演算法	Mann-Kendall method
曼宁粗糙度	曼寧粗糙係數	Manning roughness coefficient
曼宁方程	曼寧公式	Manning equation
漫地流	漫地流	overland flow
漫射辐射	漫輻射	diffuse radiation
盲谷	盲谷	blind valley
毛毛雨,细雨	毛毛雨	drizzle
贸易区	貿易區	trade area
贸易网络	貿易網路	trade network

大　陆　名	台　湾　名	英　文　名
梅雨	梅雨	Meiyu, plum rain
媒介传染病	媒介傳染病	vector-born disease
美国存托凭证	美國存托憑證	American depository receipt
美国学派	美國學派	American school
镁铁质矿物	鎂鐵質礦物	mafic minerals
镁铁质岩石	鎂鐵岩石	mafic rock
门	門	phylum
门户城市	門戶都市	gateway city
门槛,阈值	門檻,閾值	threshold
蒙代尔–弗莱明模型	蒙代爾–弗萊明模式	Mundell-Fleming model
蒙特利尔公约	蒙特婁公約	Montreal Protocol
梦景	夢景	dreamscape
迷宫溶洞	迷宮溶洞	labyrinth cave
糜棱岩	磨嶺岩	mylonite
米兰科维奇假说	米蘭克維奇假說	Milankovitch hypothesis
密度补偿	密度補償	density compensation
密度分割	密度分割	density slicing
密度梯度	密度梯度	density gradient
密史脱拉风	密史脫拉風	mistral
面谈	面談	interviewing
面向对象关系数据库	物件導向關聯式資料庫	object-oriented relational database
描述数据	描述資料	descriptive data
灭绝	滅絕	extinction
民间文化	民俗文化	folk cultural
民间文化地理学	民俗文化地理學	folk cultural geography
民俗旅游	民俗觀光	ethnic tourism
民俗学	民俗學	folklore
[民用]航空运输	[民用]航空運輸	air transport
民族地理学	民族地理學	ethnic geography
民族国家	民族國家	Nation State
民族国家意识形态	國族意識形態	ideology of the national State
民族聚居区	民族聚居區	ethnic enclaves
民族性	民族性	ethnicity
民族学	民族學	ethnography
民族志学者	民族志學者	ethnographer
民族主义	民族主義	nationalism
民族自决	民族自決	national self-determination
敏感性分析	敏感性分析	sensitivity analysis

大　陆　名	台　湾　名	英　文　名
明渠	明渠	open channel
鸣沙	鳴沙	hiyal
模仿与口授	模仿與口授	imitation and oral instruction
模糊集合理论	模糊集合理論	fuzzy set theory
模糊容限	模糊容限	fuzzy tolerance
模拟	模擬	simulation
模式生成	模式形成	pattern formation
模式识别	模式識別	pattern recognition
模–数转换	類比-數位轉換	analog to digital conversion
模型	模式	model
模型拟合优势度	模式擬合優勢度	model goodness-of-FIT
模型误导	模式誤導	model misspecification
磨蚀作用	磨蝕作用	abrasion
蘑菇石	蕈[狀]岩	mushroom rock
末次冰期	末次冰期	Last Glaciation
末次冰盛期	末次冰盛期	Last Glacial Maximum
莫霍面	莫荷面	Moho, Mohorovicic discontinuity
莫兰 I 数	莫蘭 I 數	Moran I
漠境砾幕	沙漠礫面,漠坪	desert pavement
墨卡托投影	麥卡托投影	Mercator projection
母城	母城	mother city
母元素	母元素	parent element
母质	母質	parent material
牡蛎礁	牡蠣礁	oyster reef
木材蓄积量	木材蓄積量	timber storage
目的地管理	目的地管理	destination management
目的地选择	目的地選擇	destination choice
目的论	目的論	finality
牧业区	牧業區	pastoral region

N

大　陆　名	台　湾　名	英　文　名
纳潮量	潮[水]量	tidal prism
纳维–斯托克斯方程	納維-斯托克斯方程式	Navier-Stokes equation
奶源区	集乳區	milkshed
耐旱植物	耐旱植物	sclerophyll
南半球	南半球	southern hemisphere

大　陆　名	台　湾　名	英　文　名
南方涛动	南方振盪	southern oscillation
南回归线	南回歸線	Tropic of Capricorn
南极	南極	south pole
南极界	南極界[動物],南極洲界[測量]	Antarctic realm
南极圈	南極圈	antarctic circle
难移动元素	難移動元素	poorly mobile element
闹市区	市中心	downtown
内部发展理论	內部成長理論	internal growth theory
内部水	內含水	internal water
内城	內城	inner city
内叠阶地	內疊階地	in-laid terrace
内分泌干扰物	內分泌干擾物	endocrine disrupter
内化	內化	internalization
内陆	內陸	inland
内陆国	內陸國	landlocked state
内陆湖	內陸湖	endorheic lake
内陆盆地	內陸盆地	inland basin
内陆湿地	內陸濕地	inland wetland
内陆水系	內陸水系	interior drainage
内水	內水	inner waters
内营力	內營力	endogenic agent
内营力作用	內營力作用	endogenic process
能力制约	能力制約	capability constraint
能量原理	能量原則	energy principle
能量资源,能源	能量資源,能源	energy resources
能源(=能量资源)		
泥	泥	mud
泥灰岩	泥灰岩	marl
泥火山	泥火山	mud volcano
泥火山口	噴泥池	mud maar
泥裂	泥裂	mud crack
泥流	泥流	mudflow
泥漠	泥[質沙]漠	argillaceous desert
泥盆纪	泥盆紀	Devonian Period
泥沙流通量	泥沙流通量	sediment flux
泥沙平衡	淤砂收支,沈積收支	sediment budget
泥沙输移比	泥沙遞移率	sediment-delivery ratio

大　陆　名	台　湾　名	英　文　名
泥沙运动	泥沙運動	sediment movement
泥石流	土石流,岩屑流	debris flow
泥石流堵塞系数	土石流堵塞係數	obstructive coefficient of debris flow
泥炭	泥炭	peat
泥炭沉积率	泥炭沈積率	deposit rate of peat
泥炭导热系数	泥炭導熱係數	heat conductivity of peat
泥炭地	泥炭地	peatland
泥炭多元微肥	泥炭多元微肥	complex microelement fertilizer of peat
泥炭分类	泥炭分類	peat classification
泥炭腐殖酸	泥炭腐殖酸	peat humic acid
泥炭矿床	泥炭礦床	deposit of peat
泥炭丘	泥炭丘	peat hill
泥炭热容[量]	泥炭熱容[量]	peat heat capacity
泥炭容重	泥炭容重	unit weight of peat
泥炭收缩系数	泥炭收縮係數	compression index of peat
泥炭土	泥炭土	peat soil
泥炭微生物	泥炭微生物	peat microbe
泥炭形成[作用]	泥炭形成[作用]	peat formation
泥炭浴	泥炭浴	peat bath
泥炭沼泽	泥炭沼澤	bog
泥炭植物残体分析	泥炭植物殘體分析	remain analysis of peat plant
泥炭制品	泥炭製品	peat production
泥炭[总]灰分	泥炭[總]灰分	peat ash
泥岩	泥岩	mudstone
逆城市化	反向都市化	counter-urbanization
逆断层	逆斷層,反斷層	reverse fault
逆势观光(=逆向旅游)		
逆温	逆溫	temperature inversion
逆向河	逆向河,反向河	obsequent river
逆向旅游,逆势观光	逆向旅遊,逆勢觀光	anti-tourism
逆中心化	逆中心化	decentralization
溺谷	溺谷	drowned valley
溺谷型海岸	洲潟海岸	liman coast
年变化深度	年變化深度	depth of zero annual amplitude
年代学	紀年[年代學]	chronology
年鉴学派	年鑒學派	Annals school
年均温	年均溫	mean annual temperature
年龄与性别结构	年齡與性別結構	age and sex structure

大　陆　名	台　湾　名	英　文　名
年轮学,树轮年代学	年輪紀年學	dendrochronology
年正常径流	年正常徑流	annual normal runoff
黏度	黏度	viscosity
黏化[作用]	黏化[作用]	clayification
黏盘土	盤層土	Planosol
黏绨土	鎳鈦土	Nitisol
黏性泥石流	黏性泥石流	viscous debris flow
鸟瞰图	鳥瞰圖	bird's eye map
凝固潜热	凝固熱	latent heat of solidification
凝灰角砾岩	凝灰角礫岩	tuff breccia
凝灰岩	凝灰岩	tuff
凝结高度	水準凝結	condensation level
牛轭湖	牛軛湖	oxbow lake
农场会计学	農場會計學	farm accounting
农场经济学	農場經濟學	farm economics
农场生态金字塔	農場生態金字塔	farming ecological pyramid
农粮系统	農糧體系	agro-food system
农牧界线	農牧界線	boundary between farming and animal husbandry
农区畜牧业	農區畜牧業	animal husbandry in agriculture region
农田小气候	田野微氣候	field microclimate
农业布局	農業配置	allocation of agriculture
农业产业化	農業工業化	agricultural industrialization
农业村镇	農業鎮	agricultural town
农业地带	農業區	agricultural zone
农业地理学	農業地理學	agricultural geography
农业地图集	農業地圖集	agricultural atlas
农业地域类型	農業地域類型	areal pattern of agriculture
农业革命	農業革命	agricultural revolution
农业经济学	農業經濟學	agricultural economics
农业旅游	農業旅遊	agritourism
农业气候学	農業氣候學	agroclimatology
农业区	農業區	agricultural region
农业区划	農業區劃	agricultural regionalization
农业区位	農業區位	agricultural location
农业区位论	農業區位論	agricultural location theory
农业区位模式	農業區位元模式	model of agricultural location
农业商品生产系统	農產品生產體系	agro-commodity production system

大　陆　名	台　湾　名	英　文　名
农业生产潜力	農業生產潛力	agricultural potential productivity
农业生态系统	農業生態系[統]	agricultural ecological system
农业水文学	農業水文學	agricultural hydrology
农业遥感	農業遙[感探]測	agricultural remote sensing
农业综合企业	農商企業	agribusiness
农艺学	農藝學	agronomy
浓集	集中	concentration
浓缩形式的能源	濃縮型能源	concentrated form of energy
女权主义地理学	女權主義地理學	feminist geography
暖锋	暖鋒	warm front
暖流	暖流	warm current
暖性锢囚	暖囚錮	warm occlusion

O

大　陆　名	台　湾　名	英　文　名
欧拉方程	尤拉方程	Euler equation
欧盟(＝欧洲联盟)		
欧石楠灌丛	歐石楠灌叢	heathland
欧洲共同体	歐洲共同體	European Community
欧洲联盟,欧盟	歐洲聯盟,歐盟	European Union, EU
偶发事件过程	偶發事件程序	haphazard process
偶奇规则	偶奇規則	even-odd regulation
偶然分布	偶然分佈	occasional distribution

P

大　陆　名	台　湾　名	英　文　名
葩嵌	塊斑	patch
爬升沙丘	爬升沙丘	climbing dune
帕	帕	pascal, Pa
帕拉莫群落	帕拉莫群落	paramo
帕兰德模型	帕蘭德模型	Palander model
排列	排隊,佇列	queuing
派生产品	衍生性商品	derivatives
派生地图	衍生地圖	derivative map
派生工具	衍生性金融工具	derivatives instruments
派生数据	衍生資料	derived data

大　陆　名	台　湾　名	英　文　名
潘帕斯群落	潘帕斯群落	pampas
判别分析	判别分析	discriminant analysis
判别函数	判别函数	discriminant function
判读	判讀	interpretation
抛物线形沙丘	抛物線沙丘	parabolic dune
咆哮西风带	四十度咆哮帶	roaring forties
陪都	陪都	auxiliary capital
配置过程	配置性歷程	allocative process
配置性资源,分配性资源	配置性資源,分配性資源	allocative resources
喷出岩	噴出岩	extrusive rock
喷发,爆发	噴發,爆發	eruption
喷气孔	噴氣孔	fumarole
盆地	盆地	basin
盆岭地貌	盆嶺地形	basin-and-range geomorphic landscape
棚户区(＝非法聚落)		
膨胀	膨脹	dilatation
膨转土(＝变性土)		
批量生产(＝小批生产)		
批判地理学	批判地理學	critical geography
毗连区	毗連區	contiguous zone
偏离-份额分析	偏離-額份分析	shift-share analysis
偏利共生	共生	commensalism
片岩	片岩	schist
片[状侵]蚀	片[狀侵]蝕,面蝕	sheet erosion
漂砾	漂礫	boulder
票券	票券	bills
贫困的循环	貧困的循環	cycle of poverty
贫困地理学	貧困地理學	geography of poverty
贫民窟清除	貧民區拆除	slum clearance
贫民区	貧民區	slum
频率曲线	頻率曲線	frequency curve
平顶海山	海底方山,海桌山	guyot
平衡	平衡	balance
平衡点	平衡點	equilibrium point
平衡邻里	平衡鄰里	balanced neighborhood
平衡剖面	平衡剖面	equilibrium profile
平均流速	平均流速	mean velocity

大　陆　名	台　湾　名	英　文　名
平均信息域	平均資訊場	mean information field, MIF
平流层	平流層	stratosphere
平卧褶皱	偃臥褶曲	recumbent fold
平行进化	平行演化	parallel evolution
平行式水系格局	平行水系型	parallel drainage pattern
平移断层	平移斷層	strike-slip fault
平原	平原	plain
平原海岸	平原海岸	plain coast
平原水文	平地水文	flat area hydrology
平原沼泽	平原沼澤	plain swamp
屏幕地图	螢幕地圖,螢幕映像	screen map
坡地	坡地	slope, slopeland
坡度	坡度	gradient
坡积物	坡積物	slope deposit
坡面冲刷	坡面沖刷	slope wash
坡面过程	邊坡作用	slope process
坡水堆积物	洪積層	diluvium
坡向	坡向	aspect
破坏性经济体制	破壞性經濟學	destructive economy
破碎带(=断裂带)		
普遍法则	普遍法則	universal rule
普林尼式喷发	普林尼式噴發	Plinian eruption
普纳群落	普那群落	puna
普通地理图	普通地理圖	general geographic map
普通地理学	普通地理學	general geography
普通地图	普通地圖	general map
普通地图集	普通地圖集	general atlas
普通地图学	普通地圖學	general cartography
普通冻土学	普通凍土學	general geocryology
普通景观	普通地景	ordinary landscape
普通自然地理学	普通自然地理學	general physical geography
瀑布	瀑布	waterfall
瀑布潭,跌水潭	瀑潭	plunge pool

Q

大　陆　名	台　湾　名	英　文　名
七十二候	七十二候	seventy-two pentads
期货	期貨［合約］	futures
齐普夫规则	齊普夫法則	Zipf rule
企业地理学	企業地理學	enterprise geography
企业空间结构	企業空間結構	corporate spatial structure
企业资本主义	企業資本主義	corporate capitalism
启蒙运动	啟蒙運動	enlightenment
起沙风	起沙風	sand-driving wind
气候	氣候	climate
气候变化	氣候變化	climatic change
气候变迁	氣候變遷	climatic variation
气候重建	氣候重建	climatic reconstruction
气候带	氣候帶	climatic zone
气候地貌学	氣候地形學	climatic geomorphology
气候反馈机制	氣候回饋機制	climatic feedback mechanism
气候分类	氣候分類	climatic classification
气候观测	氣候觀測	climatological observation
气候监测	氣候監測	climatic monitoring
气候模拟	氣候模擬	climatic simulation
气候评价	氣候評價	climatic assessment
气候区	氣候區	climatic region
气候区划	氣候區劃	climate regionalization
气候趋势	氣候趨勢	climatic trend
气候突变	氣候驟變	abrupt change of climate
气候系统	氣候系統	climatic system
气候形成因子	氣候形成因數	climatic formation factor
气候型	氣候型	climatic type
气候学	氣候學	climatology
气候演变	氣候演變	climatic revolution
气候要素	氣候要素	climatic element
气候异常	氣候異常	climatic anomaly
气候预测	氣候預測	climatic prediction
气候灾害	氣候災害	climatic disaster

大　陆　名	台　湾　名	英　文　名
气候诊断	氣候診斷	climatic diagnosis
气候振动	氣候波[變]動	climatic fluctuation
气候指数	氣候指數	climatic index
气候志	氣候志	climatography
气候资源	氣候資源	climatic resources
气泡	氣泡,囊泡	vesicle
气迁移元素	氣遷元素	aerial migratory element
气团	氣團	air mass
气温	氣溫	temperature
气象卫星	氣象衛星	meteorological satellite
气象卫星系列	氣象衛星系列	weather satellite series
气象学	氣象學	meteorology
气旋	氣旋	cyclone
气压梯度	氣壓梯度	pressure gradient
气压梯度力	氣壓梯度力	pressure gradient force
汽车宿营地	拖車式活動房宿營地	caravan park
千枚岩	千枚岩	phyllite
迁徙耕作	游耕,輪作	shifting cultivation
迁移	遷移	migration
迁移活性	遷移活性	mobility
迁移扩散	易位擴散	relocation diffusion
迁移农业	游耕農業,輪作農業	shifting agriculture
前滨	前濱	foreshore
前工业化城市	前工業化城市	pre-industrial city
前工业化社会	前工業社會	pre-industrial society
前寒武纪	前寒武紀	Precambrian
前科学	前科學	pre-scientific
前陆,海岬	前陸,海岬	foreland
前沿沙丘	前沙丘	fore dune
前震	前震[波]	foreshock
潜热	潛熱	latent heat
潜蚀	潛蝕,地下侵蝕	subsurface erosion
潜水	潛水	phreatic water
潜水带	通氣層,盈水層	phreatic zone
潜水蒸发	地下水蒸發	groundwater evaporation
潜育层	潛育層	gley horizon
潜育土	潛育土	Gleysol
潜育沼泽	潛育沼澤	gleyization mire

大　陆　名	台　湾　名	英　文　名
潜育作用	潛育作用	gleyization
潜在沙漠化土地	潛在沙漠化土地	desertification-prone land
潜在蒸发	潛在蒸發	potential evaporation
潜在蒸发量	潛在蒸發散量	potential evapotranspiration
潜在住房需求	潛在住房需求	hidden housing
浅潜流带溶洞	淺層[流]帶溶洞	epiphreatic cave
浅水方程	淺水方程	shallow water equation
浅滩	淺灘	riffle
欠发达	低度發展	underdevelopment
欠就业	低度就業	underemployment
嵌入阶地	嵌入階地	inset terrace
嵌入理论	嵌入理論	embeddedness theory
嵌入曲流	嵌入曲流	entrenched meander
嵌入型洪积扇	嵌入型洪積扇	inset proluvial fan
嵌套	嵌套,巢套	nesting
强淋溶土	強淋溶土	acrisol
强塑性黏土	液化黏土	quick clay
强移动元素	強移動元素	strongly mobile element
切断山嘴	切斷山嘴	truncated spur
亲潮	親潮	Oyashio Current
侵入冰	侵入冰	intrusive ice
侵入成冰	侵入成冰	intrusive ice formation
侵入和演替	侵入和演替	invasion and succession
侵入岩	侵入岩	intrusive rock
侵蚀基准面	侵蝕基準面	base level of erosion
侵蚀阶地	侵蝕階地	erosional terrace
侵蚀面	侵蝕面	erosion surface
[侵蚀]相关沉积	[侵蝕]相關沈積	correlating sediment
侵蚀旋回理论	侵蝕輪迴理論	theory of erosion cycle
侵蚀循环	侵蝕輪迴	erosion cycle
侵蚀作用	侵蝕作用	erosion
青铜时代	青銅時代	Bronze Age
轻轨交通	輕軌交通	light rail transit
倾角	傾角	dip
倾向	傾向	dip
倾向滑断层	傾移斷層	dip-slip fault
倾向坡	順向坡	dip slope
倾斜点	傾斜點	tipping-point

大 陆 名	台 湾 名	英 文 名
穹状空气污染层	穹狀空氣污染層	pollution dome
穹状沙丘	穹狀沙丘	dome shaped dune
丘间低地	丘間窪地	interdunal depression
丘陵	丘陵	hill
秋分	秋分	Autumnal Equinox
酋邦	酋邦	chiefdom
球状风化	球狀風化	spheroidal weathering
区划(=区域化)		
区划地图	區域化地圖	regionalization map
区位	區位	location
区位比	區位比	location rate
区位–布局模型	區位–佈局模型	location-allocation model
区位地租	區位地租	location rent
区位共轭	區位共軛	location consistent conjugation
区位论	區位理論	location theory
区位三角形	區位三角形	location triangle
区位熵	區位熵	quotient of location
区位条件	區位條件	locational condition
区位系数	區位係數	locational coefficient
区位选择	區位選擇	location selection
区位因子	區位因數	locational factor
区位优势	區位優勢	locational advantage
区位自由	區位自由	locational freedom
区域	區域	region
区域变质作用	區域變質作用	regional metamorphism
区域长程增长模型	區域長程增長模型	long-run regional growth model
区域长期发展模型	區域長期發展模式	long-term region development model
区域承载力	區域承載力	carrying capacity of region
区域创新体系	區域創新體系	regional innovation system
区域大气圈	區域大氣圈,區域的氣氛	atmosphere of region
区域地理学	區域地理學	regional geography
区域地理学者	區域地理學者	regional geographer
区域地貌学	區域地形學	regional geomorphology
区域地图集	區域地圖集	regional atlas
区域动力学	區域動力學	regional dynamics
区域短程增长模型	區域短程增長模式	short-run regional growth model
区域发展	區域發展	regional development

大　陆　名	台　湾　名	英　文　名
区域发展周期	區域發展週期	regional development cycle
区域分析	區域分析	regional analysis
区域分异	區域差異	regional differentiation
区域复合体分析	區域複合體分析	regional complex analysis
区域公正	領土正義	territorial justice
区域管制	區域治制	regional governance
区域规划	區域規劃	regional planning
区域化,区划	區域化	regionalization
区域化学地理	區域化學地理	regional chemicogeography
区域技术缺口	區域技術落差	regional technology gap
区域教义	領土教義	territorial doctrines
区域阶级联盟	區域階級聯盟	regional class alliance
区域结构	區域結構	regional structure
区域进化模型	區域演化模式	regional evolution model
区域经济地理学	區域經濟地理學	regional economic geography
区域经济可持续发展	區域經濟永續發展	sustainable development of regional economy
区域科学	區域科學	regional science
区域可计算一般均衡	區域可計算一般均衡	regional computable general equilibrium
区域联盟化模型	區域結盟模式	regional unification model
区域平衡增长	區域平衡成長	regional balanced growth
区域气候	區域氣候	regional climate
区域气候学	區域氣候學	regional climatology
区域趋同	區域趨同	regional convergence
区域商业地理学	區域商業地理學	regional commercial geography
区域水文	區域水文	regional hydrology
区域研究	區域研究	regional studies
区域[研究]取向	區域[研究]取向	regional approach
区域遥感	區域遙測	regional remote sensing
区域医学地理	區域醫學地理	regional medico-geography
区域溢出	區域外溢	regional spillover
区域与景观	區域與地景	region and landschaft
区域主义	區域主義	regionalism
区域主义复兴	區域主義再起	resurgence of regionalisms
区域专业化模型	區域專業化模式	regional specialization model
区域资源综合评价	區域資源綜合評價	comprehensive evaluation of regional natural resources
区域自然地理学	區域自然地理學	regional physico-geography

大　陆　名	台　湾　名	英　文　名
区域综合	區域綜合	regional synthesis
区域组织	領域組織	territorial organization
区中点运算	區中點運算,點在多邊形內運算	point-in-polygon operations
区中心	區中心	district center
曲流	曲流	meander
曲流沙坝,凸岸坝	河曲突洲,突洲	point bar
驱动力	驅動力	driving force
趋同进化	趨同進化	convergent evolution
渠化导流	渠化導流	channelized traffic
取代	取代	substitution
去工业化	去工業化	deindustrialization
去殖民地化	去殖民地化	decolonization
圈地	圈地	enclosure
全北界	全北界	Holarctic realm
全密度补偿	全密度補償	density overcompensation
全球变暖	全球暖化	global warming
全球定位系统	全球定位系統	global positioning system, GPS
全球化	全球化	globalization
全球环境变化信息系统	全球環境變化資訊系統	global environment change information system
全球环境遥感监测	全球環境遙測監測	remote sensing monitoring of global environment
全球环流模型	全球環流模式	global circulation model
全球模型	全球模型	global model
全球气候	全球氣候	global climate
全球水文	全球水文	global hydrology
全球[性]海[平]面变化	全球[性]海[平]面變化	global sealevel change, world-wide sea level change
全球遥感	全球遙[感探]測	global remote sensing
全球制图	全球製圖	global mapping
全球制图计划	全球製圖計畫	global mapping plan
全球主义	全球主義	globalism
全球转变	全球性轉移	global shift
全球资本主义	全球資本主義	global capitalism
全球自然地理学	全球自然地理學	global physical geography
全球总辐射	全球總輻射	global radiation
全世界化	全世界化	universalization

大　陆　名	台　湾　名	英　文　名
全数字化测图系统	數位製圖系統	digital mapping system
全息重现,全息复制	全像圖複製	holographic reproduction
全息地理学	全息地理學	holographic geography
全息复制(=全息重现)		
全息摄影	全像攝影術	hologram photography, holography
全新世	全新世	Holocene Epoch
全新世暖期	全新世暖期	megathermal, altithermal
权力	權力	power
权力容器	權力容器	power-container
权威性资源	威權性資源	authoritative resources
权威制约	權威制約	authority constraint
泉	泉	spring
泉华沉积	泉華沈積	sinter deposition
群岛	群島	island group, archipelago
群岛国	群島國	archipelago state
群落生境	群落社區	biotope
群系	群系	formation

R

大　陆　名	台　湾　名	英　文　名
染色体地理学	染色體地理學	chromosome geography
壤土	壤土	loam
壤中流	中間流	interflow, throughflow
壤中水(=表层水)		
热层	增溫層	thermosphere
热带	熱帶	tropical zone, tropical belt
热带病地理	熱帶病地理	geography of tropical disease
热带地理学	熱帶地理學	tropical geography
热带东风	熱帶東風	tropical easterlies
热带东风急流	熱帶東風噴射氣流	tropical easterly jet stream
热带辐合带	間熱帶輻合帶	intertropical convergence zone, ITCZ
热[带]湖	暖湖	warm lake
热带气旋	熱帶氣旋	tropical cyclone
[热带]雨林	熱帶雨林	tropical rainforest
热带雨林气候	熱帶雨林氣候	tropical rainforest climate
热岛	熱島	heat island
热岛效应	熱島效應	heat island effect

大　陆　名	台　湾　名	英　文　名
热点	熱點	hot spot
热辐射	熱輻射	thermal radiation
热惯量	熱慣量	thermal inertia
热害	熱害	heat damage
热红外	熱紅外	thermal infrared
热喀斯特	熱喀斯特	thermokarst
热浪	熱浪	heat wave
热力风化	日照風化	insolation weathering
热量平衡	熱平衡	heat balance
热量水分平衡	熱量水分平衡	heat and water balance
热泥潭	泥沸[溫]泉	mud pot
热侵蚀	熱侵蝕	thermal erosion
热融滑塌	熱融塌陷	thaw slumping
热释光测年	熱學光定年	thermoluminescence dating
热盐环流	溫鹽流	thermohaline current
热液喷口	熱液噴口	hot vent
热液岩脉	熱液礦脈	hydrothermal vein
热柱	熱柱	plume
人本主义地理学	人本主義地理學	humanistic geography
人本主义取向	人本主義[研究]取向	humanistic approach
人才资源	人才資源	talent resources
人地关系动力学	環境–社會動力學	environmental-societal dynamics
人地关系论	人地關係論	theory of human-nature, man-land relationship
人工冻土	人工凍土	artificially frozen soil
人工湿地	人工濕地	artificial wetland
人工世界,人为世界	人工世界,人為世界	artificial world
人工小气候	人造微氣候	artificial microclimate
人境	人境	ecumene
人境制图表示法	人境地圖標記法	cartographical representation of the Oekumene
人口地理学	人口地理學	population geography
人口地图集	人口地圖集	population atlas
人口分布	人口分佈	population distribution
人口金字塔	人口金字塔	population pyramid
人口流动	人口流動	population flow
人口密度	人口密度	population density
人口普查	人口普查	census

大　陆　名	台　湾　名	英　文　名
人口普查区	人口普查區	census tract
人口迁移	人口遷移	population migration
人口潜力	人口潛力	population potential
人口预测	人口預測	population projection
人口预期寿命	人口預期壽命	life expectance
人口组成	人口組成	population composition
人类地理学	人類地理學	anthropogeography
人类共同遗产	人類共有遺產	common heritage of humanity
人类领地	人類的領域	human territory
人类能动性	人類能動性	human agency
人类生态学	人類生態學	human ecology
人为地貌	人為地形	anthropogenic landform
人为分布	人為散佈	anthropochory
人为世界(=人工世界)		
人为土	人為土	Anthrosol
人为土壤	人為土壤	anthropogenic soil
人文地理学	人文地理學	human geography
人文地图	人文地圖	human map
人与环境关系	人與環境的關係	man-milieu relationship
人造沙漠	人造沙漠	man made desert
人种地理学	人種地理學	racial geography
刃脊	刃嶺	arete(法)
认识论	認識論	epistemology
认同	認同	identity
认知地图	認知地圖	cognitive map
认知距离	認知距離	cognitive distance
认知空间	認知空間	cognitive space
认知制图	認知製圖	cognitive mapping
任向河	任向河,斜向河	insequent river
日常城市体系	日常都市體系	daily urban system
日常世界	日常世界	every-day world
日常用品	日常用品	convenience goods
日晷	日晷儀	gnomon
日界线	日界線	date line
日均温	日均溫	mean daily temperature
日照	日照	sunshine
日照正午	日照正午	solar noon
溶沟	溶溝	grike

大　陆　名	台　湾　名	英　文　名
溶痕	溶痕,溶溝	karren
溶解	溶解	solution
溶解度	溶解度	solubility
溶解负荷	溶解負載	dissolved load
溶蚀	溶蝕	corrosion
溶蚀残丘,孤峰	石灰[岩]殘丘	hum
溶[蚀漏]斗	石灰阱,溶穴	doline
溶蚀洼地	溶蝕窪地	solution depression
熔化潜热	融解熱	latent heat of melting
熔结凝灰岩	熔結凝灰岩	welded tuff
熔体	熔體	melt
熔岩高原	熔岩高原	lava plateau
熔岩流	熔岩流	lava flow
熔岩平原	熔岩平原	lava plain
熔岩台地	熔岩臺地	lava platform
融出碛	融出磧	meltout
融冻扰动	凍融擾動	cryoturbation
融冻褶皱	融凍褶皺	periglacial involution
融化固结	融化固結	thaw consolidation
融化下沉	融化下沈	thaw settlement
融化压缩	融化壓縮	thaw compressibility
融化指数	融化指數	thawing index
融区	[凍土]融區	talik
融土	融土	thawed soil
融雪径流	融雪徑流	snowmelt runoff
柔性制造体系	彈性製造體系	flexible manufacturing system
柔性专业化	柔性專業化	flexible specialization
入境旅游	入境旅遊	inbound tourism
入侵	入侵	invasion
入渗	入滲	infiltration
入渗河流	入滲河流,進入流	influent stream
入渗容量	入滲容量	infiltration capacity
软黑层	軟黑層	mollic epipedon
软旅游	軟性旅遊	soft tourism
软泥	軟泥	ooze
软土,暗沃土	軟黑土,暗沃土	mollisol
瑞利波	雷利波	Rayleigh wave
弱移动元素	弱移動元素	weakly mobile element

S

大　陆　名	台　湾　名	英　文　名
萨瓦纳	莽原,熱帶疏林高草原	savanna
萨瓦纳气候	莽原氣候	savanna climate
三大地带	三大地帶	Three Regions
三叠纪	三疊紀	Triassic Period
三角洲	三角洲	delta
三维地带性	三維地帶性	three-dimensional zonality
三维地图	立體地圖	three-dimensional map
三线工业	三線工業	the Third Front industry
散布阻限	擴散阻限	dispersal barrier
散射	散射作用	scattering
桑基鱼塘	桑基魚塘	mulberry fish pond
扫描影像	掃描影像	scan image
森林草原	森林草原	forest steppe
森林动物群	森林動物群	forest faunal group
森林覆盖率	森林覆蓋率	forest coverage
森林气候	森林氣候	forest climate
森林上限	森林上限	forest upper limit
森林湿地	森林濕地	forest wetland
森林水文学	森林水文學	forest hydrology
森林土壤	森林土壤	forest soil
森林沼泽	森林沼澤	forest swamp
森林沼泽化	森林沼澤化	forest paludification, swampiness of forest
沙坝	沙洲	bar
沙坝岛	堰洲島,離岸沙洲	barrier island
沙波纹	沙漣	sand ripple
沙[尘]暴	沙[塵]暴	sandstorm, dust storm
沙地	沙地	sand land
沙脊	沙脊	dune crest
沙量平衡	沈積平衡,輸沙平衡	sediment balance
沙垅	沙壟	dune ridge
沙漠(=砂质沙漠)		
沙漠地貌	沙漠地形	desert landform, desert geomorphology
沙漠化	沙漠化	sandy desertification

大　陆　名	台　湾　名	英　文　名
沙漠化程度	沙漠化程度	degree of sandy desertification
沙漠化地图	沙漠化地圖	map of sandy desertification
沙漠化防治	沙漠化防治	sandy desertification control, combating desertification
沙漠化过程	沙漠化歷程	sandy desertification process
沙漠化监测	沙漠化監測	sandy desertification monitory
沙漠化逆转	沙漠化逆轉	reversing of sandy desertification
沙漠化评价	沙漠化評價	sandy desertification evaluation
沙漠化土地	沙漠化土地	sandy desertification land
沙漠化指标	沙漠化指標	sandy desertification indicator
沙漠农业	沙漠農業	sandy desert farming
沙漠气候	沙漠氣候	sandy desert climate
沙漠图	沙漠圖	map of sandy desert
沙漠形成	沙漠形成	sandy desert formation
沙漠学	沙漠學	eremology
沙漠演变	沙漠演變	evolution of sandy desert
沙漠治理	沙漠治理	control of sandy desert
沙丘地	沙丘地	dune field
沙丘分类	沙丘分類	classification of sand dune
沙丘形态	沙丘形態	dune morphology
沙丘岩	沙丘岩	sand dune rock
沙丘移动	沙丘移動	dune movement
沙山	沙山	megadune
沙嘴	沙嘴	spit
砂	砂	sand
砂姜黑土	砂薑黑土	Shajiang black soil
砂楔	沙楔	sand wedge
砂性土	紅沙土	Arenosol
砂岩	砂岩	sandstone
砂质海岸	沙岸	sandy coast
砂质沙漠,沙漠	砂質沙漠,沙漠	sandy desert
砂质土壤	砂質土壤	sandy soil
山	山	mountain
山崩湖	山崩湖	landslide lake
山地	山地	mountain
山地草甸土	山地濕草原土	montane meadow soil
山地带	山地帶	montane belt
山地海岸	山地海岸	mountainous coast

大　陆　名	台　湾　名	英　文　名
山地气候	山地氣候	mountain climate
山地水文	山地水文	mountain hydrology
山地土壤	山地土	mountain soil
山地沼泽	山地沼澤	mountain swamp
山顶面	山頂面	summit surface
山根	山根	mountain root
山谷冰川	谷冰河	valley glacier
山谷风	山谷風	mountain-valley breeze
山弧	山弧	mountain arc
山间盆地	山間盆地	intermountain basin
山麓	山麓	piedmont
山麓冰川	山麓冰川	piedmont glacier
山麓平原	山麓平原	piedmont plain
山麓[侵蚀]面	山足面,岩原	pediment
山麓侵蚀平原	山麓侵蝕平原	pediplain
山麓梯地	山前梯地	piedmont treppen
山麓夷平作用	山麓平夷作用	pediplanation
山脉	山脈	mountain range, mountain chain
山体效应	山體效應	mountain mass effect
山岳冰川	山地冰川	mountain glacier
山嘴	山嘴	mountain spur
珊瑚礁海岸	珊瑚礁海岸	coral reef coast
栅格数据结构	柵格資料結構	raster data structure
闪长岩	閃長岩	diorite
扇形城市	扇形城市	sectoral urban pattern
扇形理论	扇形理論	sector theory
扇形模型	扇形模式	sectoral model
商路	商路	commercial route
商品流	商品流	commodity flow
商品农业	商業農業	commercial agriculture
商品性生产基地	商品性生產基地	commercial production base
商业城市	商業城市	commercial city
商业地理学	商業地理學	commercial geography
商业区	商業區	commercial district
商业网布局	商業網絡配置	allocation of commercial network
商业中心	商業中心	commercial center
上层滞水水面	樓留水面	perched water table
上城区	上城區	uptown

大　陆　名	台　湾　名	英　文　名
上叠阶地	上疊階地	superimposed terrace, on-laid terrace
上溅	上濺,沖濺	upwash
上盘	上盤	hanging wall
上升岸	上升岸	emerged coast
上升海岸	離水海岸	emergent coast
上升流	湧升流	upwelling
上升翼	上升翼,漲水翼	rising limb
上新世	上新世	Pliocene Epoch
少数民族地名	少數民族地名	minority name
少数民族聚居住区	少數民族聚居區	ghetto
邵可侣[新]世界地理	賀克律世界地理學	RECLUS Universal Geography
蛇绿岩	蛇綠岩	ophiolite
蛇纹岩	蛇紋岩	serpentinite
蛇形丘	蛇狀丘	esker
设施区位	設施區位	facility location
设施区位问题	設施區位問題	facility location problem
设市模式	設市模式	model of designated city
社会安全体系	社會安全體系	social security system
社会变迁	社會變遷	social change
社会达尔文主义	社會達爾文主義	social Darwinism
社会地理学	社會地理學	social geography
社会二元论	社會二元論	social dualism
社会福祉	社會福祉	social well-being
社会公正	社會正義	social justice
社会距离	社會距離	social distance
社会空间	社會空間	social space
社会区分析	社會地域分析	social area analysis
社会权力	社會權力	social power
社会网络	社會網路	social network
社会紊乱	社會紊亂,道德頹廢	anomie
社会物理学	社會物理學	social physics
社会现实	社會現實	social reality
社会形成与演替	社會形成與演替	social formation and succession
社会性别	性別	gender
社会需求	社會需求	social demand
社会医学地理	社會醫學地理	social medical geography
社会运动	社會運動	social movement
社会再生产	社會再生產	social reproduction

大　陆　名	台　湾　名	英　文　名
社会整合	社會整合	social integration
社会资源	社會資源	social resources
社会组织	社會組織	social organization
社交旅游	社會觀光	social tourism
社区	社區,社群	community
社区发展计划	社區發展項目	community development project
社区游憩	社區遊憩	community recreation
社区中心	社區中心	community center
射流	噴流	jet stream
摄影测量	攝影測量	photogrammetry
摄影影像	攝影影像	photographic image
绅士化	紳士化	gentrification
深槽	深槽	deep pool
深层地下水	深層地下水	deep phreatic water
深成岩	深成岩	plutonic rock
深海平原	深海平原	abyssal plain
深厚描述[研究法]	深厚描述[研究法]	thick description
深潜流带溶洞	深伏流洞	bathyphreatic cave
深切曲流	切鑿曲流,下切曲流	incised meander
深霜	深霜	depth hoar
神圣空间与世俗空间	神聖空間與世俗空間	sacred and profane space
神圣性	神聖性	sacrality
渗流带溶洞	滲流溶洞	vadose cave
渗漏	滲漏[作用],下滲	percolation
渗透系数	滲透係數	permeability coefficient
升华	昇華[作用]	sublimation
升华碛	昇華磧	sublimation till
升华潜热	昇華熱	latent heat of sublimation
生产布局的技术经济评价	生產佈局的技術經濟評估	techno-economic appraisal of production allocation
生产成本	生產成本	production cost
生产地理学	生產地理學	geography of production
生产力布局	生產力配置	allocation of productive forces
生产链	生產鏈	production chain
生产者	生產者	producer
生产专业化	生產專業化	specialization of production
生存空间	生存空間	living space
生存世界	[生存]體驗	erlebnis, experience

大　陆　名	台　湾　名	英　文　名
生活方式	生活方式	genres de vie(法), way of life
生活废水	生活廢水	domestic wastewater
生活空间	生活空間	lived space
生活空间地理学	生活空間地理學	geography of the lived space
生活世界	生存世界	lived-world
生活污水	生活污水	sewage
生活型	生活型	life form
生活型谱	生活型譜	life-form spectrum
生活质量	生活品質	quality of life
生境	棲地	habitat
生境碎裂化	地破碎化	habitat fragmentation
生境修复	復原	rehabilitation
生命带	生命帶	life zone
生命元素	生命元素	life element
生命元素化学地理	生命元素化學地理	chemicogeography of life element
生命支持系统	生命支援系統	life-support system
生命周期	生命週期	life cycle
生态脆弱带	生態脆弱帶	ecological critical zone
生态地段	生態地段	ecosection
生态地理学	生態地理學	ecogeography
生态地图	生態地圖	ecological map
生态点	生態點	ecosite
生态过渡带	生態過渡帶	ecotone
生态耗水	生態耗水	ecological water consumption
生态化学地理	生態化學地理	ecochemicogeography
生态机制	生態機制	ecological mechanism
生态金字塔	生態金字塔	ecological pyramid
生态领地	生態領域	ecological territory
生态能量循环	生態能量循環	energy cycle of ecology
生态农业	生態農業	ecological agriculture
生态平衡	生態平衡	ecological balance
生态区	生態區	ecotope
生态区域	生態區域	ecoregion
生态热点	生態熱點	ecological hot spot
生态生物地理学	生態生物地理學	ecological biogeography
生态水文学	生態水文學	ecological hydrology
生态位	生態位	niche
生态系统	生態系統	ecosystem

大　陆　名	台　湾　名	英　文　名
生态系统地理学	生態系統地理學	ecosystem geography
生态小区	生態社區	ecodistrict
生态需水	生態需水	ecological water need, ecological water requirement
生态学	生態學	ecology
生态演替	生態演替	ecological succession
生态用水	生態用水	ecological water use
生态主义	生態主義	ecologism
生态资源	生態資源	ecological resources
生物保护	生物保護	biological conservation
生物庇护所	生物庇護所	refugium
生物地理大区	界域,地域	realm
生物地理气候	生物地質氣候	biogeoclimate
生物地理学	生物地理學	biogeography
生物地球化学	生地化學	biogeochemistry
生物地球化学省	生物地球化學區	biogeochemical provinces
生物多样性	生物多樣性	biological diversity
生物多样性关键区	生物多樣性關鍵區	critical region of biodiversity
生物分布	生物分佈	biochore
生物风化作用	生物風化作用	biological weathering
生物富集	生物富集,生物濃聚作用	bioconcentration
生物富集系数	生物富集係數	bio-enrichment coefficient
生物海岸	生物海岸	biogenic coast
生物积累	生物蓄積性	bioaccumulation
生物结皮	生物結皮	critter crust
生物喀斯特	生物石灰岩地形	biokarst
生物可利用性	生物可利用性	bioavailability
生物量	生物量	biomass
生物气候	生物氣候	bioclimate
生物气候定律	生物氣候定律	bioclimatic law
生物气候学	生物氣候學	bioclimatology
生物迁移	生物遷移	biological migration
生物迁移元素	生物遷移要素	bio-migratory element
生物圈	生物圈	biosphere
生物圈中的营养级	生物圈中的營養級	trophic level in biosphere
生物群	生物相	biota
生物群落	生物群落	biotic community

大　陆　名	台　湾　名	英　文　名
生物群系	生物區系	biome
生物生产力	生物生產力	biological productivity
生物循环	生物循環	biological cycle
生物指示体	生物指標	bio-indicator
生物资源	生物资源	biological resources
生长型	生長型	growth form
省城生活	地方生活	provincial life
圣安娜风	聖塔安那風	Santa Ana
圣公会主教(＝国教主教)		
圣河	聖河	sacred river, great river
圣山	聖山	sacred mountain
圣维南方程	聖維南氏方程式	Saint-Venant equations
盛行风	盛行風	prevailing wind
盛行西风	盛行西風	prevailing westerlies
失落空间	失落空間	lost space
湿沉降	濕降水	wet precipitation
湿地	濕地	wetland
湿地保护	濕地保育	wetland conservation
湿地沉积	濕地沈積	wetland sediment
湿地单要素分类	濕地單要素分類	wetland classification in single element
湿地地貌	濕地地形	wetland landform
湿地调查	濕地調查	wetland investigation
湿地管理	濕地經營	wetland management
湿地过程	濕地過程	wetland process
湿地环境	濕地環境	wetland environment
湿地恢复	濕地恢復	wetland rejuvenation
湿地价值	濕地價值	wetland value
湿地建设	濕地建設	wetland construction
湿地经济	濕地經濟	wetland economics
湿地景观[生态]分类	濕地景觀[生態]分類	wetland landscape classification
湿地开发阈值	濕地開發閾值	threshold value of wetland development
湿地利用	濕地利用	wetland utilization
湿地丧失	濕地喪失	wetland loss
湿地生态安全	濕地生態安全	ecology security of wetland
湿地生态系统	濕地生態系統	wetland ecosystem
湿地生态系统功能	濕地生態系統功能	ecosystem function of wetland
湿地生态系统结构	濕地生態系統結構	ecosystem structure of wetland

大　陆　名	台　湾　名	英　文　名
湿地生态系统退化	濕地生態系統退化	degradation of wetland ecosystem
湿地生物地球化学	濕地生物地球化學	wetland biogeochemistry
湿地水文	濕地水文	wetland hydrology
湿地土壤	濕地土壤	wetland soil
湿地温室气体	濕地溫室氣體	greenhouse gas of wetland
湿地污染	濕地污染	wetland pollution
湿地学	濕地學	wetland science
湿地演化	濕地演化	wetland evolution
湿地沼泽海岸	濕地沼澤海岸	wetland swamp coast
湿地资源	濕地資源	wetland resources
湿度	濕度	humidity
湿度计	濕度計	hygrometer
湿害	濕害	wet damage
湿寒土	濕寒土	cryopeg
湿绝热直减率	濕絕熱遞減率	wet adiabatic lapse rate
湿润气候	濕潤氣候	humid climate
湿润外围	濕潤週邊	wet perimeter
湿润指数	濕度指數	moisture index
湿生植物	濕生植物	hygrophyte
十字军	十字軍	Crusaders
石冰川	石冰川	rock glacier
石粉	石粉	rock flour
石膏土	石膏土	Gypsisol
石海	岩海	block field
石河	石河	stone stream
石环	石環	sorted circle, stone circle
石灰华	石灰華	tufa
石灰岩	石灰石	limestone
石灰岩洞穴	石灰岩洞	limestone cave
石帘	石簾	curtain
石林	石林	stone forest, pinnacle karst
石漠	石漠	stony desert
石漠化	石漠化	stony desertification
石笋	石筍	stalagmite
石网	石網	stone net, sorted net
石窝	石窩	stone nest
石牙	石牙	solution spike, stone teeth
石英	石英	quartz

大　陆　名	台　湾　名	英　文　名
石英岩	石英岩	quartzite
石钟乳,钟乳石	石鐘乳,鐘乳石	stalactite
石柱	石柱	column
时间地理学	時間地理學	time geography
时间分辨率	時間解析度	temporal resolution
时间距离	時間距離	time distance
时间性	時間性	temporality
时间序列分析	時間序列分析	time series analysis
时间预算	時間預算	time budget
时[间]滞[后]	遲延時間	lag time
时空边缘	時空邊緣	time-space edge
时空插曲	時空插曲	time-space episode
时空簇	時空簇	space-time manifold
时空地理学	時空地理學	time-space geography
时空分辨率	時空解析度	temporal-spatial resolution
时空辐散	時空輻散	time-space divergence
时空复杂性	時空複雜性	spatiotemporal complexity
时空构成	時空構成	time-space constitution
时空关系	時空關係	time-space relation
时空惯例	時空慣例	time-space routine
时空轨迹	時空軌跡	time-space trajectories
时空会聚	時空輻合	time-space convergence
时空间结构	時空結構	time-space structure
时空跨度	時空跨度	time-space span
时空路径	時空路徑	time-space path
时空束缚	時空束縛	time-space constraint
时空数据	時空資料	spatio-temporal data
时空协调	時空協調	time-space coordination
时空序列分析	時空序列分析	spatio-temporal series analysis
时空压缩	時空壓縮	time-space compression
时空延展	時空跨距	time-space distanciation
时空样板	時空樣板	time-space template
时空预算	時空預算	time and space budget
时空韵律	時空韻律	time-space rhythm
时区	時區	time zone
时权	時權	timeshare
时域	時域	time domain
实体	實體	entity

大　陆　名	台　湾　名	英　文　名
实体关系建模	實體關係建模	entity-relationship modeling
实体关系模型	實體關係模式	entity-relationship model
实体规划	實體規劃	physical planning
实体类型	實體類型	entity type
实体属性	實體屬性	entity attribute
实验地貌学	實驗地形學	experimental geomorphology
实验流域	實驗流域	experimental watershed
实验小区	實驗社區	experimental plot
实在论	實在論	realism
食物金字塔	食物金字塔	food pyramid
食物链	食物鏈	food chain
史实性	史實性	historicity
矢量地图	向量地圖	vector map
矢量–栅格转换	向量–網格轉換	vector to raster conversion
矢量数据	向量資料	vector data
矢量数据结构	向量資料結構	vector data structure
矢量数据模型	向量資料模式	vector data model
始成土	始成土,弱育土	Inceptisol
始新世	始新世	Eocene Epoch
氏族社会	氏族社會	clan society
世	世	Epoch
世界城市	世界城市	world city
世界岛	世界島	world island
世界地图集	世界地圖集	world atlas
世界都市带	世界都市帶,環球都會	ecumenopolis
世界体系分析	世界體系分析	world-system analysis
世界体系理论	世界體系理論	world-system theory
世界文化遗产	世界文化遺產	cultural heritage of the world
世界植物区系分区	世界植物區系分區	world floristic division
世界种	世界種	cosmopolitan species
世俗化	世俗化	secularization
市场	市場	market
市场超叠	市場重疊	market overlap
市场经济学	市場經濟學	market economics
市场距离	市場距離	market distance
市场零碎化	市場零碎化	market fragmentation
市场区	市場區	market district
市场区隔化,市场细分	市場區隔化,市場細分	market segmentation

大　陆　名	台　湾　名	英　文　名
市场区位	市場區位	market location
市场取向工业	市場取向工業	market-oriented industry
市场渗透	市場滲透	market penetration
市场位势	市場潛勢	market potential
市场细分(=市场区隔化)		
市场域	市場域	market area
市带县体制	市帶縣體制	city administratively control over surrounding counties
市区	市區	urban district, city proper
市辖县	市轄縣	counties under the jurisdiction of municipality
市域规划	都市區域規劃	planning of urban region
市中心	市中心	civic center
示范效应	示範效應	demonstration effect
事件旅游	事件旅遊	event tourism
事件旅游管理	事件旅遊管理	event management
视点	觀點	viewpoint
视觉立体地图	視覺立體地圖	stereoscopic map
视觉形式	視覺形式	visual form
视为当然之世界	視為當然之世界	world taken for granted
视野图	視域	viewshed
适度人口	最適人口	optimum population
适应	調適	adaptation
适应辐射	適應輻射,適應擴張	adaptive radiation
收入地理学	所得地理學	geography of incomes
手机革命	手機革命	cellular phone revolution
手提箱农民	手提箱農民	suitcase farmer
首次公开募股	首次公開募股	Initial Public Offerings, IPO
首都近郊(=畿)		
首位城市	首要城市	primate city
首要[性]	首要[性]	primarcy
受限扩散	受限擴散	diffusion-limited
受限扩散生长	受限擴散生長	diffusion-limited growth
受资助城市	受資助都市	entitlement city
狩猎旅游	狩獵旅遊	safari
枢纽断层	鉸鏈斷層,捩轉斷層	hinge fault
枢纽-网络模型	樞紐-網路模式	hinge-network model

大　陆　名	台　湾　名	英　文　名
疏松岩性土	疏鬆岩性土	Regosol
输沙量	輸沙量	sediment yield
输沙率	輸沙率	sand flow rate
输沙模数	輸沙模式	sediment transport modulus
输沙能力	輸沙能力	transportability of sediment
属性	屬性	attribute
属性查询	屬性查詢	attribute search
属性数据	屬性資料	attribute data
树轮年代学(=年轮学)		
树木年轮气候学	樹木年輪氣候學	dendroclimatology
树线	樹線	tree line
树枝状沙垄	樹枝狀沙丘	dendritic dune
树枝状水系格局	樹枝狀水系	dentric drainage pattern
竖井	豎井,[電梯的]昇降機井	shaft
数据包络分析	資料包絡分析	DEA analysis
数据编码	資料編碼	data encoding
数据标准化	資料標準化	data standardization
数据采集	資料獲取	data capture
数据层	資料層	data layer
数据叠加	資料疊加	data overlay
数据访问安全性	資料存取安全性	data access security
数据分发/访问控制	資料分發/存取控制	data dissemination/access control
数据更新	資料更新	data update
数据共享	資料共用	data sharing
数据规范	資料規格	data specification
数据集系列	資料集系列	dataset series
数据检索	資料檢索	data retrieval
数据结构转换	資料結構轉換	data structure conversion
数据精确度	資料精確度	data accuracy
数据可操作性	資料可操作性	data manipulability
数据可访问性	資料可訪性	data accessibility
数据控制安全性	資料控制安全性	data control security
数据粒度	資料細微性	data granularity
数据模型	資料模式	data model
数据冗余	資料冗餘	data redundancy
数据矢量化	資料向量化	data vectorization

大　陆　名	台　湾　名	英　文　名
数据提取	資料提取	data extraction
数据完整性	資料完整性	data integrity
数据压缩	資料壓縮	data compression
数据压缩比	資料壓縮比	data compression ratio
数据质量	資料品質	data quality
数据质量控制	資料品質控制	data quality control
数据质量模型	資料品質模式	data quality model
数据转换	資料轉換	data conversion
数据字典	資料字典	data dictionary
数理地理学	數理地理學	mathematical geography
数量底色法	計量底色法	quantitative color base method
数量地理学	計量地理學	quantitative geography
数量地貌学	計量地形學	quantitative geomorphology
数–模转换	數–模轉換	digital to analog conversion
数学地图学	數學地圖學	mathematical cartography
数学规划	數學規劃	mathematical programming
数值方法	數值方法	numerical method
数值模型	數值模式	numeral model
数字表面模型	數位表面模式	digital surface model, DSM
数字城市	數位城市	digital city
数字地理空间数据框架	數位地理空間資料架構	digital geo-spatial data framework
数字地球	數位地球	digital earth
数字地图	數位地圖	digital map
数字地图交换格式	數位地圖交換格式	digital cartographic interchange format, DCIF
数字地图配准	數位地圖註冊	digital map registration
数字地形模型	數位地形模式	digital terrain model, DTM
数字高程模型	數位高程模式	digital elevation model, DEM
数字化	數位化	digitizing
数字化编辑	數位化編輯	digitizing edit
数字化图层	數位化圖層	digital map layer
数字环境	數位環境	digital environment
数字滤波器	數字濾波器	digital filter
数字模型	數位模式	digital model
数字区域	數位區域	digital region
数字省	數位省	digital province
数字图像	數位圖像	digital image
数字图像处理	數字影像處理	digital image processing

大 陆 名	台 湾 名	英 文 名
数字线划图数据格式	數位線圖資料格式	digital line graph, DLG
数字正射影像图	數字正射影像圖	Digital Orthophoto Map, DOM
数字制图	數位製圖	digital mapping
数字中国	數字中國	digital China
衰减效应	衰減效應	decay effect
衰落区	衰落區	declining area
双重独立地图编码文件	雙重獨立地圖編碼檔	Dual Independent Map Encoding, DIME
霜	霜	frost
水半球	水半球	water hemisphere
水产业地理学	水產業地理學	geography of fishery
水稻土	水稻土	paddy soil
水动型海面变化	海準變動	eustasy
水化学	水化學	hydrochemistry
水化学地理	水化學地理	hydrochemicogeography
水化作用	水化作用,水合作用	hydration
水解作用	水解作用	hydrolysis
水库	水庫	reservoir
水力半径	水力半徑	hydraulic radius
水力几何形态	水力幾何型態	hydraulic geometry
水力侵蚀	沖蝕	hydraulic erosion
水力学	水力學	hydraulics
水力作用	水力作用	hydraulic action
水利经济学	水文經濟學	hydroeconomics
水利遥感	水文遙[感探]測	hydrographic remote sensing
水量交换	水交換	water exchange
水[量]平衡	水平衡	water balance
水龙卷	海龍卷	water spout
水路运输	水運	water transport
水面蒸发	水面蒸發	free water surface evaporation
水内冰	水內冰	frazil ice
水能	水力	hydropower
水平地带	水準地帶	horizontal belt
水平极化	水準極化	horizontal polarization
水平降水	水準降水	horizontal precipitation
水平企业	水準企業	horizontal corporation
水平外资	水準外資	horizontal foreign direct investment
水迁移系数	水遷移係數	coefficient of aqueous migration
水迁移元素	水遷移要素	aqueous migratory element

大　陆　名	台　湾　名	英　文　名
水圈	水圈	hydrosphere
水色	水色	water color
水上景观	水上景觀	superaqual landscape
水生腐殖质	水生腐殖質	aquatic humic substance
水生植物	水生植物	hydrophyte
水石流	水石流	water-rock flow
水体	水體	water body
水体沼泽化	水體沼澤化	water paludification, swampiness of water
水通道	水口,峡谷	water gap
水土保持	水土保持	soil and water conservation
水土流失	水土流失	soil and water loss
水团	水體	water mass
水位	水位	water stage, water level
水位流量关系	水位流量關係	stage-discharge relation
水温	水溫	water temperature
水文地理学	水文地理學	hydrogeography
水文观测	水文觀測	hydrometry
水文过程	水文過程	hydrological process
水文过程线	水文曆線	hydrograph
水文模型	水文模型	hydrological model
水文年	水文年	hydrologic year
水文年鉴	水文年鑒,水文年報	water yearbook
水文气象	水文氣象	hydrometeorology
水文情势	水文情勢	hydrological regime
水文区划	水文區劃	hydrologic regionalization
水文实验	水文實驗	hydrological experiment
水文物理学	水文物理學	hydrophysics
水文系列	水文系列	hydrologic series
水文效应	水文效應	hydrologic effect
水文循环	水文循環	hydrologic cycle
水文制图	水文製圖	hydrologic mapping
水污染	水污染	water pollution
水系格局	水系型	drainage pattern
水系结构定律	水系結構定律	law of drainage composition
水系[水平]错位	水系[水準]錯位	drainage offset
水下岸坡	水下岸坡,海底岸坡	submarine coastal slope, offshore slope
水下阶地	水下階地,海底階地	submarine terrace
水下三角洲	水下三角洲	subaqueous delta

大　陆　名	台　湾　名	英　文　名
水下沙坝	水下沙壩	submarine bar
水循环	水循環	hydrological cycle
水银压力计	水銀壓力計	mercury barometer
水俣病	水俣病	Minamata disease
水源保护	水源保護	water source protection
水灾	水災	flood damage
水质	水質	water quality
水资源	水資源	water resources
水资源承载力	水資源供應力	water resources supporting capacity
水资源供需平衡	水資源供需平衡	water supply and demand balance
水资源评价	水資源評估	water resources assessment
顺向河	順向河	consequent river
顺直型河道	直形河道	straight river channel
私募[股权]基金	私募[股權]基金	private equity fund
斯特龙博利式喷发	斯通波利式噴發	Strombolian eruption
死火山	死火山	extinct volcano
死亡率表	死亡表	mortality table
似矿物	似礦物	mineraloid
松山反向极性期	松山逆極期	Matuyama reversed polarity chron
宋健–于景元模型	宋健–于景元模式	Song-Yu's model
搜索行为	搜索行為	search behavior
苏联景域学派	蘇聯景域學派	Soviet landschaft school
苏特赛式喷发	蘇特賽式噴發	Surtseyan eruption
塑性变形	可塑性變形	plastic deformation
塑性冻土	塑性凍土	plastic frozen soil
溯源堆积	向源堆積	headward deposition
溯源侵蚀	向源侵蝕	headward erosion
酸碱度	酸鹼值	pH value
酸性硫酸盐土	酸性硫酸鹽土	acid sulphate soil
酸雨	酸雨	acid rain
算法	演算法	algorithm
随机	隨機	random
随机过程	隨機歷程	stochastic process
随机畸变	隨機畸變	random distortion
随机模型	隨機模式	stochastic model
随机水文学	隨機水文學	stochastic hydrology
碎裂种群	碎裂種群	metapopulation
碎屑	碎屑	detritus

大　陆　名	台　湾　名	英　文　名
碎屑沉积物	碎屑[狀]沈積物	detrital sediment
碎屑风化壳	碎屑風化殼	clastic weathering crust
燧石	燧石	flint
缩微地图	縮微地圖	microfilm map

T

大　陆　名	台　湾　名	英　文　名
台地	台地	platform, tableland
台风	颱風	typhoon
苔草沼泽	苔草沼澤	sedge mire
苔原气候	苔原氣候	tundra climate
太阳常数	太陽常數	solar constant
太阳辐射	太陽輻射	solar radiation
太阳日	太陽日	solar day
太阳正射点	太陽正射點	subsolar point
泰加林	針葉[泰卡]林	taiga
泰勒主义	泰勒主義	Taylorism
滩脊	灘脊	beach ridge
滩脊[型]潮滩	灘脊潮灘	chenier
滩脊[型]潮滩平原	灘脊[潮灘]平原	chenier plain
滩肩	灘肩,濱堤	beach berm
滩角	灘尖	beach cusp
弹性极限	彈性梪限	elastic limit
弹性生产	彈性生產	flexible production
潭滩	潭瀨系列	pool-and-riffle
探索空间	搜索空間	search space
探索空间数据分析	探索空間資料分析	exploratory spatial data analysis, ESDA
探险	探險	exploration
探险旅游	探險旅遊	adventure tourism
碳氢化合物	碳氫化合物	hydrocarbon
碳酸盐风化壳	碳酸鹽風化殼	carbonate weathering crust
碳酸盐结合态	碳酸鹽結合態	carbonate bounded form
掏蚀	基蝕,崖底侵蝕	undercutting
掏蚀坡(＝凹岸)		
套利	套利	arbitrage
特化中心	特化中心	center of specialization
特殊地理学	特殊地理學	special geography

大　陆　名	台　湾　名	英　文　名
特提斯海	特提斯海,古地中海	Tethys
特有种	特有種	endemic species
特种地图	特殊地圖	special purpose map
藤本植物	藤本植物	liana
梯度	梯度	gradient
梯度理论	梯度理論	ladder development theory
提喻法(＝举隅法)		
体育地理学	體育地理學	geography of sports
体育旅游	運動旅遊	sports tourism
替代	替代	alternative
替代地理学,另类地理学	替代地理學,另類地理學	alternative geography
替代模式	替選模式	alternative model
替代性	替代性	alterity
替代性旅游	替代性旅遊,另類旅遊	alternative tourism
天空光	天光	skylight
天启教	天啟宗教	revealed religion
天气	天氣	weather
天气气候学	綜觀氣候學	synoptic climatology
天气系统	天氣系統	weather system
天球	天球	celestial sphere
天然堤	自然堤	natural levee
天然气	天然氣	natural gas
天然剩磁	天然剩磁	natural remnant magnetism
天然药物资源	天然藥物資源	natural medicinal material resources
天生桥	天然橋	natural bridge
天体地理学	天體地理學	astrogeography
天文地理学	天文地理學	astronomical geography
天文辐射	天文輻射	extraterrestrial solar radiation
天文气候	天文氣候	astroclimate
天文钟	天文鐘	chronometer
天文作用型海面变化	天文作用型海面升降	astrolomico-eustatism
天主教(＝罗马天主教)		
田间持水量	田間含水量	field moisture capacity
田间容量	田間容量	field capacity
田猎区	獵區	hunting area
填洼	填窪	depression
调节理论	調節理論	regulation theory

大　陆　名	台　湾　名	英　文　名
调节系统	調節體系	system of regulation
跳动,跃动	跳動	saltation
跳跃扩散	跳躍擴散	jump diffusion
跳跃理论	跳躍理論	frog-jump development theory
铁铝化[作用]	鐵鋁化[作用]	ferrallitization
铁铝土	鐵鋁土	Ferralsol
铁镁质矿物	鐵鎂質礦物	ferromagnesium minerals
铁器时代	鐵器時代	Iron Age
铁质化[作用]	鐵質化[作用]	ferruginization
通气带	通氣帶	zone of aeration
通勤	通勤	commuting
通勤带	通勤圈	commuter zone, commuter belt
通信地理学	通信地理學	geography of communication
通则	通則	general law
同步气象卫星	同步氣象衛星	synchronous meteorological satellite
同化	同化	assimilation
同化作用圈层	同化作用圈層,同化帶	zone of assimilation
同批人	同批人	cohort
同位素	同位素	isotope
同位素测年	同位素定年	isotopic dating
同位素水文学	同位素水文學	isotope hydrology
同现,共存	同蒞	co-present
同心圆模式	同心圓模式	concentric zone model
同质多象	同質異形	polymorphism
同质区域	同質區域	uniform region
统	統	series
统计地图	統計地圖	statistic map
统计模型	統計模式	statistical model
统计气候学	統計氣候學	statistical climatology
统计学	統計學	statistics
统一地理学	統一地理學	unified geography
统一建模语言	統一模式語言	unified modeling language, UML
统一性领域理论	統一性領域的理論	unified field theory
痛痛病	痛痛病	itai-itai disease
投入–产出	投入–產出	input-output
投入产出分析	投入產出分析	input-output analysis
投影变换	投影變換	projection change, projection alteration
投影变形	投影變形	projection distortion

大　陆　名	台　湾　名	英　文　名
投资地理学	投資地理學	geography of investment
透过植被的降水	穿透降水	throughfall
透射率	透射率	transmissivity
凸岸坝(=曲流沙坝)		
突变	突變	mutation
突变论	災變論	catastrophe theory
突堤效应	突堤效應	groin effect
突岩	突岩	tor
图案地	圖案地	pattern ground
图层	圖層	coverage
图层范围	圖層範圍	coverage extent
图层更新	圖層更新	coverage update
图层元素	圖層元素	coverage element
图例	圖例	legend
图论	圖表理論	graph theory
图面自动注记	圖面自動注記	automatic map lettering
图像	圖像	icon
图像变换	影像轉換	image transformation
图像处理	影像處理	image processing
图像复原	影像復原	image restoration
图像漫游	影像漫遊	image roam
图像识别	影像識別	image recognition
图像信息学	圖像資訊學	iconic informatics
图像学	圖像學	iconography
图像压缩	影像壓縮	image data compression
图像增强	影像增強	image enhancement
图像质量	影像品質	image quality
图形叠置	圖形套疊	graphic overlay
图形分辨率	圖形解析度	graphics resolution
图形简化	圖形概括化	graphic simplicity
图形校正	圖形校正	graphic rectification
土被	覆土	soil cover
土被结构	土壤結構	soil cover structure
[土]变种	土壤種類	soil variety
土地	土地	land, terrain
土地承载力	土地承載力	land carrying capacity
土地处理	土地處理	land treatment
土地单元	土地單元	land unit

大　陆　名	台　湾　名	英　文　名
土地调查	土地調查	land survey
土地分级	土地分級	land grading
土地分类	土地分類	land classification
土地复垦	土地複墾	reclamation of land
土地覆被	土地覆被	land cover
土地改良	土地改良	land improvement
土地功能	土地功能	land function
土地刻面	土地刻面	land facet
土地类型	土地類型	land type
土地利用	土地利用	land use
土地链	土鏈	land catena
土地评价	土地評價	land appraisal
土地潜在人口承载力	土地潛在人口承載力	potential capacity of land for carrying population
土地沙化	土地沙化	land sandification
土地沙漠化	土地沙漠化	land desertification
土地社会经济属性	土地社會經濟屬性	social economic attribute of land
土地生产力	土地生產力	land capacity
土地生产率	土地生產率	land productivity
土地生态系统	土地生態系統	land ecosystem
土地适宜性	土地適宜性	land suitability
土地收益递减规律	土地收益遞減規律	decrease of marginal returns of land
土地属性	土地屬性	terrain characteristics
土地特性	土地特性	land characteristics
土地退化	土地退化	land degradation
土地系统	土地系統	land system
土地限制性	土地限制性	land limitation
土地信息系统	土地資訊系統	land information system, LIS
土地要素	土地要素	land element
土地质量	土地品質	land quality
土地资源	土地資源	land resources
土地资源遥感	土地資源遙測	remote sensing of land resources
土地自然属性	土地自然屬性	natural attribute of land
土纲	土綱	soil order, soil class
土类	土類	soil group
土链	土鏈	soil catena
土流	土流	earth flow
土壤	土壤	soil

大　陆　名	台　湾　名	英　文　名
土壤饱和含水量	土壤飽和含水量	saturated soil moisture
土[壤]层[次]	土[壤]層	soil layer
土壤单元	土壤單元	soil unit
土壤地带性	土壤地帶性	soil zonality
土壤地理学	土壤地理學	soil geography
土壤调查	土壤調查	soil survey
土壤发生层	土壤化育層	soil genetic horizon
土壤发生分类	土壤化育分類	soil genetic classification
土壤发生过程	成土作用	pedogenic process
土壤分布	土壤分佈	soil distribution
土壤分类	土壤分類	soil classification
土壤复区	土壤複區	soil complex
土壤富集	土壤富集	soil enrichment
土壤改良	土壤改良	soil amelioration
土壤概查	土壤概查	generalized soil survey
土壤管理	土壤管理	soil management
土壤含水量	土壤含水量	soil water content
土壤化学地理	土壤化學地理	pedochemicogeography
土壤给水度	土壤給水度	soil water specific yield
土壤结构	土壤結構	soil structure
土壤景观	土壤景觀	soil landscape
土壤绝对年龄	土壤絕對年齡	absolute age of soil
土壤类别	土壤類別	soil taxon
土壤类群	土壤類群	major soil grouping
土壤利用	土壤利用	soil utilization
土壤剖面	土壤剖面	soil profile
土壤普查	土壤普查	general detailed soil survey
土壤侵入体	土壤侵入體	soil intrusion
土壤侵蚀	土壤侵蝕	soil erosion
土壤圈	土壤圈	pedosphere
土壤生态学	土壤生態學	soil ecology
土壤数值分类	土壤數值分類	numerical classification of soil
土壤水	土壤水	soil moisture
土壤水分常数	土壤水分常數	soil water constant
土壤水分特征曲线	土壤水分特徵曲線	soil moisture characteristic curve
土壤水力传导度	土壤水力傳導度	soil hydraulic conductivity
土壤水平地带性	土壤水平分帶	soil horizontal zonality
土壤水平衡	土壤水平衡	soil water balance

大　陆　名	台　湾　名	英　文　名
土壤水水文学	土壤水水文學	pedohydrology
土壤图	土壤圖	soil map
土壤退化	土壤退化	soil degradation
土壤微域分布	土壤微域分佈	micro-regional distribution of soil
土壤污染	土壤污染	soil pollution
土壤系统分类	土壤系統分類	soil taxonomy
土壤相对年龄	土壤相對年齡	relative age of soil
土壤详查	土壤詳查	detailed soil survey
土壤新生体	土壤新生體	soil new growth
土壤信息系统	土壤資訊系統	soil information system, SIS
土壤形成	土壤生成	soil formation
土壤形成过程	土壤生成過程	soil formation process
土壤形成因素	土壤生成因素	soil formation factor
土壤学	土壤學	soil science
土壤亚单元	土壤亞單元	soil subunit
土壤盐化,盐化[作用]	土壤鹽化,鹽化作用	salinization
土壤液化	土壤液化	soil liquefaction
土壤有效含水量	土壤有效含水量	available soil moisture
土壤蒸发	土壤蒸發	soil evaporation
土壤制图	土壤製圖	soil cartography
土壤制图单元	土壤製圖單元	soil mapping unit
土壤质地	土壤質地	soil texture
土壤中域分布	土壤中域分佈	meso-regional distribution of soil
土壤资源	土壤資源	soil resources
土壤组合	土壤組合	soil association
土属	土屬	soil genus
土水势	土水勢	soil water potential
土体层	土體	solum
土体成冰	土體成冰	ice formation
土体蠕动	土體蠕動,土壤潛移	soil creep
土系	土系	soil series
土相	土相	soil phase
土种	土種	soil local type
土著种	原生種	autochthonous species
土族	土族	soil family
湍流	湍流,紊流	turbulent flow
团块	團塊	nodule
团体包价旅游	團體包價旅遊	group inclusive tour

大　陆　名	台　湾　名	英　文　名
团体意识	團體意識	group consciousness
推覆体	推覆構造	nappes
推拉因素	推拉因子	push-pull factor
退潮流	退潮流	ebb current
退化作用圈层	棄卻帶	zone of discard
退水曲线	退水曲線	recession curve
退休基金	退休基金	pension fund
吞口	吞口	swallow hole
脱钙作用	脱鈣作用	decalcification
脱硅[作用]	脱矽[作用]	desilicification
脱碱作用	脱鹼作用	solodization
脱盐作用	脱鹽作用	desalinization
拓扑错误	拓撲錯誤	topological error
拓扑地图	拓撲地圖	topologic map, topological map
拓扑叠加	拓撲疊加	topological overlay
拓扑关系	拓撲關係	topological relationship
拓扑结构	拓撲結構	topological structure
拓扑统一地理编码参考文件	地區編碼對照整合系統	Topologically Integrated Geographic Encoding and Referencing, TIGER
拓殖	拓殖	colonization

W

大　陆　名	台　湾　名	英　文　名
洼地	窪地	depression
蛙跃发展	蛙躍發展	frog-jumped development
外包体系	外包體系	subcontracting system
外部经济	外部經濟	external economy
外飞地	外飛地	exclave
外汇	外匯	foreign exchange, FX
外来劳工	外勞	guest worker
外来生物	外來生物	adventive
外来语地名	外來語名稱	exonym
外来种	外來種	exotic species
外流湖	外流湖	exorheic lake
外向型	外向型	outward-looking
外向型城市化	外向型都市化	exo-urbanization
外业制图员	外業製圖員	ingénieur-géographe

大　陆　名	台　湾　名	英　文　名
外逸层	外氣層	exosphere
外营力	外營力	exogenic agent
外营力作用	外營力作用	exogenic process
蜿蜒型河道	蜿蜒河道	meandering river channel
完全混合湖	完全混合湖	holomixed lake
完整性	完整性	integrity
晚期资本主义	晚期資本主義	late capitalism
碗状尘暴	塵暴區	dust bowl
万维网地理信息系统	網際網路地理資訊系統	WebGIS
万维网地图	網際網路地圖	Web map
万物有灵论	萬物有靈論	animist
网格地图	方格地圖	grid map
网格法	方格法	grid method
网格间距	方格間距	grid interval
网格系统	方格系統	grid system
网络	網路	network
网络动力学	網路動力學	network dynamics
网络分析	網路分析	network analysis
网络理论	網路理論	network theory
网络流	網路流	network flow
网络密度	網路密度	network density
网络模式	網狀模式,網路模式	web model
网络拓扑[结构]	網路拓撲[結構]	network topology
网络指数	網路指數	network index
往日地理	往日地理	past geography
威达学派	維達學派	Vayda school
威斯康星冰期	威斯康辛冰期	Wisconsin Glaciation
微波	微波	microwave
微波辐射计	微波輻射計	microwave radiometer
微波遥感	微波遙測	microwave remote sensing
微观地域结构	微觀地域結構	microscopic structure of region
微观经济学	個體經濟學	micro-economics
微粒	微粒	particulate
微量元素	微量元素	trace element
微型陆块	微大陸	microcontinent
韦伯工业区位模型	韋伯工業區位元模式	Weber's industrial location model
韦伯模型	韋伯模式	Weber model
唯物主义	唯物主義	materialism

大　陆　名	台　湾　名	英　文　名
0 维气候模型	0 維氣候模式	0 dimension climate model
维也纳学圈	維也納學圈,維也納學派	Vienna circle
伟晶岩	偉晶花崗岩	pegmatite
纬度	緯度	latitude
纬向环流	緯向環流	zonal circulation
萎蔫点	枯萎點	wilting point
卫星城	衛星城	satellite town
卫星气候学	衛星氣候學	satellite climatology
未冻水	未凍水	unfrozen water
未开发区	低發展區	underdeveloped area
未侵蚀带	未侵蝕帶	belt of no erosion
位能	位能	potential energy
位置级差地租	位置級差地租	differential land rent by site
温冰川	溫冰川	temperate glacier
温带	溫帶	temperate zone, temperate belt
温带地区	溫帶地區	temperate region
温度分辨率	溫度解析度	temperature resolution
温度梯度	溫度梯度	temperature gradient
温泉	溫泉	hot spring
温室气体	溫室氣體	greenhouse gas
温室效应	溫室效應	greenhouse effect
温血动物	溫血動物	warm-blooded animal
文化	文化	culture
文化霸权	文化霸權	cultural hegemony
文化边际	文化邊際	cultural margin
文化边界	文化邊界	cultural boundary
文化冲击	文化衝擊	culture shock
文化岛	文化島	cultural island
文化地理学	文化地理學	cultural geography
文化动力学	文化動力學	cultural dynamics
文化多样性	文化多樣性	cultural diversity
文化分析	文化分析	cultural analysis
文化功能区	機能區	functional region
文化归化	文化歸化,文化同化	cultural naturalization
文化过程	文化過程	cultural process
文化核心区	文化核心區	cultural core area
文化汇融	文化互化	transculturation

大　陆　名	台　湾　名	英　文　名
文化汇融区	跨文化區	transculturational region
文化接触	文化接觸	culture contact
文化进化	文化演化	cultural evolution
文化景观	文化景觀	cultural landscape
文化决定论	文化決定論	cultural determinism
文化控制区	文化控制區	cultural dominating region
文化旅游	文化觀光	cultural tourism
文化模式	文化類型	cultural pattern
文化偏好	文化偏好	cultural preference
文化区	文化區	culture area
文化区位	文化區位	cultural setting
文化趋同	文化趨同	cultural convergence
文化圈	文化圈	culture circle
文化群体	文化群體	cultural groups
文化人	文化人	Kulturvölker(德)
文化融合	文化融合	culture fusion
文化社区	文化社群	cultural community
文化生态学	文化生態學	cultural ecology
文化生物地理学	文化生物地理學	cultural biogeography
文化适应	文化適應	cultural adaptation
文化特质	文化特質	cultural traits
文化通道	文化通道	cultural channel
文化衍生	文化對合	cultural involution
文化遗产	文化遺產	cultural heritage
文化因子	文化因數	cultural factor
文化影响区	文化影響區	cultural effect region
文化源地	文化源地	cultural hearth
文化整合	文化整合	cultural integration
文化政治学	文化政治學	cultural politics
文化主义	文化主義	Culturalism
文化转向	文化轉向	cultural turn
文化转移	文化轉移	cultural transfer
文化资本	文化資本	cultural capital
文化自然地理学	文化自然地理學	cultural physical geography
文化综合体	文化綜合體	cultural complex
文化组成	文化組成	cultural constituent
文明群体	文明群體	civilized groups
文明社会	文明社會	civilized societies

大　陆　名	台　湾　名	英　文　名
文学旅游	文學旅遊	literary tourism
文艺复兴时代	文藝復興時代	Renaissance period
纹泥	紋泥,季候泥	varve
纹泥测年	季候泥定年	varved-clay dating
稳定空气	穩定空氣	stable air
稳定流	穩定流	steady flow
稳渗	穩渗	stable infiltration
稳态	穩態	steady state
涡流	渦流	vortex flow
沃罗诺伊模式	沃羅諾伊模型	Voronoi pattern
沃罗诺伊图	沃羅諾伊圖	Voronoi diagram
卧城	中等住宅	dormitory town, bedroom town
乌尔曼相互作用理论	烏爾曼相互作用理論	Ullman's bases for interaction
乌尔卡诺式喷发	弗卡諾式噴發	Vulcanian eruption
污染负荷	污染負載	pollution load
污染化学	污染化學	pollution chemistry
污染气流	空氣污染柱	pollution plume
污染物	污染物	pollutant
污染指数	污染指數	pollution index
污水灌溉	廢水灌溉	wastewater irrigation
无地方社区	非地方社區	non-place community, non-place realm
无地方性	無地方性	placelessness
无缝集成	無瑕整合	seamless integration
无机污染物	無機污染物	inorganic pollutant
无家可归者	遊民	homeless
无霜期	無霜期	frost-free period
无政府主义	無政府主義	narchism
无政府主义者	無政府主義者	narchists
物候谱	物候譜	phenospectrum
物候学	物候學	phenology
物理动力气候学	物理動力氣候學	phsico-dynamical climatology
物理风化作用	物理風化作用	physical weathering
物理模型	物理模式	physical model
物理时间	[地質]自然時間	physical time
物流	物流,後勤學	logistics
物流配送	物流配送	logistics distribution
物质坡移	塊體崩移	mass wasting
物质世界	物質世界	material world

大　陆　名	台　湾　名	英　文　名
物质循环	物質循環	material cycle
物种(＝种)		
物种多样性	物種多樣性	species diversity
物种分化	物種分化	speciation
物种丰富度	物種豐富度	species richness
物种恒定性	物種恒定性	fixity of species
物种库	物種庫	species pool
雾	霧	fog
雾凇	霧凇	rime

X

大　陆　名	台　湾　名	英　文　名
西风带	西風帶	westerlies
西洛可风	西洛可風	Sirocco
西南季风	西南季風	southwest monsoon
吸附	吸附作用,吸收作用	adsorption
吸收	吸收	uptake, absorption
吸收率	吸收率	absorptivity
吸着水	吸著水	hygroscopic water
希波克拉底体液说	體液理論	Hippocrate's theory of humor
希腊地理学	希臘地理學	Greek geography
稀释	稀釋	dilution
稀土元素	稀土元素	rare earth element
稀性泥石流	稀性土石流	micro-viscous debris flow
稀有元素	稀有元素	rare element
习惯力量	習慣的力量	strength of habits
习性	習性	habitus
袭产产业	襲產產業	heritage industry
袭夺	襲奪,搶水	piracy
袭夺河	襲奪河,搶水河	capturing river
袭夺弯	襲奪灣	elbow of capture
喜钙植物	喜鈣植物	calciphyte
喜马拉雅运动	喜馬拉雅運動	Himalayan movement
喜温有机体	喜溫有機體	thermophilic organism
系列地图	系列地圖	series maps
系统地理学	系統地理學	systematic geography
系统地图学	系統地圖學	systematic cartography

大　陆　名	台　湾　名	英　文　名
系统分析	系統分析	system analysis
系统畸变	系統扭曲	systematic distortion
系统聚类	階層聚集	hierarchical clustering
系统水文学	系統水文學	systematic hydrology
细沟	紋溝	rill
细沟侵蚀	紋溝侵蝕	rill erosion
细砾	細礫	granule
细雨(＝毛毛雨)		
潟湖	潟湖	lagoon
峡谷	峽谷	gorge, canyon
峡江	小峽灣	fjard
峡湾	峽灣	fjord
狭温性生物	狹溫性生物	stenothermal organism
下沉气流	下沖流	downdraft
下吹风	下坡風	katabatic wind
下降岸	下降岸,沈降海岸	submerged coast
下降翼	下降翼	falling limp
下盘	下盤	foot wall
下切侵蚀	下切侵蝕,下蝕	downcutting, incision
夏季风	夏季季風	summer monsoon
夏威夷式喷发	夏威夷式噴發	Hawaiian eruption
夏蛰	夏蟄	aestivation
夏至	夏至	summer solstice
先成河	先成河	antecedent river
先锋植物	先驅植物	pioneer plant
咸水湖	鹹水湖	saltwater lake
显晶质结构	顯晶狀岩理	phaneritic texture
显域土	顯域土,定域土	zonal soil
显着性检验	顯著性檢定	significance test
藓类湿地	蘚類濕地	moss wetland
藓类沼泽	蘚類沼澤	moss bog
县级市	縣級市	county-level city
现代病	現代病	modern disease
现代城市设想	概念上的現代城市	conceptual modern city
现代地理学	現代地理學	modern geography
现代宏观经济学	現代總體經濟學	modern macroeconomics
现代建筑国际学派	現代建築國際學派	international school of modern architecture
现代理性形而上学	現代理性形上學	modern rational metaphysics

大　陆　名	台　湾　名	英　文　名
现代性	現代性	modernity
现实核心	真相核心	heart of reality
现实世界模式化	現實世界模式化	modelization of reality
现象地理学	現象地理學	phenomenological geography
现象环境	現象環境	phenomenal environment
现象学	現象學	phenomenology
线理	線理,線狀搆造	lineation
线形市场	線形市場	linear market
线性沙丘	線狀沙丘	linear sand dune, longitudinal dune
线状符号法	線狀符號法	line symbol method
限区	限區	urochishche
乡村城市化	鄉村都市化	rural urbanization, rurbanization
乡村地理学	鄉村地理學	rural geography
乡村景观	鄉村景觀	rural landscape
乡村旅馆	鄉村旅館	country house hotel
乡村社区	鄉村社區	rural community
乡土景观	鄉土地景	vernacular landscape
乡土文化学	鄉土文化學	laography(希)
乡土学	鄉土學	Heimatkunde(德)
相对地理空间	相對地理空間	relative geographical space
相对高度	相對高度	relative height
相对海[平]面变化	相對海[水]面變化	relative sea level change
相对距离	相對距離	relative distance
相对区位	相對區位	relative location
相对湿度	相對濕度	relative humidity
相对时间	相對時間	relative time
相对位置	相對位置	relative position
相关	相關	correlation
相互依赖	互依	interdependence
相互依赖陷阱	相互依賴陷阱	interdependence trap
箱间扩散模型	箱間擴散模型	box-diffusion model
详细规划	詳細規劃	detail planning
想当然的世界	視為理所當然的世界	taken-for-granted world
向陆蚀退作用	[海岸]退夷	retrogration
向斜	向斜	syncline
向斜盆地	向斜盆地	synclinal basin
相	相	facies
像元	像素	pixel

大　陆　名	台　湾　名	英　文　名
消费地理学	消費地理學	consumer geography
消费商品弹性值	消費商品彈性值	elasticity of consumer commodity
消费者	消費者	consumer
萧条区	蕭條區	depressed area
小冰期	小冰期	little ice age
小波变换	小波轉換	wavelet transformation
小潮	小潮	neap tide
小村	小村莊	hamlet
小国开放经济模型	小國開放經濟模式	small open economy model
小批生产,批量生产	小批生產,批量生產	batch production
小气候	微氣候	microclimate
小区	社區	district
小社区	小社區	small community
小生境	小生境	microhabitat
小阵雷暴雨	微暴流	microburst
协同进化	協同進化	coevolution
斜长石	斜長石	plagioclase
斜滑断层	斜移斷層	oblique-slip fault
卸载	卸載	unloading
心土	心土	subsoil
心土层	心土層	subsoil layer
心象地图	心智圖	mental map
心血管病分布	心血管病分佈	cardiovascular distribution
心脏地带	心臟地帶	heartland
新北界	新北界	Neoarctic realm
新冰期	新冰期,新冰川作用	neoglaciation
新产业区	新工業區	new industrial district
新成土	新成土,未育土	Entisol
新城	新市鎮	new town
新地理学	新地理學	new geography
新地理学会	新地理學會	new geographical societies
新构造运动	新構造運動	neotectonic movement
新国际劳动分工	新國際分工	new international division of labor
新近纪	新第三紀	Neogene Period
新经济	新經濟	new economy
新经济地理学	新經濟地理學	new economic geography
新热带界	新熱帶界	Neotropic realm
新热带植物区	新熱帶植物區	Neotropic kingdom

大　陆　名	台　湾　名	英　文　名
新人文地理学	新人文地理學	new human geography
新生代衰落	新生代衰落	Cenozoic decline
新石器时代	新石器時代	Neolithic Age
新实证论(=新实证主义)		
新实证主义,新实证论	新實證主義,新實證論	neo-positivism
新实证主义认识论	新實證主義認識論	neo-positivist epistemology
新世界地理学	新世界地理學	new universal geography
新特有种	新特有種	neoendemic
新仙女木事件	新仙女木事件	Younger Dryas event
新兴工业化国家	新興工業化國家	newly industrializing countries, NICs
新月形沙垄	新月形沙壟	barchan bridge
新月形沙丘	新月丘	barchan, crescent dune
新月形沙丘链	新月丘鏈	barchan chain
新殖民主义	新殖民主義	neocolonialism
信风	信風	trades
信息	資訊	information
信息产业地理	資訊產業地理	geography of information industry
信息场	資訊場	information field
信息城市	資訊城市	information city
信息港	資訊港	information hub
信息化	資訊化	informationalization
信息空间	資訊空間	cyberspace
信息论	資訊理論	information theory
信息约束	資訊約束	information constraint
信息资源	資訊資源	information resources
兴业区	企業發展區	enterprise zone
星云说	星雲說	nebular hypothesis
星状城市形态	星狀都市形態	constellating urban pattern
星状沙丘	星狀沙丘	star dune
星子假说	星子假說	planetesimal hypothesis
行动地理学	行動地理學	active geography
行动空间	行動空間	action space
行动者	行動者	actor
行为地理学	行為地理學	behavioral geography
行为方法	行為研究法	behavioral approach
行为环境	行為環境	behavioral environment
行为矩阵	行為矩陣	behavioral matrix

大 陆 名	台 湾 名	英 文 名
行星地理学	行星地理學	planetary geography
行星多年冻土	行星永凍土	planetary permafrost
行星风	行星風	planetary wind
行星风系	行星風系	planetary wind system
行政地理学	行政地理學	administrative geography
行政界线	行政界線	administrative boundary
行政原则	行政原則	administrative principle
形而上学和目的论风格	形上學和目的論風格	metaphysical and teleogical flavor
U 形谷	U 形谷	U-shape valley
形胜,有利地形	有利地形	advantageous terrain, favorable terrain
形态发生分类	形態[發生]分類	morphogenetic classification
形状分析	形狀分析	shape analysis
陉	陉,山口	mountain pass
性别地理学	性別地理學	gender geography
休耕	休耕[地]	fallow
休疗养城市	休閒療養城鎮	resort and recuperate town
休眠火山	休眠火山	dormant volcano
休闲地理学	休閒地理學	geography of leisure
休闲旅游者	休閒旅遊者	leisure tourist
休闲商场	休閒商場	leisure malls
修学旅游	創意旅遊	creative tourism
锈铁带	鐵鏽帶	Rust Belt
虚拟地图	虛擬地圖	virtual map
虚拟现实	虛擬實境	virtual reality
需求门槛	需求閾值	threshold of demand
需水管理	需水管理	water demand management
需水量	需水量	water demand
徐升氏多边形	徐升氏多邊形	Thiessen polygon
序列化	序列化	serialization
序列剖面	序列剖面	sequence cross-section
畜牧业地域类型	畜牧業區欄位型別	areal type of livestock farming
畜牧折合系数	畜牧折合係數	conversion coefficient of livestock
絮凝作用	絮聚作用	flocculation
蓄满产流	飽和徑流	runoff generation under saturated condition
蓄水容量	儲水能力	storage capacity
悬冰川	懸冰川	hanging glacier
悬浮物	懸浮物	suspended solid
悬谷	懸谷	hanging valley

大　陆　名	台　湾　名	英　文　名
悬移泥沙荷载	懸移淤砂荷載	suspended sediment load
悬移质	懸移質	suspended load
旋转滑动	旋轉地滑,弧形地滑	rotational slide
选举地理学	選舉地理學	electoral geography
选择	選擇	option
K 选择	K 選擇	K-selection
R 选择	R 選擇	R-selection
选择吸收	選擇吸收	selective absorption
学派地理学	學派地理學	school geography
学术地理学	學術地理學	academic geography
学习[型]经济	學習[型]經濟	learning economy
雪	雪	snow
雪暴	暴風雪	snowstorm
雪崩	雪崩	snow avalanche
雪带	雪帶	nival belt
雪蚀	雪蝕	nivation
雪蚀冰斗	雪蝕冰鬥	nivation cirque
雪线	雪線	snow line
雪原	雪原	snow field
驯化	生物馴化	acclimatization
蕈岩	蕈岩	pedestal rock

Y

大　陆　名	台　湾　名	英　文　名
压力融化	壓力融化	pressure-melting
崖	崖	cliff, scarp
崖坡	崖坡	scarp slope
雅丹	雅丹,雅爾當	Yardang
雅典宪章	雅典憲章	Charter of Athens
亚北极区	亞北極區	subarctic zone
亚大陆性冰川	亞大陸性冰川	subcontinental glacier
亚纲	亞綱,亞目	suborder
亚高山带	亞高山帶	subalpine belt
亚极地冰川	副極地冰川	sub-polar glacier
亚类	亞類	subgroup
亚历山大地图	亞歷山大地圖	Alexandrian map
亚南极区	亞南極區	subantarctic zone

大　陆　名	台　湾　名	英　文　名
亚热带(＝副热带)		
亚雪带	亞雪帶	subnival belt
烟	煙霧	smog
延迟时间	延滯時間	time lag
岩岸	岩岸	rocky coast
岩崩	落石	rock fall
岩床	岩床	sill
岩盖	岩蓋	laccolith
岩化作用	岩化作用	lithification
岩浆	岩漿	magma
岩浆房	岩漿庫	magma chamber
岩浆分异作用	岩漿分異作用	magmatic differentiation
岩浆水(＝初生水)		
岩脉	岩脈	dike
岩漠	岩漠	rocky desert, hamada
岩盆	岩盆	lopolith
岩溶沟	岩溝	lapies
岩石阶地	岩石階地	rock terrace
岩石圈	岩石圈	lithosphere
岩滩	岩灘,棚地	bench
岩性学	岩性學	lithology
岩株	岩株	stock
沿岸流	沿岸流	longshore current, littoral current
沿岸漂砂	沿岸漂沙	littoral drift
沿岸沙坝	沿岸沙洲	longshore bar
沿滨泥沙流	沿濱漂砂	longshore drift
沿革地理学	演化地理學	evolution of past geography, evolutionary geography
沿茎水流	樹幹徑流	stem flow
研究与开发区位	研發區位	R&D location
盐成土	鹽[漬]土	halomorphic soil
盐度	鹽度	salinity
盐分平衡	鹽分平衡	salt balance
盐湖	鹽湖	salt lake, saline lake
盐化[作用](＝土壤盐化)		
盐碱湿地	鹽鹼濕地	saline-alkaline wetland
盐碱沼泽	鹽鹼沼澤	saline-alkaline marsh

大　陆　名	台　湾　名	英　文　名
盐结晶作用	鹽結晶作用	salt crystallization
盐漠	鹽漠	salt desert
盐丘	鹽丘	salt dune
盐滩	鹽灘	salt flat
盐土	鹽土	solonchak
盐沼	鹽沼	salt marsh
盐渍土壤	鹽漬土	salt-affected soil
衍生性金融商品	衍生性金融商品	financial derivative
演替	演替	succession
演替阶段	演替階段	stage of succession
堰塞湖	堰塞湖	imprisoned lake
羊背石	羊背石	roche moutonnée
阳坡	向陽坡	adret, sunny slope
洋	洋	ocean
洋葱状风化	洋蔥狀風化	onion-skin weathering
洋流	洋流	ocean current
洋盆	洋盆	ocean basin
洋壳	海洋地殼	oceanic crust
洋中脊	中洋脊	mid ocean ridge
氧化土	氧化土	Oxisol
氧化作用	氧化作用	oxidation
氧循环	氧循環	oxygen cycle
样方分析	網格分析	quadrate analysis
遥测	遙測	telemetry
遥感	遙測,電子測量	remote sensing
遥感机理	遙測機制	mechanism of remote sensing
遥感技术	遙測技術	remote sensing technology
遥感水文	遙測水文	remote sensing hydrology
遥感系列制图	遙測系列製圖	remote sensing series mapping
遥感信息	遙測資訊	remote sensing information
遥感信息制图	遙測資訊製圖	remote sensing information mapping
遥感应用	遙測應用	remote sensing application
遥感影像	遙測影像	remote sensing image
遥感专题图	遙測專題圖	thematic atlas of remote sensing
要素标识符	特點識別字	feature-ID
要素码	要素碼	feature code
野牛	野牛	wild buffalo
野外考察	野外實察,田野調查	field work

大　陆　名	台　湾　名	英　文　名
叶理	葉理	foliation
页岩	頁岩	shale
页状剥离	鱗剥穹丘	exfoliation dome
页状剥落	鱗剥[作用]	exfoliation
一般气候模型	一般氣候模式	general climate model
一致性测试	一致性檢定	conformance testing
伊斯兰教	伊斯蘭教	Islam
伊塔数	伊塔指數	eta index
医学地理学	醫學地理學	medical geography
医学气象学	醫學氣象學	medical meteorology
依附带	依賴帶	zone of dependence
夷平面	平夷面	planation surface
夷平作用	平夷作用	planation
移动	移動	movement
移民劳动力	移民勞動力	migrant labor
遗迹化石	生痕化石	trace fossil
异步化,不同时性	非同步化,異步化	asynchronization
异地社会	異地社會	foreign societies
异地同名	異地同名	homonym
异速成长原则	異速成長原則	allometric principle
异域物种形成	異域物種形成,異域性分化	allopatric speciation
异质地志	異質地志	heterotopology
异质空间	異質空間	heterotopia
邑	邑,市鎮聚落	town-settlement
驿道	驛道	post road
驿舍	驛舍	post house
意大利地理学	義大利地理學	Italian geography
溢出冰川	溢出冰川	outlet glacier
溢流玄武岩	洪流玄武岩,高原玄武岩	flood basalt
翼	翼	limb
因果模型	因果模型	causal model
因果批判	因果批判	criticism of causality
因特网	網際網路	Internet
因特网地图	網際網路地圖	Internet map
因子分析	因子分析	factor analysis
因子生态	因數生態	factorial ecology

大　陆　名	台　湾　名	英　文　名
因子生态方法	因數生態方法	factorial ecology approach
阴坡	陰坡	ubac, shady slope
阴影带	陰影帶	shadow zone
引导	舉動	conduct
引力模型	重力模式	gravity model
隐存种	隱存種	cryptic species
隐域土	隱域土	intrazonal soil
隐域性	隱域性	intrazonality
隐喻	隱喻	metaphor
迎风坡	迎風坡	windward slope
营救效应	營救效應	rescue effect
营销地理学	行銷地理學	marketing geography
营销原则	市場原則,行銷原則	marketing principle
营养病分布	營養病分佈	nutritional disease distribution
营养地理	營養地理學	geography of nutrition
营养链	營養鏈	trophic chain
影像	影像	image
应变	應變	strain
应得权力	應得權力	condign power
应用地理学	應用地理學	applied geography
应用地貌学	應用地形學	applied geomorphology
应用地图学	應用地圖學	applied cartography
应用模式	基模應用,圖式	application schema
应用气候学	應用氣候學	applied climatology
应用自然地理学	應用自然地理學	applied physical geography
硬度	硬度	hardness
硬旅游	硬旅遊,大眾旅遊	hard tourism
硬叶林	硬葉林	sclerophyllous forest
拥挤	擁擠	congestion
永冻土上限(=多年冻土上限)		
涌浪,余波	湧浪,長浪	swell
优势场所	優勢場所	dominant locales
邮政地理学	郵政地理學	geography of postal services
油母质	油母質	kerogen
油页岩	油葉岩	oil shale
铀系法测年	鈾系定年	uranium series dating
游荡型河道	擺蕩型河道	wandering river channel

大 陆 名	台 湾 名	英 文 名
游客信息中心	遊客資訊中心	information center
游牧	山牧季移,遷移性放牧	transhumance
游憩	遊憩	recreation
游憩机会谱	游憩機會序列	recreation opportunity spectrum
游憩商业区	遊憩商業區	recreation business district
游移湖	遊移湖	wandering lake
有潮河口	潮汐河口灣	tidal estuary
有毒元素	有毒元素	toxic element
有机沉积物	有機沈積物	organic sediment
有机土	黑纖土	Histosol
有机污染物	有機污染物	organic pollutant
有机质	有機質	organic matter
有机质层	有機質層	O horizon
有机质–硫化物结合态	有機質–硫化物結合態	organic matter-sulfide bounded form
有利地形(=形胜)		
有声地图	有聲地圖	talking map
有效降水	有效降水	effective precipitation
有效距离	有效距離	effective distance
右行断层	右移斷層	right lateral fault
幼年期	幼年期	youth stage
幼年土壤	幼年土	young soil
迂回扇	卷軸型	scroll pattern
余波(=涌浪)		
渔猎模型	漁獵模式	fishing model
宇航地图	太空導航圖	astronavigation map
宇宙	宇宙	cosmos
宇宙论[观]	宇宙論[觀]	cosmology
宇宙学(=宇宙志)		
宇宙学者	宇宙志學者	cosmographer
宇宙志,宇宙学	宇宙志	cosmography
羽毛状水系格局	羽毛狀水系型	featherlike drainage pattern
羽状水系	羽狀水系	pinnate drainage pattern
雨层云	雨層雲	nimbostratus
雨滴侵蚀	雨滴侵蝕	raindrop erosion
雨夹雪	霰,冰珠	sleet
雨量计	雨量計	rain gauge
雨林	雨林	rainforest
雨期湖	雨期湖	pluvial lake

大　陆　名	台　湾　名	英　文　名
雨凇	雨凇	glaze
雨土	雨土,塵降,落塵	dust fall
雨影	雨蔭	rain shadow
语言地理学	語言地理學	linguistic geography
语言接触	語言接觸	language contact
语言区	語言區	language area
语言学者	語言學者	linguists
语言演变	語言演變	language change
玉米带	玉米帶	maize belt
预报地图	預報地圖	prognostic map
预测地图	預測地圖	forecast map
域元	域元	field pixel
阈值(=门槛)		
御路	御道	imperial road
元地理学	元地理學	metageography
元地图学	元地圖學	metacartography
元数据	元資料	metadata
元素丰度	元素豐度	element abundance
元素富集	元素富集	element enrichment
元素拮抗作用	元素拮抗作用	element antagonism
元素迁移能力	元素遷移能力	element migrational ability
元素迁移序列	元素遷移序列	element migrational series
元素迁移转化	元素遷移轉化	element transportation and transformation
元素生物吸收序列	元素生物吸收序列	element bio-absorbing series
元素协同作用	元素協同作用	element synergism
原料指向	原料指向	material orientation
原生岸	原生岸	primary coast
原生矿物	原生礦物	primary mineral
原生演替	原生演替	primary succession
原生植物演替	原生植物演替	primary plant succession
原始土壤	原始土壤	primitive soil
原始种型	源始,祖先	ancestor
原住民,自然人	原始民族,自然人	Naturvölker(德), the primitive people
原子核	原子核	nucleus
原子化	原子化	atomized
原罪	原罪	original sin
圆柱投影	圓柱投影	cylindrical projection
圆锥投影	圓錐投影	conical projection

大 陆 名	台 湾 名	英 文 名
远程工作	遠距工作	teleworking
远程医学地理	遠距醫學地理	telemedical geography
远红外	遠紅外	far infrared
远足旅游	遠足旅遊	hiking
月海	月海	Mare
月平均温度	月均溫	mean monthly temperature
月球	月球	moon
月温差	月溫差	monthly temperature range
跃动(=跳动)		
越冬地	越冬地	wintering area
云母	雲母	mica
允许侵蚀量	允許侵蝕量	acceptable erosion
陨石	陨石	meteorite
运筹学	運籌學	operational research
运动	運動	movement
运动线法	動線法	arrowhead method, flowing method
运河	運河	canal
运积表土	運積岩屑	transported regolith
运输方式	運輸方式	transport mode
运输联系	運輸聯繫	transport linkage
运输链	運輸鏈	transportation chain
运输枢纽	運輸樞紐	transport junction
运输弹性系数	運輸彈性係數	elastic coefficient of transportation
运输网络	運輸網路	transport network
运输系数	運輸係數	coefficient of transported product
运输原则	運輸原則	transport principle
晕滃法	暈滃法	hachure method, hachuring
晕渲法	暈渲法	hill shading, shaded-relief method

Z

大 陆 名	台 湾 名	英 文 名
杂赤铁土	基石盤	plinthite
杂砂岩	雜砂岩,混濁砂岩	graywacke
杂状冷生构造	角礫狀冰晶構造	ataxitic cryostructure, breccia-like cryo-structure
灾害地理学	災害地理學	hazard geography
灾害地图	災害地圖	disaster map

大　陆　名	台　湾　名	英　文　名
再城市化	再都市化	re-urbanizaiton
再生冰川	再生冰川	regenerated glacier
再顺[向]河	再顺[向]河	resequent river
暂时城市化	暫時都市化	temporary urbanization
造构	造構論	structuration
造构主义学派	造構主義學派,脈絡主義學派	structurationist school
造陆运动	造陸運動	epeirogeny
造山带	造山帶	orogen
造山运动	造山運動	orogeny
造岩矿物	造岩礦物	rock-forming mineral
噪声	噪音	noise
燥红土	燥紅土	dry red soil, savanna red soil
择伐	擇伐	selective cutting
增长极理论	成長極理論	growth pole theory
扎根研究	紮根研究,基础研究	grounded research
债券	債券	bond
展示地理学	場景地理學	geography of spectacle
站	[車]站,駐地	station
张力	張力	tension
障碍效应	障礙效應	barrier effect
沼泽	沼澤	marsh, swamp
沼泽草丘	沼澤草丘	swamp grass hill
沼泽分类	沼澤分類	swamp classification
沼泽环境	沼澤環境	swamp environment
沼泽率	沼澤率	rate of swamp
沼泽生态系统	沼澤生態系統	swamp ecosystem
沼泽水文学	沼澤水文學	mire hydrology
沼泽土	冰沼土	bog soil
沼泽演化	沼澤演化	marsh revolution
照叶林	照葉林	laurel forest
照准仪	指方規	alidade
折射	折射	refraction
折衷主义	折衷主義	eclecticism
哲学家	哲學家	philosopher
褶曲(=褶皱)		
褶皱,褶曲	褶皺,褶曲	fold
褶皱倾伏	褶曲傾沒	plunge of fold

大　陆　名	台　湾　名	英　文　名
褶皱山	褶曲山	folded mountain
蔗基鱼塘	蔗基魚塘	fish pond surrounded by sugarcane field
针阔叶混交林	針闊葉混合林	coniferous and broad-leaved mixed forest
针叶林	針葉林	coniferous forest
真彩色影像	全彩影像	true color image
诊断层	診斷層	diagnostic horizon
诊断特性	診斷特性	diagnostic characteristics
枕状熔岩	枕狀熔岩	pillow lava
振动	振動	oscillation
镇	鎮	town
震波图	震波圖	seismogram
震源	震源	earthquake focus
震中	震央	earthquake epicenter
蒸发	蒸發［作用］	evaporation
蒸发潜热	蒸發熱	latent heat of evaporation
蒸发岩	蒸發岩	evaporite
蒸气喷发	蒸氣噴發	phreatic eruption
蒸腾	蒸散［作用］	transpiration
整体性	整體性	totality
整体［研究］取向	全觀法［研究］取向	holistic approach
正长石	正長石	orthoclase
正常地貌	正常地形	normal landform
正地貌	正地形	positive landform
正断层	正斷層	normal fault
正反馈	正回饋	positive feedback
正射影像地图	正射影像圖	orthophotomap
政区	政區	administrative region
政治地理学	政治地理學	political geography
政治分肥	政治分肥	pork barrel
政治社会学	政治社會學	political sociology
政治生态学	政治生態學	political ecology
政治算术	政治算術	Political Arithmetic
政治哲学	政治哲學	political philosophy
支流	支流	tributary
支柱产业	支柱產業	pillar industry
芝加哥学派	芝加哥學派	Chicago school
知识恐怖主义	思想上的恐怖主義	intellectual terrouism
直角坐标	直角坐標	rectangular coordinate

大　陆　名	台　湾　名	英　文　名
直接环境梯度	直接環境梯度	direct environmental gradient
直辖市	直轄市	municipality directly under the central government
直线距离	直線距離	linear distance
K 值	K 值	K-value
植被	植被	vegetation
植被垂直带	植被垂直分带	altitudinal belt of vegetation
植被区划	植被區劃	vegetation regionalization
植被型	植被型態	vegetation type
植被演替	植被演替	vegetation succession
植物地理学	植物地理學	phytogeography
植物区系	植物相	flora
植物群丛	植物群叢	plant association
植物群落	植物群落	plant community
植物群系	植物群系	plant formation
植物生态学	植物生態學	plant ecology
植物修复	植物修復	phytoremediation
殖民地	殖民地	colony
殖民地地理学	殖民地理學	colonial geography
指标图	指標圖	indicatrix
指示矿物	指標礦物	index mineral
指示群落	指示群落	indicator community
指示植物	指示植物	indicator plant
指数变换	指數變換	exponential transform
指状城市格局	指狀都市型	finger urban pattern
志留纪	志留紀	Silurian Period
制图精度	製圖精度	cartographic accuracy
制图师(＝制图员)		
制图卫星	製圖衛星	map sat
制图员,制图师	製圖師,地圖學者	cartographer
制造业	製造業	manufacturing
制造业体系	手工製造體系	manufacturing system
治安地理学	警務地理學	geography of policing
治理结构	統理結構,統治[管理]權結構	governance structure
治疗景观	有療效的景觀	therapeutic landscape
质量底色法	質性底色法	qualitative color base method
质量数	質量數	mass number

大　陆　名	台　湾　名	英　文　名
质性方法	質性方法	qualitative method
质子	質子	proton
致病因子	致病因數	pathogenic factor
智能圈	心靈空間	noosphere
滞碛	滯磧	lodgement till
滞水潜育土	滯水灰黏土	stagnogley soil，stagnogley
中层	中氣層	mesosphere
中层顶	中氣層頂	mesopause
中国第四纪黄土	中國第四紀黃土	Quaternary loess of China
中红外	中紅外	middle infrared
中间型游客	中間型遊客	med-centric tourist
中砾	小礫	pebble
中气候	中氣候	mesoclimate
中碛	中磧	medial moraine
中生代	中生代	Mesozoic Era
中生植物	中生植物	mesophyte
中石器时代	中石器時代	Mesolithic Age
中世纪	中世紀	Middle Ages，Medieval
中世纪地理学	中世紀地理學	medieval geography
中世纪暖期	中世紀暖期	medieval warm period
中世纪图解航海手册	中世紀航海圖	Portolano
中纬度波动性气旋	中緯度氣旋波	midlatitude wave cyclone
中位数	中位數	median
中位沼泽	中位沼澤	transitional fen
中西部学派	中西部學派	Middle West school
中心城市	中心城市	central city
中心地	中心地	central place
中心地功能	中地機能	central place function
中心地理论	中地理論	central place theory
p 中心问题	p 中心問題	p center problem
中心性	中心性	centrality
中新世	中新世	Miocene Epoch
中性岸	中性岸	neutral coast
中央地块	中央山地	Massif Central
中央经线	中央經線	central meridian
中央商务高度指数	中央商務高度指數	central business height index
中央商务强度指数	中央商務強度指數	central business intensity index
中央商务区	中央商務區	central business district，CBD

大　陆　名	台　湾　名	英　文　名
中子	中子	neutron
终端速度	終端速度	terminal velocity
终碛,终碛垄	終碛,端冰碛	terminal moraine
终碛垄(=终碛)		
钟表时间	鐘錶時[間]	clock time
钟乳石(=石钟乳)		
种,物种	種,物種	species
种床区位	種床區位	seed bed location
种–面积曲线	種–面積曲線	species-area curve
种群	族群	population
种族隔离	種族隔離	apartheid
种族迫害	種族迫害	racial persecution
种族中心主义	種族中心主義	ethnocentrism
种植园	栽培業	plantation
种植制度	耕作制度	cropping system
重金属	重金屬	heavy metal
重力地貌	重力地形	gravitational landform
重力滑移	重力滑移	gravity gliding
重力水	重力水	gravitational water
重力异常	重力異常	gravity anomaly
p 重心问题	p 中位問題	p median problem
洲	洲	continent
侏罗纪	侏羅紀	Jurassic Period
猪背脊	豬背脊	hogback ridge
猪背岭	豬背嶺,豚背山	hogback
竺可桢曲线	竺可楨曲線	Zhou's curve
主成分分析	主成分分析	principal component analysis
主导产业	主導產業	leading industry
主动散布	主動散佈	active dispersal
主动遥感	主動遙[感探]測	active remote sensing
主权	主權	sovereignty
主权[财富]基金	主權[財富]基金	sovereign-wealth fund
主题公园	主題樂園	theme park
主要元素	主元素	major element
专属经济区	專屬經濟區	exclusive economic zone
专题地图	專題地圖	thematic map
专题地图集	專題地圖集	thematic atlas
专题地图学	專題地圖學	thematic cartography

大　陆　名	台　湾　名	英　文　名
专题判读	專題判讀	thematic interpretation
专题属性	專題屬性	thematic attribute
专题制图	主題地圖製圖	thematic mapping
专题制图仪	專題製圖儀	thematic mapper, TM
专业化	專業化	specialization
专用地图	專用地圖	special use map
砖红壤	磚紅壤	laterite, latosol
转换带	過渡區	zone of transition, twilight zone
转换断层	轉形斷層	transform fault
转运点(＝货物分装点)		
壮年期	壯年期	mature stage
状态并发模型	狀態併發模式	state-contingent model
状态空间	狀態空間	state space
状态–压力–响应	狀態–壓力–回應	status-pressure-response
准静止锋	準靜止鋒	quasi-stationary front
准平原	準平原	peneplain
准平原作用	準平原作用	peneplanation
桌面地理信息系统	桌面地理資訊系統	desktop GIS
浊积岩	濁流岩	turbidite
浊流	濁流	turbidity current
资金密集型工业	資金密集型工業	capital-intensive industry
资源	資源	resources
资源承载力	資源承載力	resources carrying capacity
资源存在价值	資源存在價值	existence value of natural resources
资源地理学	資源地理學	resources geography
资源地图	資源地圖	resources map
资源动态监测信息系统	資源動態監測資訊系統	information system for resources dynamic monitoring
资源分布	資源分佈	resources distribution
资源分区	資源分區	resources division
资源供需平衡	資源供需平衡	balance of natural resources between supply and demand
资源管理	資源管理	resource management
资源开发利用	資源開發利用	exploitation and utilization of natural resources
资源可持续利用	資源永續利用	sustainable use of natural resources
资源利用	資源利用	resources utilization
资源配置	資源配置	resources allocation

大　陆　名	台　湾　名	英　文　名
资源潜在价值	自然資源潛在價值	potential value of natural resources
资源区位	資源區位	location of natural resources
资源生态系统	資源生態系統	resources ecosystem
资源使用价值	資源使用價值	use value of natural resources
资源态势	資源態勢	resources situation
资源信息管理	資源資訊經營	resources information management
资源遥感	資源遙測	resources remote sensing
资源优化利用	資源最適化利用	optimum use of resources
资源综合利用	資源綜合利用	integrated use of natural resources
子城	子城	small city within larger one
子午线	子午線	meridian line
紫色土	紫色土	purple soil
紫外辐射	紫外線輻射	ultraviolet radiation
紫外光	紫外光	ultraviolet light
字符图像	字元圖像	symbol image
自动化地图制图	自動化地圖製圖	automatic cartography
自动矢量化	自動向量化	automated vectorization
自动售货机	自動販賣機	automats
自动数据处理	自動資料處理	automated data processing
自动数字化	自動數位化	automated digitizing
自动特征识别	自動特徵識別	automated feature recognition
自发定居区	自發定居區	spontaneous settlement
自给	自給	subsistence
自给性农业	自給型農業	subsistence agriculture
自流水盆地	自流井盆地	artesian basin
自幂作用	自冪作用	self-mulching
自然	自然［界］	nature
自然保持	自然保存	natural preservation
自然保护区	自然保留區	nature reserve
自然保育	自然保育	nature conservation
自然地带	自然地理帶	physico-geographic zone
自然地理尺度	自然地理尺度	scale in physical geography
自然地理动态	自然地理動態	physical geographic dynamics
自然地理过程	自然地理歷程	physical geographic process
自然地理环境	自然地理環境	physical geographic environment
自然地理结构	自然地理結構	physical geographic structure
自然地理界面	自然地理介面	physical geographic interface
自然地理界线	自然地理界線	physical geographic boundary

大　陆　名	台　湾　名	英　文　名
自然地理系统	自然地理系統	physical geographic system
自然地理学	自然地理學	physical geography
自然地图	自然地圖	physical map
自然地图集	自然地圖集	physical atlas
自然地域单元	自然領域單元	natural territorial unit
自然地域分异规律	自然領域差異化規則	rule of physical territorial differentiation
自然[地域]资源结构	自然資源結構	natural resources structure
自然环境	自然環境	natural environment
自然环境保护哲学	保育論哲學	conservationist philosophy
自然–技术地理系统	自然–科技地理系統	natural-technical geosystem
自然节律	自然韻律	natural rhythm
自然景观	自然景觀	natural landscape
自然历	自然曆	natural calendar
自然旅游	自然旅遊	nature tourism
自然侵蚀	自然侵蝕	natural erosion
自然区	自然區	natural area
自然区划	自然區域化	physical regionalization
自然区划等级系统	自然區劃等級系統	hierarchic system of physical regionalization
自然人(＝原住民)		
自然生产潜力	自然生產潛力	potentially natural productivity
自然湿地	自然濕地	natural wetland
自然时[间]	自然時[間]	natural time
自然天气季节	自然天氣季節	natural synoptic season
自然土壤	自然土壤	natural soil
自然物候	自然物候	natural seasonal phenomena
自然选择	自然選擇	natural selection
自然疫源地	自然疫源地	natural epidemic focus
自然游道	自然步道	nature trail
自然与文化混合遗产	自然與文化遺產,混合遺產	natural and cultural heritage, mixed heritage
自然灾害	自然災害	natural hazard
自然资源	自然資源	natural resources
自然资源经济评价	自然資源經濟評價	economic evaluation of natural resources
自然资源类型	自然資源類型	natural resources type
自然资源评价	自然資源評量	natural resources evaluation
自然资源区划	自然資源區域化	regionalization of natural resources
自然资源属性	自然資源屬性	natural resources attribute

大　陆　名	台　湾　名	英　文　名
自然资源系统	自然資源系統	natural resources system
自然资源质量评价	自然資源品質評價	evaluation of natural resources quality
自然综合体	自然綜合體	natural complex
自吞作用	自吞作用	self-swallowing
自下而上城市化	自下而上城市化	bottom-up urbanization
自相关	自相關	autocorrelation
自向型游客	自我中心型遊客	psychocentric tourist
自养	自養,自營[作用]	autotrophy
自由地下水	自由地下水	unconfined groundwater
自由贸易区	自由貿易區	free trade area
自由主义	自由主義	liberalism
自由主义经济学	自由派經濟學	liberal economics
自治地理学	自治地理學,自主地理學	autonomous geography
自治区	自治區	autonomous region
自转	自轉	rotation
宗教地理学	宗教地理學	geography of religion
宗教显露	宗教啟示	religious revelation
综合地理学	複合地理學	complex geography
综合地图集	綜合地圖集	complex atlas, comprehensive atlas
综合分辨率	合成解析度	synthetic resolution
综合交通运输网	綜合交通運輸網	integrated transport network
综合评价地图	綜合評價地圖	comprehensive evaluation map
综合气候学	綜合氣候學	complex climatology
综合运输	綜合運輸	integrated transportation
综合制图	綜合製圖	complex mapping
综合自然地理学	綜合自然地理學	integrated physical geography
综合自然区划	綜合自然區劃	integrated physical regionalization
棕钙土	棕鈣土	brown calcic soil
棕红壤	棕紅壤	brown-red soil
棕漠土	棕漠土	brown desert soil
棕壤	棕壤	brown soil
棕色石灰土	棕色石灰土	terra fusca
棕色针叶林土	棕色針葉林土	brown coniferous forest soil
总部区位	總部區位	headquarter location, HQ location
总光合作用	總光合作用	gross photosynthesis
总侵蚀基准面	一般侵蝕基準面	general base level
总体规划	總體規劃	master plan, comprehensive plan

大　陆　名	台　湾　名	英　文　名
总蒸发	蒸發散	evapotranspiration
纵波	縱波	longitudinal wave
纵谷	縱谷	longitudinal valley
纵剖面	縱剖面	longitudinal profile
纵向岸线	縱向岸線	longitudinal coastline
纵向侵蚀	縱向侵蝕	longitudinal erosion
走向	走向	strike
走向平推断层	橫移斷層	transcurrent fault
租界	租界	leased territory, concession
族群城市	群聚城市	cluster city
阻塞高压	阻塞高壓	blocking high
组合制约	組合制約, 耦合限制	coupling constraint
组件对象模型	元件物件模型	component object model, COM
组织化资本主义	組織式資本主義	organized capitalism
组装成本	組裝成本, 裝配成本	assembly cost
最大获利者	最大獲利者	maximizer
最大熵模型	最大熵模式	maximum entropy model
最近相邻分析	最近鄰分析	nearest neighbor analysis
最小流量	最小流量	minimum discharge
左行断层	左移斷層	left lateral fault
左翼地理学者	左翼地理學者	left wing geographer
作物布局	作物配置	allocation of crops
作物轮作	作物輪作	crop rotation
作物–气候生产潜力	作物–氣候生產潛力	crop-climatical potential productivity
作物组合	作物組合	crop combination
坐标几何	座標幾何	coordinate geometry, COGO
坐标控制点	座標控制點	tic

副　篇

A

英　文　名	大　陆　名	台　湾　名
abiogenic landscape	非生源景观	非生物景觀
ablation area of glacier	冰川消融区	冰融區
abrasion	磨蚀作用	磨蝕作用
abrasion platform	海蚀台［地］	海蝕台
abrupt change of climate	气候突变	氣候驟變
absolute age of soil	土壤绝对年龄	土壤絕對年齡
absolute distance	绝对距离	絕對距離
absolute geographical space	绝对地理空间	絕對地理空間
absolute location	绝对区位	絕對區位
absolute position	绝对位置	絕對位置
absolute sea level change	绝对海［平］面变化	絕對海［平］面變化
absorption	吸收	吸收
absorptivity	吸收率	吸收率
abyssal deep	海渊	海淵
abyssal plain	深海平原	深海平原
academic geography	学术地理学	學術地理學
accelerated erosion	加速侵蚀	加速侵蝕
acceptable erosion	允许侵蚀量	允許侵蝕量
accessibility	可达性	可達性,易達性
accessibility index	可达性指数	可達性指數,易達性指數
acclimatization	驯化	生物馴化
accumulated temperature	积温	積溫
accumulation area of glacier	冰川积累区	冰川積累區
accumulation terrace	堆积阶地	堆積階地
acid rain	酸雨	酸雨
acid sulphate soil	酸性硫酸盐土	酸性硫酸鹽土
acient aeolian soil	古风积土	古風積土

英　文　名	大　陆　名	台　湾　名
acrisol	强淋溶土	強淋溶土
action space	行动空间	行動空間
active dispersal	主动散布	主動散佈
active geography	行动地理学	行動地理學
active layer	活动层	活動層
active remote sensing	主动遥感	主動遙[感探]測
active tectonics	活动构造	活動構造
active volcano	活火山	活火山
activity allocation model	活动配置模型	活動分攤模式
activity diaries survey	活动日志调查	活動日誌調查
activity space	活动空间	活動空間
actor	行动者	行動者
adaptation	适应	調適
adaptive radiation	适应辐射	適應輻射,適應擴張
address geocoding	地址地理编码	位址地理編碼
address matching	地址匹配	地址匹配
adfreeze strength	冻结力	凍結力
administrative boundary	行政界线	行政界線
administrative geography	行政地理学	行政地理學
administrative principle	行政原则	行政原則
administrative region	政区	政區
adret	阳坡	向陽坡
adsorption	吸附	吸附作用,吸收作用
advanced capitalism	发达资本主义	先進資本主義
advantageous terrain	形胜,有利地形	有利地形
adventive	外来生物	外來生物
adventure tourism	探险旅游	探險旅遊
aeolian accumulation	风成堆积	風成堆積
aeolian deposit	风成沉积	風成沈積
aeolian dune	[风成]沙丘	[風成]沙丘
aeolian landform	风成地貌	風成地形
aeolian sand	风成沙	風成砂
aeolian sand landform	风沙地貌	風沙地形
aeolian sandy soil	风沙土	風沙土
aeolian soil	风积土	風積土
aeration zone	包气带	飽和氣帶
aerial migratory element	气迁移元素	氣遷元素
aerial photograph	航空像片,航空影像	航空相片,航空照片

英 文 名	大 陆 名	台 湾 名
aerial remote sensing	航空遥感	航空遙[感探]測
aeroclimatology	高空气候学	高空氣候學
aerodynamics roughness	空气动力学粗糙度	氣動力學粗糙度
aeronautical chart	航空地图	航空[地]圖
aeronautical climatology	航空气候学	航空氣候學
aestivation	夏蛰	夏蟄
afforestation of sand	固沙造林	固沙造林
age and sex structure	年龄与性别结构	年齡與性別結構
agglomeration	集聚	集塊作用,凝聚
agglomeration economy	集聚经济	聚集經濟
aggradation	加积作用	填積作用,積夷
agnosticism	不可知论	不可知論
agribusiness	农业综合企业	農商企業
agricultural atlas	农业地图集	農業地圖集
agricultural ecological system	农业生态系统	農業生態系[統]
agricultural economics	农业经济学	農業經濟學
agricultural geography	农业地理学	農業地理學
agricultural hydrology	农业水文学	農業水文學
agricultural industrialization	农业产业化	農業工業化
agricultural location	农业区位	農業區位
agricultural location theory	农业区位论	農業區位論
agricultural potential productivity	农业生产潜力	農業生產潛力
agricultural region	农业区	農業區
agricultural regionalization	农业区划	農業區劃
agricultural remote sensing	农业遥感	農業遙[感探]測
agricultural revolution	农业革命	農業革命
agricultural town	农业村镇	農業鎮
agricultural zone	农业地带	農業區
agritourism	农业旅游	農業旅遊
agroclimatology	农业气候学	農業氣候學
agro-commodity production system	农业商品生产系统	農產品生產體系
agro-food system	农粮系统	農糧體系
agronomy	农艺学	農藝學
air-land interaction	地-气相互作用	陸-氣交互作用
air mass	气团	氣團
air-sea interaction	海-气相互作用	海-氣交互作用
air transport	[民用]航空运输	[民用]航空運輸
air transport hub	航空枢纽	航空樞紐

英 文 名	大 陆 名	台 湾 名
albedo	反照率	反照率,反射率
Alexandrian map	亚历山大地图	亞歷山大地圖
Alfisol	淋溶土	澱積土
algorithm	算法	演算法
alidade	照准仪	指方規
alimentation of glacier	冰川补给	冰川補給
Alisol	高活性强酸土	高活性強酸土
allele	等位基因	對偶基因
allitization	富铝化[作用]	鋁鐵土化
allocation of agriculture	农业布局	農業配置
allocation of commercial network	商业网布局	商業網絡配置
allocation of communication and transportation	交通运输布局	交通運輸配置
allocation of crops	作物布局	作物配置
allocation of productive forces	生产力布局	生產力配置
allocative process	配置过程	配置性歷程
allocative resources	配置性资源,分配性资源	配置性資源,分配性資源
allometric principle	异速成长原则	異速成長原則
allopatric speciation	异域物种形成	異域物種形成,異域性分化
alluvial cone	冲积锥	沖積錐
alluvial deposit	冲积物	沖積物
alluvial fan	冲积扇	沖積扇
alluvial plain	冲积平原	沖積平原
alluvium	冲积层	沖積層
Alonso model	阿隆索[地租]模型	阿隆索[競租]模式
alpha-diversity	α 多样性	α 多樣性
alpha index	阿尔法数	阿爾法指數
alpine belt	高山带	高山帶
alpine faunal group	高山动物群	高山動物群
alpine frost desert soil	寒漠土	高山凍漠土
alpine frost soil	寒冻土	高山凍土
alpine krummholz	高山矮曲林	高山矮曲林
alpine lake	高山湖	高山湖
alpine meadow soil	高山草甸土	高山濕草原土
Alpine orogeny	阿尔卑斯运动	阿爾卑斯[造山]運動
alpine permafrost(=high-altitude perma-	高海拔多年冻土	高山永凍土

英　文　名	大　陆　名	台　湾　名
frost）		
alpine soil	高山土壤	高山土
alpine steppe soil	高山草原土	高山草原土
alpine transhumance	高山季节移牧	山牧季移
alterity	替代性	替代性
alternant map	交互地图	互動式地圖
alternative	替代	替代
alternative geography	替代地理学,另类地理学	替代地理學,另類地理學
alternative household	另类家庭	另類家庭
alternative model	替代模式	替選模式
alternative tourism	替代性旅游	替代性旅遊,另類旅遊
altithermal（=magathermal）	全新世暖期	全新世暖期
altitude	海拔	海拔
altitudinal belt	垂直地带	垂直分佈帶
altitudinal belt of vegetation	植被垂直带	植被垂直分帶
altitudinal zonality	垂直地带性	垂直成帶性
amelioration of aeolian sandy soil	风沙土改良	風沙土改良
American depository receipt	美国存托凭证	美國存托憑證
American school	美国学派	美國學派
anachronism	错置	錯置
anaglyphic stereoscopic map	互补色立体地图	互補色立體地圖
analog to digital conversion	模-数转换	類比-數位轉換
analogue model	类比模型	類比模式
analysis of innovation	创新分析,革新分析	創新分析,革新分析
analytical thought	分析性思维	分析性思維
ancestor	原始种型	源始,祖先
ancient heritage	古代文化遗产	古代文化遺產
ancient map	古地图	古地圖
ancient sand dune（=fossil dune）	古沙丘	古沙丘
Andisol	火山灰土	火[山]灰土
anglican bishop	国教主教,圣公会主教	國教主教
animal distribution area	动物分布区	動物分佈區
animal husbandry in agriculture region	农区畜牧业	農區畜牧業
animated map	动画地图	動畫地圖
animist	万物有灵论	萬物有靈論
Annals school	年鉴学派	年鑑學派
Annals school of history	历史年鉴学派	歷史學的年鑑學派

英 文 名	大 陆 名	台 湾 名
annual normal runoff	年正常径流	年正常徑流
anomie	社会紊乱	社會紊亂,道德頹廢
antarctic circle	南极圈	南極圈
Antarctic realm	南极界	南極界[動物],南極洲界[測量]
antecedent river	先成河	先成河
anthropochory	人为分布	人為散佈
anthropogenic landform	人为地貌	人為地形
anthropogenic soil	人为土壤	人為土壤
anthropogeography	人类地理学	人類地理學
Anthrosol	人为土	人為土
anticipation	旅游者期望	旅遊者期望
anticyclone	反气旋	反氣旋
anti-essentialism	反本质论	反本質論
antinature	反自然	反自然
antique tourism	仿古旅游	仿古旅遊
anti-tourism	逆向旅游,逆势观光	逆向旅遊,逆勢觀光
apartheid	种族隔离	種族隔離
application schema	应用模式	基模應用,圖式
applied cartography	应用地图学	應用地圖學
applied climatology	应用气候学	應用氣候學
applied geography	应用地理学	應用地理學
applied geomorphology	应用地貌学	應用地形學
applied physical geography	应用自然地理学	應用自然地理學
aquatic faunal group on the land	陆上水域动物群	陸域水棲動物群
aquatic humic substance	水生腐殖质	水生腐殖質
aqueous migratory element	水迁移元素	水遷移要素
aquifer	含水层	含水層
Arabic civilization	阿拉伯文明	阿拉伯文明
Arabic geography	阿拉伯地理学	阿拉伯地理學
arbitrage	套利	套利
arc	弧段	弧段
archipelago(=island group)	群岛	群島
archipelago state	群岛国	群島國
arc-node topology	弧-结点拓扑关系	弧-結點拓撲學
arctic circle	北极圈	北極圈
area	地区	地區,地域
areal	分布区	分佈區

英　文　名	大　陆　名	台　湾　名
areal center	分布区中心	地區中心
areal combination of ports	港口地域群体	港區合營
areal context	地域背景	地域脈絡
areal differentiation	地域差异	地域差異
areal disjunction	分布区间断	地區分離,地區分裂
areal map	范围图	區域地圖
areal pattern of agriculture	农业地域类型	農業地域類位型
areal specialization	地域专业化	地域專業化
areal type	分布区型	區欄位型別
areal type of livestock farming	畜牧业地域类型	畜牧業區欄位型別
area method	范围法	面積法
area of survival archaic language	古语遗留区	古語遺留區
area studies tradition	地域研究传统	地域研究傳統
Arenosol	砂性土	紅沙土
arete(法)	刃脊	刃嶺
argillaceous desert	泥漠	泥[質沙]漠
arid climate	干旱气候	乾旱氣候
aridification	干旱化	乾旱化
Aridisol	干旱土	乾漠土
aridity	干燥度	乾燥度
arid region	干旱区	乾旱區
arid region hydrology	干旱区水文学	乾旱區水文學
arid zone(= arid region)	干旱区	乾旱區
arrowhead map	动线地图	動線地圖
arrowhead method	运动线法	動線法
arterial hub of highway network	干线公路网主枢纽	高速公路網主樞紐
artesian basin	自流水盆地	自流井盆地
articulation	关节	分節
artificial groundwater recharge	地下水人工回灌	地下水人工回灌
artificially frozen soil	人工冻土	人工凍土
artificial microclimate	人工小气候	人造微氣候
artificial wetland	人工湿地	人工濕地
artificial world	人工世界,人为世界	人工世界,人為世界
aspect	坡向	坡向
aspect-oriented	方面导向	剖面導向
assembly cost	组装成本	組裝成本,裝配成本
assimilation	同化	同化
associated number	连带数	關連數

英　文　名	大　陆　名	台　湾　名
astroclimate	天文气候	天文氣候
astrogeography	天体地理学	天體地理學
astrolomico-eustatism	天文作用型海面变化	天文作用型海面升降
astronavigation map	宇航地图	太空導航圖
astronomical geography	天文地理学	天文地理學
asynchronization	异步化,不同时性	非同步化,異步化
ataxitic cryostructure	杂状冷生构造	角礫狀冰晶構造
atlas	地图集	地圖集
atmosphere	大气圈	大氣圈
atmosphere of region	区域大气圈	區域大氣圈,區域的氣氛
atmospheric center of action	大气活动中心	大氣活動中心
atmospheric pollution	大气污染	大氣污染
atmospheric remote sensing	大气遥感	大氣遙[感探]測
atmospheric window	大气窗	大氣窗
atoll	环礁	環礁
atomized	原子化	原子化
attraction	旅游吸引物	旅遊吸引物
attribute	属性	屬性
attribute data	属性数据	屬性資料
attribute search	属性查询	屬性查詢
Australian kingdom	澳大利亚植物区	澳大利亞植物區
Australian realm	澳大利亚界	澳大利亞界
authoritative resources	权威性资源	威權性資源
authority constraint	权威制约	權威制約
autochthonous species	土著种	原生種
autocorrelation	自相关	自相關
automated data processing	自动数据处理	自動資料處理
automated digitizing	自动数字化	自動數位化
automated feature recognition	自动特征识别	自動特徵識別
automated vectorization	自动矢量化	自動向量化
automatic cartography	自动化地图制图	自動化地圖製圖
automatic map lettering	图面自动注记	圖面自動注記
automats	自动售货机	自動販賣機
autonomous geography	自治地理学	自治地理學,自主地理學
autonomous region	自治区	自治區
autotrophy	自养	自養,自營[作用]

英　文　名	大　陆　名	台　湾　名
Autumnal Equinox	秋分	秋分
auxiliary capital	陪都	陪都
available soil moisture	土壤有效含水量	土壤有效含水量
azimuthal projection	方位投影	方位投影
azonality	非地带性	非地帶性
azonal soil	泛域土	泛域土

B

英　文　名	大　陆　名	台　湾　名
backshore	后滨	後濱
backward linkage	后向联系	後向連鎖
badland	劣地	惡地
Baijiang soil	白浆土	白漿土
bailongdui	白龙堆	白龍堆
balance	平衡	平衡
balanced neighborhood	平衡邻里	平衡鄰里
balance of natural resources between supply and demand	资源供需平衡	資源供需平衡
Bank for International Settlements	国际清算银行	國際清算銀行
bar	沙坝	沙洲
barbed drainage pattern	倒钩状水系格局	倒鉤狀水系型
barchan	新月形沙丘	新月丘
barchan bridge	新月形沙垄	新月形沙壟
barchan chain	新月形沙丘链	新月丘鏈
bare karst	裸露型喀斯特	裸露喀斯特地形
bare peat	裸露泥炭	露天泥炭
barrier effect	障碍效应	障礙效應
barrier island	沙坝岛	堰洲島,離岸沙洲
barrier reef	堡礁	堡礁
basal surface of weathering	风化基面	風化基面
base	基底	基底
base flow	基流	基流
base level of erosion	侵蚀基准面	侵蝕基準面
baseline of territorial sea	领海基线	領海基線
basic activities	基本活动	基礎性活動
basic industry	基础工业	基礎工業
basic to non-basic ratio	基本/非基本比率	基本/非基本比率

英　文　名	大　陆　名	台　湾　名
basin	盆地	盆地
basin-and-range geomorphic landscape	盆岭地貌	盆嶺地形
basin divide	流域分水线	流域分水嶺
basin evapotranspiration	流域蒸发	流域蒸發散
batch production	小批生产,批量生产	小批生產,批量生產
bathyphreatic cave	深潜流带溶洞	深伏流洞
bay(=gulf)	海湾	海灣
bay bar	拦湾坝	海灣洲
Bayesian inference	贝叶斯推理	貝氏推理
beach	海滩	海灘
beach berm	滩肩	灘肩,濱堤
beach cusp	滩角	灘尖
beach maintenance	海滩养护	海灘養護
beach nourishment	海滩喂养	養灘
beach replenishment(=beach nourishment)	海滩喂养	養灘
beach ridge	滩脊	灘脊
beach rock	海滩岩	灘岩
Beckmann model of city system	贝克曼城镇体系模型	貝克曼城鎮體系模型
bedrock	基岩	基岩,母岩
bedroom town(=dormitory town)	卧城	臥城,宿鎮
behavioral approach	行为方法	行為研究法
behavioral environment	行为环境	行為環境
behavioral geography	行为地理学	行為地理學
behavioral matrix	行为矩阵	行為矩陣
beheaded river	断头河	斷頭河
belt	带	區帶
belt of no erosion	未侵蚀带	未侵蝕帶
bench	岩滩	岩灘,棚地
Bergmann's rule	伯格曼定律	伯格曼定律
Berkeley school	伯克利学派	柏克萊學派
beta-diversity	β 多样性	β 多樣性
beta index	贝塔数	貝塔數,貝塔指標
bid-rent curve	竞租曲线	競租曲線
bifurcation	分叉	分叉,分歧[點]
bight(=gulf)	海湾	海灣
big science	大[型]科学	大[型]科學
bills	票券	票券

英　文　名	大　陆　名	台　湾　名
bioaccumulation	生物积累	生物蓄積性
bioavailability	生物可利用性	生物可利用性
biochore	生物分布	生物分佈
bioclimate	生物气候	生物氣候
bioclimatic law	生物气候定律	生物氣候定律
bioclimatology	生物气候学	生物氣候學
bioconcentration	生物富集	生物富集,生物濃聚作用
bio-enrichment coefficient	生物富集系数	生物富集係數
biogenic coast	生物海岸	生物海岸
biogeochemical provinces	生物地球化学省	生物地球化學區
biogeochemistry	生物地球化学	生地化學
biogeoclimate	生物地理气候	生物地質氣候
biogeography	生物地理学	生物地理學
bio-indicator	生物指示体	生物指標
biokarst	生物喀斯特	生物石灰岩地形
biological conservation	生物保护	生物保護
biological cycle	生物循环	生物循環
biological diversity	生物多样性	生物多樣性
biological effect of chemicogeography	化学地理生物效应	化學地理生物效應
biological migration	生物迁移	生物遷移
biological productivity	生物生产力	生物生產力
biological resources	生物资源	生物資源
biological weathering	生物风化作用	生物風化作用
biomass	生物量	生物量
biome	生物群系	生物區系
bio-migratory element	生物迁移元素	生物遷移要素
biosphere	生物圈	生物圈
biota	生物群	生物相
biotic community	生物群落	生物群落
biotope	群落生境	群落社區
bird's eye map	鸟瞰图	鳥瞰圖
black body	黑体	黑體
black soil(=pH value)	黑土	黑土
blind valley	盲谷	盲谷
blockbusting	街区降级	街廓房地產炒作
block diagram	块状图	方塊圖
block field	石海	岩海

英　文　名	大　陆　名	台　湾　名
blocking high	阻塞高压	阻塞高壓
blown sand physics	风沙物理学	風沙物理學
blowout pit	风蚀坑	吹蝕穴
blue industry	蓝色产业	藍色產業
blue state territory	蓝色国土	藍色國土
bog	泥炭沼泽	泥炭沼澤
bog soil	沼泽土	冰沼土
bond	债券	債券
border arc	边缘弧	邊緣弧
border matching	边缘匹配	邊緣契合
boreal	北方带	北方帶
bottom-up urbanization	自下而上城市化	自下而上城市化
boulder	漂砾	漂礫
boundary	疆界	疆界
boundary between farming and animal husbandry	农牧界线	農牧界線
boundary/district reference index	边界/区域参考索引	邊界/區域參考指數
boundary effect in geography	地理边缘效应	地理邊界效應
boundary of geosystem	地理系统边界	地理系統邊界
box-diffusion model	箱间扩散模型	箱間擴散模型
box valley	槽谷	槽谷,箱形谷
braided stream	辫状河	辮狀河
branching river channel	分汊型河道	分汊型河道
breaking point	断裂点	斷裂點
breakline	断线	斷線
break-of-bulk	[货物]分装点,转运点	[貨物]分裝點,轉運點
break point theory	断裂点理论	斷裂點理論
breccia-like cryostructure(=ataxitic cryostructure)	杂状冷生构造	角礫狀冰晶構造
Bronze Age	青铜时代	青銅時代
brown calcic soil	棕钙土	棕鈣土
brown coniferous forest soil	棕色针叶林土	棕色針葉林土
brown desert soil	棕漠土	棕漠土
brown-red soil	棕红壤	棕紅壤
brown soil	棕壤	棕壤
Brückner cycle	布吕克纳周期	布呂克納週期
Brunhes normal polarity chron	布容正向极性期	布容正向極性期
BTO(=build-to-order)	定单生产	訂單生產

英 文 名	大 陆 名	台 湾 名
budget hotel	经济旅馆	經濟旅館
buffer analysis	缓冲区分析	緩衝區分析
buffer zone	缓冲区,缓冲带	緩衝區,緩衝帶
building climate	建筑气候	建築氣候
build-to-order(BTO)	定单生产	訂單生產
built-up area	建成区	建成區
bundle	路径束	[時間地理學] 徑束
bureaucracy	官僚体制	科層體制
buried horizon	埋藏层	埋藏層
buried ice	埋藏冰	埋藏冰
buried mountain	埋藏山	埋藏山
buried peat	埋藏泥炭	埋藏泥炭
buried proluvial fan	埋藏洪积扇	埋藏洪積扇
buried soil	埋藏土	埋藏土
buried terrace	埋藏阶地	埋藏階地
bush wetland	灌丛湿地	灌叢濕地
business travel	公务旅行	公務旅行
busy season(=high season)	旅游旺季	旅遊旺季
by-pasing sands of beach maintenance	海滩的海沙转运养护	海灘的海沙轉運養護

C

英 文 名	大 陆 名	台 湾 名
cadastral information	地籍信息	地籍資訊
cadastral map	地籍图	地籍圖
calcification	钙积作用	鈣化作用
calciphyte	喜钙植物	喜鈣植物
Calcisol	钙积土	鈣積土
Cambisol	雏形土	始成土
camping	露营	露營
camp settlement	短期聚落	短期聚落
campus town	大学城	大學城
canal	运河	運河
cancer distribution	癌症分布	癌症分佈
candidate model	候选模型	候選模型
canyon(=gorge)	峡谷	峽谷
capability constraint	能力制约	能力制約
cape	地角	岬,角

英　文　名	大　陆　名	台　湾　名
Cape kingdom	好望角植物区	好望角植物區
capital-intensive industry	资金密集型工业	資金密集型工業
capital of a country	京,都	首都
capturing river	袭夺河	襲奪河,搶水河
caravan park	汽车宿营地	拖車式活動房宿營地
carbonate bounded form	碳酸盐结合态	碳酸鹽結合態
carbonate weathering crust	碳酸盐风化壳	碳酸鹽風化殼
cardinal point	基本方位	基本方位
cardiovascular distribution	心血管病分布	心血管病分佈
carrying capacity	承载量	承載量,負載力
carrying capacity of region	区域承载力	區域承載力
cartodiagram method(=regional diagram method)	分区统计图表法	分區統計圖表法
cartographer	制图员,制图师	製圖師,地圖學者
cartographic accuracy	制图精度	製圖精度
cartographical representation of the Oe-kumene	人境制图表示法	人境地圖標記法
cartographic analysis	地图分析	地圖分析
cartographic base map(=geographic base map)	地理底图	地理底圖
cartographic cognition	地图认知	地圖認知
cartographic communication theory	地图传输论	地圖傳輸論
cartographic deduction method	地图演绎法	地圖演繹法
cartographic design	地图设计	地圖設計
cartographic editing system	地图编辑系统	地圖編輯系統
cartographic experience theory	地图经验论	地圖經驗理論
cartographic generalization	地图概括	地圖概括
cartographic induction method	地图归纳法	地圖歸納法
cartographic information	地图信息	地圖資訊
cartographic information system	地图信息系统	地圖資訊系統
cartographic information theory	地图信息论	地圖資訊理論
cartographic interpretation	地图判读	地圖判讀
cartographic language	地图语言	地圖語言
cartographic method	地图方法	製圖方法
cartographic modeling theory	地图模式论	地圖模式論
cartographic perception theory	地图感知论	地圖識覺理論
cartographic potential information	地图潜在信息	地圖潛在資訊
cartographic pragmatics	地图语用	地圖語用學

英　文　名	大　陆　名	台　湾　名
cartographic representation	地图表示方法	地圖標記法
cartographic scribing(=map scribing)	地图刻绘	地圖刻繪
cartographic selection	地图选取	地圖選取
cartographic semantics	地图语义	地圖語義
cartographic specification	地图规范	地圖規範
cartographic symbol	地图符号	地圖符號
cartographic syntax	地图句法	地圖語法
cartographic user	地图用户	地圖用戶
cartographic visualization	地图可视化	地圖視覺化
cartography	地图学	地圖學
cascade diffusion	层叠扩散	層級擴散
case study	个案研究	個案研究
cash crop	经济作物	現金作物
Cassini's map	卡西尼地图	喀西尼地圖
catastrophe theory	突变论	災變論
categorical data analysis	范畴数据分析	類別資料分析
causal model	因果模型	因果模型
cave deposit	洞穴堆积	洞穴堆積
cave notch	洞壁凹槽	洞壁凹槽
cavity ice	洞穴冰	洞穴冰
CBD(=central business district)	中央商务区	中央商務區
celestial sphere	天球	天球
cellular phone revolution	手机革命	手機革命
cement ice formation	胶结成冰	膠結成冰
Cenozoic decline	新生代衰落	新生代衰落
census	人口普查	人口普查
census metropolitan area	大都市人口普查区	大都會區人口普查
census tract	人口普查区	人口普查區
center of diversity	多样性中心	多樣性中心
center of specialization	特化中心	特化中心
central axis of urban planning	城市中轴线	都市計畫中軸線
central business district(CBD)	中央商务区	中央商務區
central business height index	中央商务高度指数	中央商務高度指數
central business intensity index	中央商务强度指数	中央商務強度指數
central city	中心城市	中心城市
central effect in geography	地理中心效应	地理中心效應
centrality	中心性	中心性
central meridian	中央经线	中央經線

英　文　名	大　陆　名	台　湾　名
central place	中心地	中心地
central place function	中心地功能	中地機能
central place theory	中心地理论	中地理論
centrifugal and centripetal forces	离心力和向心力	離心力和向心力
cession of territory	领土割让	領土割讓
CGE(=computable general equilibrium)	可计算一般均衡	可計算一般均衡
CGM(=computer graphic metafile)	计算机制图图元文件	電腦製圖元件
chain migration	链式迁移	鏈式遷移
chain reaction of geosystem	地理系统连锁反应	地理系統連鎖反應
change of city site	城址转移	市址變遷
channel bar	滨河床沙坝	河道沙洲
channel gradient	河道坡降	河道坡降
channelized traffic	渠化导流	渠化導流
channel order	河道等级	河道等級
chaos	混沌	混沌
chaparral	查帕拉尔群落	查帕拉爾群落,硬葉常綠矮木林,荊棘灌叢
Charter of Athens	雅典宪章	雅典憲章
charter of Machupicchu	马丘比丘宪章	馬丘比丘憲章
check point	关	關
chemical denudation	化学剥蚀	化學剝蝕
chemical dune stabilization	化学固沙	化學固沙
chemical geography	化学地理学	化學地理學
chemical migration	化学迁移	化學遷移
chemical runoff	化学径流	化學徑流
chemical weathering	化学风化作用	化學風化作用
chemicogeography of life element	生命元素化学地理	生命元素化學地理
chemico-resistance	化学抗性	化學抗性
chenier	滩脊[型]潮滩	灘脊潮灘
chenier plain	滩脊[型]潮滩平原	灘脊[潮灘]平原
chernozem	黑钙土	黑鈣土
chestnut soil	栗钙土	栗鈣土
Chicago school	芝加哥学派	芝加哥學派
chiefdom	酋邦	酋邦
chorography	地志学	地志學
chorology	分布学	分佈學
chromosome geography	染色体地理学	染色體地理學
chronology	年代学	紀年[年代學]

英 文 名	大 陆 名	台 湾 名
chronometer	天文钟	天文鐘
cinnamon-red soil	褐红土	褐紅土
cinnamon soil	褐土	褐土
circuit tourism	环线旅游	巡迴觀光
circulation network system	流通网络系统	流通網絡體系
circumboreal	环北方	環北方
cirque	冰斗	冰鬥
cirque glacier	冰斗冰川	冰鬥冰川
citizenship	公民权	公民權
city	城市	城市
city administratively control over surrounding counties	市带县体制	市帶縣體制
city community	城市社区	城市社區
city disease	城市病	城市病
city form	城市形态	都市形態
city function	城市职能	城市機能
city hinterland	城市腹地	城市腹地
city image	城市意象	城市意象
city map(=urban map)	城市地图	都市地圖
city origin	城市起源	城市起源
city perception	城市感应	城市識覺
city proper(=urban district)	市区	市區
city region	城市区域	市區
city size	城市规模	城市規模
city size distribution	城市规模分布	城市規模分佈
city-state	城邦	城邦
civic center	市中心	市中心
civilized groups	文明群体	文明群體
civilized societies	文明社会	文明社會
cladistics	进化枝	支序[分類]學
clan society	氏族社会	氏族社會
Clark value	克拉克值	克拉克值
class alliances	阶级联盟	階級聯盟
class consciouness	阶级意识	階級意識
classical land	古典地方	古典地方
classification and regionalization	分类与区划	分類與分區
classification code	分类码	分類碼
classification map	分类图	分類圖

英　文　名	大　陆　名	台　湾　名
classification of geosystem	地理系统分类	地理系統分類
classification of glacier	冰川分类	冰川分類
classification of sand dune	沙丘分类	沙丘分類
clastic cave sediment	洞穴碎屑沉积	洞穴碎屑沈積
clastic weathering crust	碎屑风化壳	碎屑風化殼
clayification	黏化[作用]	黏化[作用]
cliff	崖	崖
climate	气候	氣候
climate regionalization	气候区划	氣候區劃
climatic anomaly	气候异常	氣候異常
climatic assessment	气候评价	氣候評價
climatic change	气候变化	氣候變化
climatic classification	气候分类	氣候分類
climatic diagnosis	气候诊断	氣候診斷
climatic disaster	气候灾害	氣候災害
climatic element	气候要素	氣候要素
climatic feedback mechanism	气候反馈机制	氣候回饋機制
climatic fluctuation	气候振动	氣候波[變]動
climatic formation factor	气候形成因子	氣候形成因數
climatic geomorphology	气候地貌学	氣候地形學
climatic index	气候指数	氣候指數
climatic monitoring	气候监测	氣候監測
climatic prediction	气候预测	氣候預測
climatic reconstruction	气候重建	氣候重建
climatic region	气候区	氣候區
climatic resources	气候资源	氣候資源
climatic revolution	气候演变	氣候演變
climatic simulation	气候模拟	氣候模擬
climatic system	气候系统	氣候系統
climatic trend	气候趋势	氣候趨勢
climatic type	气候型	氣候型
climatic variation	气候变迁	氣候變遷
climatic zone	气候带	氣候帶
climatography	气候志	氣候志
climatological observation	气候观测	氣候觀測
climatology	气候学	氣候學
climax community	顶极群落	終極群落,極盛社會
climax soil	顶极土壤	終極土壤

英　文　名	大　陆　名	台　湾　名
climbing dune	爬升沙丘	爬升沙丘
clock time	钟表时间	鐘錶時[間]
closed basin	闭合盆地	封閉盆地
closed system	封闭系统	封閉系統
closed-system freezing	封闭系统冻结	封閉系統凍結
closed talik	非贯通融区	非貫通融區
closure period of fishing	禁渔期	禁漁期
cluster	集群	群聚,聚集
cluster analysis	聚类分析	群落分析,群聚分析
cluster city	族群城市	群聚城市
coarse granulization	粗化	粗粒化
coastal dune	海岸沙丘	海岸沙丘
coastal geomorphology	海岸地貌学	海岸地形學
coastal landform	海岸地貌	海岸地形
coastal ocean	近岸[大]洋	近岸洋
coastal placer	海滨砂矿	海濱砂礦
coastal plain	海滨平原	海濱平原
coastal sea	近岸海	近岸海
coastal setback zone	[海岸]后置带	[海岸]後置帶
coastal terrace	海岸阶地	海岸階地
coastal water(=coastal sea)	近岸海	近岸海
coastal wetland	海岸湿地	海岸濕地
coastal zone	海岸带	海岸帶
coastline	海岸线	海岸線
Cobb-Douglas production function	科布-道格拉斯生产函数	科布-道格拉斯生產函數
coefficient of aqueous migration	水迁移系数	水遷移係數
coefficient of geographical linkage	地理联系率	地理關聯係數
coefficient of transported product	运输系数	運輸係數
coefficient of variation	变差系数	變異係數
coevolution	协同进化	協同進化
cognitive distance	认知距离	認知距離
cognitive map	认知地图	認知地圖
cognitive mapping	认知制图	認知製圖
cognitive space	认知空间	認知空間
COGO(=coordinate geometry)	坐标几何	座標幾何
cohort	同批人	同批人
cold belt(=cold zone)	寒带	寒帶

英 文 名	大 陆 名	台 湾 名
cold damage	冷害	冷害
cold desert	寒漠	寒漠
cold front	冷锋	冷鋒
cold glacier	冷冰川	冷冰川
cold wave	寒潮	寒潮
cold zone	寒带	寒帶
collapse	滑塌	崩陷
collective consciouness	集体意识	集體意識
collective identities	集体认同	集體認同
collective value	集体价值	集體價值
colonial geography	殖民地地理学	殖民地理學
colonization	拓殖	拓殖
colony	殖民地	殖民地
color composite	彩色合成	彩色合成
color enhancement	彩色增强	彩色增強
column	石柱	石柱
COM(=component object model)	组件对象模型	元件物件模型
combating desertification(=sandy deserti- fication control)	沙漠化防治	沙漠化防治
commensalism	偏利共生	共生
commercial agriculture	商品农业	商業農業
commercial center	商业中心	商業中心
commercial city	商业城市	商業城市
commercial district	商业区	商業區
commercial geography	商业地理学	商業地理學
commercial production base	商品性生产基地	商品性生產基地
commercial route	商路	商路
commodity flow	商品流	商品流
common heritage of humanity	人类共同遗产	人類共有遺產
common landscape	共同景观	共同景觀
common market	共同市场	共同市場
communication theory	交流理论	溝通理論,通訊理論
community	社区	社區,社群
community center	社区中心	社區中心
community development project	社区发展计划	社區發展項目
community recreation	社区游憩	社區遊憩
commuter belt(=commuter zone)	通勤带	通勤圈
commuter zone	通勤带	通勤圈

英　文　名	大　陆　名	台　湾　名
commuting	通勤	通勤
comparative advantage	比较优势	比較優勢,比較利益
comparative analysis	比较分析	比較分析
comparative cartography	比较地图学	比較地圖學
comparative geography	比较地理学	比較地理學
comparative hydrology	比较水文学	比較水文學
comparative study	比较研究	比較研究
comparative watershed	对比流域	對比流域
compartment model	隔室模型	隔室模型
compensatory trade	补偿贸易	補償貿易
competitive exclusion	竞争排斥	競爭排斥
complementarity	互补性	互補性
complementation theory of similarity and variability in geography	地理同异互补论	地理同異互補論
complex atlas	综合地图集	綜合地圖集
complex climatology	综合气候学	綜合氣候學
complex dune	复合型沙丘	複合型沙丘
complex geography	综合地理学	複合地理學
complexity	复杂性	複雜性
complex mapping	综合制图	綜合製圖
complex microelement fertilizer of peat	泥炭多元微肥	泥炭多元微肥
complex response	复杂响应	複雜回應
complex system	复杂系统	複雜系統
component object model (COM)	组件对象模型	元件物件模型
composite coast	复式岸	複式海岸
compound dune	复合沙丘	複合沙丘
compound proluvial fan	复合[型]洪积扇	複合[型]洪積扇
compound terrace	复合[型]阶地	複合[型]階地
comprehensive atlas(=complex atlas)	综合地图集	綜合地圖集
comprehensive evaluation map	综合评价地图	綜合評價地圖
comprehensive evaluation of regional natural resources	区域资源综合评价	區域資源綜合評價
comprehensive handling capacity of port	港口综合吞吐能力	港口綜合吞吐能力
comprehensive plan(=master plan)	总体规划	總體規劃
compression index of peat	泥炭收缩系数	泥炭收縮係數
computable general equilibrium(CGE)	可计算一般均衡	可計算一般均衡
computable model	可计算模型	可計算模式
computational complexity	计算复杂性	計算複雜性

英　文　名	大　陆　名	台　湾　名
computation geography	计算地理学	計算地理學
computer cartography	计算机地图制图	電腦製圖
computer graphic metafile (CGM)	计算机制图图元文件	電腦製圖元件
computer manipulation of geographic data	地理数据计算机处理	地理資料電腦處理
computer map generalization	计算机地图概括	電腦地圖概括
computer map publish system	计算机地图出版系统	電腦地圖出版系統
concentrated decentralization	集中的离心化	集中的離心化
concentrated form of energy	浓缩形式的能源	濃縮型能源
concentration	浓集	集中
concentration and centralization	集中化与中心化	集中化與中心化
concentration grade	集中度	集中度
concentration ratio	旅游业集中度	旅遊業集中率
concentric zone model	同心圆模式	同心圓模式
conceptual model	概念模型	概念模式
conceptual modern city	现代城市设想	概念上的現代城市
conceptual schema	概念模式	概念圖示
conceptual schema language	概念模式语言	概念模式語言
concession (=leased territory)	租界	租界
concrete situation	具体情形	實際境遇
condensation level	凝结高度	水準凝結
condign power	应得权力	應得權力
conduct	引导	舉動
cone karst (=Fengcong)	峰丛	峰叢
confined groundwater	承压地下水	受壓地下水
conformance testing	一致性测试	一致性檢定
congestion	拥挤	擁擠
conical projection	圆锥投影	圓錐投影
coniferous and broad-leaved mixed forest	针阔叶混交林	針闊葉混合林
coniferous forest	针叶林	針葉林
Conley-Ligon model	康利–利根模型	康利–利根模式
connectivity	联系性	聯繫性
consequent river	顺向河	順向河
conservation biology	保护生物学	保育生物學
conservationist philosophy	自然环境保护哲学	保育論哲學
conservative revolution	保守主义改革	保守主義革命
constellating urban pattern	星状城市形态	星狀都市形態
consumer	消费者	消費者
consumer geography	消费地理学	消費地理學

英 文 名	大 陆 名	台 湾 名
contact field	接触场	接觸場
contagious diffusion	邻近扩散	鄰近擴散
container revolution	集装箱革命	貨櫃革命
container ship	集装箱货船	貨櫃船
container transport	集装箱运输	貨櫃運輸
contextuality	关联性	脈絡性
contextual theory	背景理论	脈絡理論
contiguous zone	毗连区	毗連區
continent	①大陆 ②洲	①大陸 ②洲
continental bridge transport	大陆桥运输	大陸橋運輸
continental climate	大陆性气候	大陸性氣候
continental facies sedimentation(=conti- nental sedimentation)	陆相沉积	陸相沈積
continental faunal regionalization	陆地动物区划	陸地動物區劃
continental hydrology	陆地水文学	陸地水文學
continental ice sheet	大陆冰盖	大陸冰被
continental island	大陆岛	大陸島
continentality	大陆度	大陸度,陸性率
continental sedimentation	陆相沉积	陸相沈積
continental shelf	大陆架	大陸棚
continental slope	大陆坡	大陸坡
continuity theory of geography	地理连续过渡说	地理連續性理論
continuous permafrost	连续多年冻土	連續性永凍土
contrast enhancement	反差增强	反差增強
controlled trade	控制贸易	控制貿易
control of sandy desert	沙漠治理	沙漠治理
control system	控制系统	控制系統
conurbation	复合城市	複合城市
convenience distance	便捷距离	便捷距離
convenience goods	日常用品	日常用品
conventional name	惯用名	慣用名
convention travel	会议旅游	會議旅遊
convergent drainage pattern	辐聚式水系格局	輻聚式水系型
convergent evolution	趋同进化	趨同進化
conversion coefficient of livestock	畜牧折合系数	畜牧折合係數
coordinate geometry(COGO)	坐标几何	座標幾何
Cope's rule	科普定律	科普定律
coppice dune	灌丛沙堆	灌叢沙丘

英　文　名	大　陆　名	台　湾　名
co-present	同现,共存	同蒞
coprolite	粪化石	糞化石
coral reef coast	珊瑚礁海岸	珊瑚礁海岸
core area	核心区	核心區
core-hinterland model	核心–腹地模型	核心–腹地模式
core-periphery model	核心–边缘模式	核心–邊陲模式
core-periphery theory	核心–边缘论	核心–邊陲理論
corporate capitalism	企业资本主义	企業資本主義
corporate spatial structure	企业空间结构	企業空間結構
corporation spatial expansion	公司空间扩展	公司空間擴展
correlating sediment	[侵蚀]相关沉积	[侵蝕]相關沈積
correlation	相关	相關
correspondence analysis	对应分析	對應分析
corridor	廊道	廊道
corrosion	溶蚀	溶蝕
cosmographer	宇宙学者	宇宙志學者
cosmographic dimension of geography	地理的宇宙因素	地理的宇宙因素
cosmography	宇宙志,宇宙学	宇宙志
cosmology	宇宙论[观]	宇宙論[觀]
cosmopolitan species	世界种	世界種
cosmos	宇宙	宇宙
cost distance	花费距离	花費距離
counterculture	反文化	反文化
counter-urbanization	逆城市化	反向都市化
counties under the jurisdiction of munici-pality	市辖县	市轄縣
country house hotel	乡村旅馆	鄉村旅館
county-level city	县级市	縣級市
coupling constraint	组合制约	組合制約,耦合限制
coverage	图层	圖層
coverage element	图层元素	圖層元素
coverage extent	图层范围	圖層範圍
coverage update	图层更新	圖層更新
covered karst	覆盖型喀斯特	覆蓋型喀斯特
crater lake	火山口湖	火口湖
Creation	创造论	創造論
creative tourism	修学旅游	創意旅遊
Creole	克里奥尔人	克里奧爾人

英 文 名	大 陆 名	台 湾 名
creolisation	混语性	混語性
crescent dune(=barchan)	新月形沙丘	新月丘
crevasse	冰川裂隙	冰隙
critical geography	批判地理学	批判地理學
critical region of biodiversity	生物多样性关键区	生物多樣性關鍵區
criticism of causality	因果批判	因果批判
critter crust	生物结皮	生物結皮
crop-climatical potential productivity	作物–气候生产潜力	作物–氣候生產潛力
crop combination	作物组合	作物組合
cropping system	种植制度	耕作制度
crop rotation	作物轮作	作物輪作
crumbling	块状崩落	塊狀崩落
Crusaders	十字军	十字軍
cryolic ground	寒土	寒土,寒地
cryolithozone	冻土区	凍土區
cryopeg	湿寒土	濕寒土
cryoplanation	冷生夷平	冰凍平夷
cryosphere	冷圈	冷圈
cryostructure	冷生构造	冰凍構造
cryotexture	冷生结构	冰凍結構
cryoturbation	融冻扰动	凍融擾動
cryptic species	隐存种	隱存種
cuesta	单面山	單面山
cultivated soil	耕作土壤	耕作土壤
cultivation index	垦殖指数	墾殖指數
cultural adaptation	文化适应	文化適應
cultural analysis	文化分析	文化分析
cultural biogeography	文化生物地理学	文化生物地理學
cultural boundary	文化边界	文化邊界
cultural capital	文化资本	文化資本
cultural channel	文化通道	文化通道
cultural community	文化社区	文化社群
cultural complex	文化综合体	文化綜合體
cultural constituent	文化组成	文化組成
cultural convergence	文化趋同	文化趨同
cultural core area	文化核心区	文化核心區
cultural determinism	文化决定论	文化決定論
cultural diversity	文化多样性	文化多樣性

英　文　名	大　陆　名	台　湾　名
cultural dominating region	文化控制区	文化控制區
cultural dynamics	文化动力学	文化動力學
cultural ecology	文化生态学	文化生態學
cultural effect region	文化影响区	文化影響區
cultural evolution	文化进化	文化演化
cultural factor	文化因子	文化因數
cultural geography	文化地理学	文化地理學
cultural groups	文化群体	文化群體
cultural hearth	文化源地	文化源地
cultural hegemony	文化霸权	文化霸權
cultural heritage	文化遗产	文化遺產
cultural heritage of the world	世界文化遗产	世界文化遺產
cultural integration	文化整合	文化整合
cultural involution	文化衍生	文化對合
cultural island	文化岛	文化島
Culturalism	文化主义	文化主義
cultural landscape	文化景观	文化景觀
cultural margin	文化边际	文化邊際
cultural naturalization	文化归化	文化歸化,文化同化
cultural pattern	文化模式	文化類型
cultural physical geography	文化自然地理学	文化自然地理學
cultural politics	文化政治学	文化政治學
cultural preference	文化偏好	文化偏好
cultural process	文化过程	文化過程
cultural setting	文化区位	文化區位
cultural tourism	文化旅游	文化觀光
cultural traits	文化特质	文化特質
cultural transfer	文化转移	文化轉移
cultural turn	文化转向	文化轉向
culture	文化	文化
culture area	文化区	文化區
culture circle	文化圈	文化圈
culture contact	文化接触	文化接觸
culture fusion	文化融合	文化融合
culture shock	文化冲击	文化衝擊
currency swaps	货币交换	貨幣交換
curtain	石帘	石簾
cybernetics	控制论	模控學

英　文　名	大　陆　名	台　湾　名
cyberspace	信息空间	資訊空間
cycle of poverty	贫困的循环	貧困的循環
cyclone	气旋	氣旋
cylindrical projection	圆柱投影	圓柱投影

D

英　文　名	大　陆　名	台　湾　名
daily urban system	日常城市体系	日常都市體系
Dalmatian coastline	达尔马提亚型海岸	達爾馬提安型海岸
Danxia landform	丹霞地貌	丹霞地形
Darcy's law	达西定律	達西定律
dark brown forest soil	暗棕壤	暗棕壤
dark brown soil(=dark brown forest soil)	暗棕壤	暗棕壤
dark tourism(=thanatourism)	黑色旅游	悲暗旅遊
Darwinism	达尔文主义	達爾文主義
Darwin's theory	达尔文理论	達爾文理論
data accessibility	数据可访问性	資料可訪性
data access security	数据访问安全性	資料存取安全性
data accuracy	数据精确度	資料精確度
data capture	数据采集	資料獲取
data compression	数据压缩	資料壓縮
data compression ratio	数据压缩比	資料壓縮比
data control security	数据控制安全性	資料控制安全性
data conversion	数据转换	資料轉換
data dictionary	数据字典	資料字典
data dissemination/access control	数据分发/访问控制	資料分發/存取控制
data encoding	数据编码	資料編碼
data extraction	数据提取	資料提取
data granularity	数据粒度	資料細微性
data integrity	数据完整性	資料完整性
data layer	数据层	資料層
data manipulability	数据可操作性	資料可操作性
data model	数据模型	資料模式
data overlay	数据叠加	資料疊加
data quality	数据质量	資料品質
data quality control	数据质量控制	資料品質控制
data quality model	数据质量模型	資料品質模式

英　文　名	大　陆　名	台　湾　名
data redundancy	数据冗余	資料冗餘
data retrieval	数据检索	資料檢索
dataset series	数据集系列	資料集系列
data sharing	数据共享	資料共用
data specification	数据规范	資料規格
data standardization	数据标准化	資料標準化
data structure conversion	数据结构转换	資料結構轉換
data update	数据更新	資料更新
data vectorization	数据矢量化	資料向量化
date line	日界线	日界線
DCIF(=digital cartographic interchange format)	数字地图交换格式	數位地圖交換格式
DDB(=distributed database)	分布式数据库	分散式資料庫
DEA analysis	数据包络分析	資料包絡分析
debris flow	泥石流	土石流,岩屑流
decalcification	脱钙作用	脫鈣作用
decay effect	衰减效应	衰減效應
decentralization	逆中心化	逆中心化
deciduous and evergreen broadleaved forest	落叶阔叶与常绿阔叶混交林	落葉闊葉與常綠闊葉混合林
deciduous broadleaved forest	落叶阔叶林	落葉闊葉林
declining area	衰落区	衰落區
decolonization	去殖民地化	去殖民地化
decomposer	分解者	分解者
decrease of marginal returns of land	土地收益递减规律	土地收益遞減規律
deep phreatic water	深层地下水	深層地下水
deep pool	深槽	深槽
defaunation	毁动物群	毀動物群
deflation	吹蚀	吹蝕
deflation hollow	风蚀洼地	風蝕窪地
deformation till	变形碛	變形磧
deglaciation	冰川消退	冰川消退
degradation	凌夷作用	削夷作用,蝕夷
degradation of wetland ecosystem	湿地生态系统退化	濕地生態系統退化
degree of dependence on import & export	进出口依赖度	進出口依賴度
degree of sandy desertification	沙漠化程度	沙漠化程度
degree of urbanization	城市化水平	都市化程度
deindustrialization	去工业化	去工業化

英 文 名	大 陆 名	台 湾 名
delta	三角洲	三角洲
delta-diversity	δ多样性	δ多樣性
Deluge	大洪水	大洪水
DEM(=digital elevation model)	数字高程模型	數位高程模式
demonstration effect	示范效应	示範效應
dendritic dune	树枝状沙垅	樹枝狀沙丘
dendrochronology	年轮学,树轮年代学	年輪紀年學
dendroclimatology	树木年轮气候学	樹木年輪氣候學
density compensation	密度补偿	密度補償
density gradient	密度梯度	密度梯度
density of gully	沟谷密度	蝕溝密度
density overcompensation	全密度补偿	全密度補償
density slicing	密度分割	密度分割
dentric drainage pattern	树枝状水系格局	樹枝狀水系
denudation	剥蚀作用	剝蝕作用
denudation surface	剥蚀面	剝蝕面
dependency ratio	抚养比	撫養比
depletion of ozone layer	臭氧层损耗	臭氧層損耗
deposit	堆积物	堆積物
deposition	堆积作用	堆積作用
deposition island	堆积岛	堆積島
deposit of peat	泥炭矿床	泥炭礦床
deposit rate of peat	泥炭沉积率	泥炭沈積率
depressed area	萧条区	蕭條區
depression	①填洼 ②洼地	①填窪 ②窪地
depth hoar	深霜	深霜
depth of zero annual amplitude	年变化深度	年變化深度
derivative map	派生地图	衍生地圖
derivatives	派生产品	衍生性商品
derivatives instruments	派生工具	衍生性金融工具
derived data	派生数据	衍生資料
desalinization	脱盐作用	脫鹽作用
descriptive data	描述数据	描述資料
desert	荒漠	荒漠
desert climate	荒漠气候	荒漠氣候
desert environment	风沙环境	風沙環境
desert faunal group	荒漠动物群	荒漠動物群
desert geomorphology(=desert landform)	沙漠地貌	沙漠地形

英　文　名	大　陆　名	台　湾　名
desertification	荒漠化	沙漠化
desertification-prone land	潜在沙漠化土地	潛在沙漠化土地
desert landform	沙漠地貌	沙漠地形
desert pavement	漠境砾幕	沙漠礫面,漠坪
desert soil	荒漠土壤	沙漠土壤
desert steppe	荒漠草原	沙漠草原
desert varnish	荒漠漆	沙漠岩漆
desiccation	干燥作用	乾化作用
designated city	建制市	設計市
designated town	建制镇	建制鎮
desilicification	脱硅[作用]	脱矽[作用]
desktop GIS	桌面地理信息系统	桌面地理資訊系統
destination choice	目的地选择	目的地選擇
destination management	目的地管理	目的地管理
destructive economy	破坏性经济体制	破壞性經濟學
detailed soil survey	土壤详查	土壤詳查
detail planning	详细规划	詳細規劃
detrital sediment	碎屑沉积物	碎屑[狀]沈積物
detritus	碎屑	碎屑
developing area	发展区	發展區
development area	开发区	開發區
development geography	发展地理学	發展地理學
devolution	分权	分權
Devonian Period	泥盆纪	泥盆紀
dew	露	露
dew point	露点	露點
dew point lapse rate	露点递减率	露點遞減率
diagenesis	成岩作用	成岩作用
diagnostic characteristics	诊断特性	診斷特性
diagnostic horizon	诊断层	診斷層
dialect	方言	方言
dialectics of scale	尺度逻辑,比例尺逻辑	尺度邏輯,比例尺邏輯
diapir	挤入构造	擠入構造
diaspora people	海外犹太人	海外猶太人
diastrophico-eustasy	地动型海面变化	地動型海面變化
diastrophism	地壳变动	地殼變動
differential erosion	差异侵蚀	差異侵蝕
differential land rent by site	位置级差地租	位置級差地租

英　文　名	大　陆　名	台　湾　名
differential weathering	差异风化	差異風化
diffuse radiation	漫射辐射	漫輻射
diffusion	扩散	擴散
diffusion barrier	扩散障碍	擴散障礙
diffusion curve	扩散曲线	擴散曲線
diffusion-limited	受限扩散	受限擴散
diffusion-limited growth	受限扩散生长	受限擴散生長
digital cartographic interchange format (DCIF)	数字地图交换格式	數位地圖交換格式
digital China	数字中国	数字中國
digital city	数字城市	數位城市
digital earth	数字地球	數位地球
digital elevation model(DEM)	数字高程模型	數位高程模式
digital environment	数字环境	數位環境
digital filter	数字滤波器	數字濾波器
digital geo-spatial data framework	数字地理空间数据框架	數位地理空間資料架構
digital image	数字图像	數位圖像
digital image processing	数字图像处理	數字影像處理
digital line graph(DLG)	数字线划图数据格式	數位線圖資料格式
digital map	数字地图	數位地圖
digital map layer	数字化图层	數位化圖層
digital mapping	数字制图	數位製圖
digital mapping system	全数字化测图系统	數位製圖系統
digital map registration	数字地图配准	數位地圖註冊
digital model	数字模型	數位模式
Digital Orthophoto Map(DOM)	数字正射影像图	數字正射影像圖
digital province	数字省	數位省
digital region	数字区域	數位區域
digital surface model(DSM)	数字表面模型	數位表面模式
digital terrain model(DTM)	数字地形模型	數位地形模式
digital to analog conversion	数–模转换	數–模轉換
digitizing	数字化	數位化
digitizing edit	数字化编辑	數位化編輯
dike	岩脉	岩脈
dilatation	膨胀	膨脹
dilution	稀释	稀釋
diluvium	坡水堆积物	洪積層
DIME(=Dual Independent Map Enco-	双重独立地图编码文件	雙重獨立地圖編碼檔

英　文　名	大　陆　名	台　湾　名
ding)		
0 dimension climate model	0 维气候模型	0 維氣候模式
diorite	闪长岩	閃長岩
dip	①倾向 ②倾角	①倾向 ②倾角
dip-slip fault	倾向滑断层	倾移斷層
dip slope	倾向坡	順向坡
direct environmental gradient	直接环境梯度	直接環境梯度
disaster from snow and ice	冰雪灾害	冰雪災害
disaster map	灾害地图	災害地圖
discharge	①[废水]排放 ②流量	①[廢水]排放 ②流量
disconformity	假整合	假整合
discontinuity	不连续面	不連續面
discontinuous permafrost	不连续多年冻土	不連續永凍土
discordance	不整合	不整合
discriminant analysis	判别分析	判別分析
discriminant function	判别函数	判別函數
disease area with high incidence	高发病区	高發病區
disease area with low incidence	低发病区	低發病區
disease belt	病带	病帶
disease re-diffusion	疾病再扩散	疾病再擴散
diseconomy	不经济	非經濟
disenchantment	觉醒	除魅化
disintegration	崩解,解体	崩解[作用]
disorganised capitalism	解组式资本主义	混亂的資本主義
dispersal barrier	散布阻限	擴散阻限
dispersal center	扩散中心	擴散中心
dispersed city	分散城市	分散城市
dispersed element	分散元素	分散元素
dispersion	分散	分散
dispersion halo	分散晕	分散量
dissolved load	溶解负荷	溶解負載
distance decay	距离衰减	距離衰減
distance shrinking	距离缩减	距離縮減
distributed database(DDB)	分布式数据库	分散式資料庫
distributed system	分布式系统	分散式系統
distribution and transportation(= system of freight collection)	港口集疏运系统	集疏物流系統
distribution pattern	分布型	分佈類型

英　文　名	大　陆　名	台　湾　名
district	小区	社區
district center	区中心	區中心
divergent boundary	分离边缘	歧見邊界
diversification	多样化	多樣化,雜異化
diverted river	改向河	改向河
DLG(=digital line graph)	数字线划图数据格式	數位線圖資料格式
DLG，DOM，DEM and DTM products	4D产品	4D產品
doldrums	赤道无风带	赤道無風帶
doline	溶[蚀漏]斗	石灰阱,溶穴
dolomite	白云岩	白雲岩
DOM(=Digital Orthophoto Map)	数字正射影像图	數字正射影像圖
domain	领域	領域,領土
dome shaped dune	穹状沙丘	穹狀沙丘
domestic tourism	国内旅游	國內旅遊
domestic wastewater	生活废水	生活廢水
dominant locales	优势场所	優勢場所
domino theory	多米诺理论	骨牌理論
dormant volcano	休眠火山	休眠火山
dormitory town	卧城	中等住宅
dot map	点值图	點值圖
dot method	点值法	點值法
dot symbol method	点状符号法	點狀符號法
downcutting	下切侵蚀	下切侵蝕,下蝕
downdraft	下沉气流	下沖流
downtown	闹市区	市中心
drainage basin	流域	流域
drainage basin hydrological cycle	集水区水文循环	集水區水文循環
drainage density	河网密度	河網密度,水系密度
drainage network	河网	河網,水系網
drainage offset	水系[水平]错位	水系[水準]錯位
drainage pattern	水系格局	水系型
drainage wind	流泄风	流泄風
dreamscape	梦景	夢景
driving force	驱动力	驅動力
drizzle	毛毛雨,细雨	毛毛雨
drought	干旱	乾旱
drought damage	旱灾	旱災
drought index	干旱指数	乾旱指數

英　文　名	大　陆　名	台　湾　名
drowned valley	溺谷	溺谷
drumlin	鼓丘	鼓丘,蛋丘
dry adiabatic lapse rate	干绝热递减率	乾絕熱遞減率
dry delta	干三角洲	乾三角洲
dry deposition	干沉降	乾沈降
dry-hot wind	干热风	乾熱風
dry permafrost	干寒土	乾寒土
dry red soil	燥红土	燥紅土
dry valley	干谷	乾谷
DSM(=digital surface model)	数字表面模型	數位表面模式
DTM(=digital terrain model)	数字地形模型	數位地形模式
Dual Independent Map Encoding(DIME)	双重独立地图编码文件	雙重獨立地圖編碼檔
dual-texture	二元结构	二元結構
dual theory of the state	国家二元论	國家二元論
dune crest	沙脊	沙脊
dune field	沙丘地	沙丘地
dune morphology	沙丘形态	沙丘形態
dune movement	沙丘移动	沙丘移動
dune ridge	沙垅	沙壟
dust bowl	碗状尘暴	塵暴區
dust fall	雨土	雨土,塵降,落塵
dust storm(=sandstorm)	沙[尘]暴	沙[塵]暴
duty-free zone	保税区	保稅區,免稅區
dynamical model	动力学模型	動力學模式
dynamical system	动态系统	動態系統
dynamic clustering	动态聚类	動態聚集
dynamic data exchange	动态数据交换	動態資料交換
dynamic geomorphology	动力地貌学	動力地形學
dynamic geosystem	地理动态系统	地理動態系統
dynamic map	动态地图	動態地圖
dynamic metamorphism	动力变质作用	動力變質作用
dynamic meteorology	动力气象学	動力氣象學
dynamics of groundwater	地下水动力学	地下水動力學
dynamothermal metamorphism	动热变质作用	動熱變質作用

E

英　文　名	大　陆　名	台　湾　名
earth	地球	地球
earth flow	土流	土流
earth observation satellite	对地观测卫星	地球觀測衛星
earth observation system	对地观测系统	地球觀測系統
earthquake	地震	地震
earthquake epicenter	震中	震央
earthquake focus	震源	震源
earthquake intensity	地震烈度	地震強度
earthquake magnitude	地震震级	地震規模
earth resources satellite	地球资源卫星	地球資源衛星
earth revolution	地球公转	地球公轉
earth rotation	地球自转	地球自轉
earth's axis	地轴	地轴
earth's core	地核	地核
earth's crust	地壳	地殼
Earth simulator	地球模拟器	地球模擬器
earth's mantle	地幔	地幔,地函
earth surface system	地球表层系统	地球表層系統
earth system	地球系统	地球系統
easterly wave	东风波	東風波
ebb current	退潮流	退潮流
eclecticism	折衷主义	折衷主義
ecliptic	黄道	黄道
ecochemicogeography	生态化学地理	生態化學地理
ecodistrict	生态小区	生態社區
ecogeography	生态地理学	生態地理學
ecological agriculture	生态农业	生態農業
ecological balance	生态平衡	生態平衡
ecological biogeography	生态生物地理学	生態生物地理學
ecological critical zone	生态脆弱带	生態脆弱帶
ecological hot spot	生态热点	生態熱點
ecological hydrology	生态水文学	生態水文學
ecological map	生态地图	生態地圖

英 文 名	大 陆 名	台 湾 名
ecological mechanism	生态机制	生態機制
ecological pyramid	生态金字塔	生態金字塔
ecological resources	生态资源	生態資源
ecological succession	生态演替	生態演替
ecological territory	生态领地	生態領域
ecological water consumption	生态耗水	生態耗水
ecological water need	生态需水	生態需水
ecological water requirement(= ecological water need)	生态需水	生態需水
ecological water use	生态用水	生態用水
ecologism	生态主义	生態主義
ecology	生态学	生態學
ecology of health	健康生态学	健康生態學
ecology security of wetland	湿地生态安全	濕地生態安全
economic and technological development zone	经济技术开发区	經濟技術開發區
economic appraisal	经济评价	經濟評價
economic atlas	经济地图集	經濟地圖集
economic center	经济中心	經濟中心
economic cooperation region	经济协作区	經濟協作區
economic distance	经济距离	經濟距離
economic evaluation of natural resources	自然资源经济评价	自然資源經濟評價
economic geographical condition	经济地理条件	經濟地理條件
economic geographical location	经济地理位置	經濟地理位置
economic geography	经济地理学	經濟地理學
economic globalization	经济全球化	經濟全球化
economic growth model	经济长程增长模型	經濟長程增長模型
economic leakage	经济漏损	經濟漏損
economic location	经济区位	經濟區位
economic map	经济地图	經濟地圖
economic margin	经济利润	經濟利潤
economic region	经济区	經濟區
economic regionalization	经济区划	經濟區劃
economics of outskirts	城郊经济学	城郊經濟學
economics of urban ecology	城市生态经济学	都市生態經濟學
economics of urban land	城市土地经济学	都市土地經濟學
economic turn	经济转型	經濟轉向
economies of scales	规模经济	規模經濟

英 文 名	大 陆 名	台 湾 名
economy of scope	范畴经济	範疇經濟
ecoregion	生态区域	生態區域
ecosection	生态地段	生態地段
ecosite	生态点	生態點
ecosystem	生态系统	生態系統
ecosystem function of wetland	湿地生态系统功能	濕地生態系統功能
ecosystem geography	生态系统地理学	生態系統地理學
ecosystem structure of wetland	湿地生态系统结构	濕地生態系統結構
ecotone	生态过渡带	生態過渡帶
ecotope	生态区	生態區
ecumene	人境	人境
ecumenopolis	世界都市带	世界都市帶,環球都會
edaphology	耕作土壤学	耕作土壤學
edge city	边缘城市	邊緣城市
edge effect	边缘效应	邊緣效應
edge enhancement	边缘增强	邊緣增強
education atlas	教育地图集	教育地圖集
effective distance	有效距离	有效距離
effective precipitation	有效降水	有效降水
effluent stream	出流河	出流河
E horizon	E 层	E 層
elastic coefficient of transportation	运输弹性系数	運輸彈性係數
elasticity of consumer commodity	消费商品弹性值	消費商品彈性值
elastic limit	弹性极限	彈性極限
elbow of capture	袭夺弯	襲奪灣
electoral geography	选举地理学	選舉地理學
electromagnetic field	电磁场	電磁場
electromagnetic radiation	电磁辐射	電磁輻射
electromagnetic spectrum	电磁波谱	電磁波譜
electromagnetic wave	电磁波	電磁波
electronic commerce	电子商务	電子商務
electronic map	电子地图	電子地圖
element abundance	元素丰度	元素豐度
element antagonism	元素拮抗作用	元素拮抗作用
elementary landscape	单元景观	單元景觀
element bio-absorbing series	元素生物吸收序列	元素生物吸收序列
element enrichment	元素富集	元素富集
element migrational ability	元素迁移能力	元素遷移能力

英　文　名	大　陆　名	台　湾　名
element migrational series	元素迁移序列	元素遷移序列
element synergism	元素协同作用	元素協同作用
element transportation and transformation	元素迁移转化	元素遷移轉化
El Niño	厄尔尼诺	聖嬰現象
eluvial landscape	残积景观	殘積景觀
eluviation	淋溶作用	淋溶作用,洗出[作用]
eluviation-illuviation	淋淀作用	淋澱作用,洗入[作用]
eluvium	残积物	殘積物
embayed coast	港湾岸	灣內海岸
embeddedness theory	嵌入理论	嵌入理論
emerged coast	上升岸	上升岸
emergent coast	上升海岸	離水海岸
emission	[废气]排放	[廢氣]排放
enclave	飞地	飛地
enclave tourism	封闭式旅游	封閉式旅遊
enclosed grassland	草库伦	封閉的草原
enclosure	圈地	圈地
endangered species	濒危物种	瀕危物種
endemic disease	地方病	地方病
endemic species	特有种	特有種
endocrine disrupter	内分泌干扰物	内分泌干擾物
endogenic agent	内营力	内營力
endogenic process	内营力作用	内營力作用
endorheic lake	内陆湖	内陸湖
energy cycle of ecology	生态能量循环	生態能量循環
energy principle	能量原理	能量原則
energy resources	能量资源,能源	能量資源,能源
energy transformation on earth surface	地表能量转换	地表能量轉換
engineering geocryology	工程冻土学	工程凍土學
enlightenment	启蒙运动	啟蒙運動
ENSO	厄尔尼诺–南方涛动	聖嬰–南方震盪
enterprise geography	企业地理学	企業地理學
enterprise zone	兴业区	企業發展區
Entisol	新成土	新成土,未育土
entitlement city	受资助城市	受資助都市
entity	实体	實體
entity attribute	实体属性	實體屬性
entity-relationship model	实体关系模型	實體關係模式

英　文　名	大　陆　名	台　湾　名
entity-relationship modeling	实体关系建模	實體關係建模
entity type	实体类型	實體類型
entrenched meander	嵌入曲流	嵌入曲流
entropy in geomorphology	地貌熵	地形熵
environment	环境	環境
environmental abnormality	环境异常	環境異常
environmental capacity	环境容量	環境容量
environmental carrying capacity	环境承载力	環境承載力
environmental change	环境变迁	環境變遷
environmental chemistry	环境化学	環境化學
environmental climatology	环境气候学	環境氣候學
environmental computable general equilibrium	环境可计算一般均衡	環境可計算一般均衡
environmental consciousness	环境意识	環境意識
environmental criteria	环境基准	環境基準
environmental degradation	环境退化	環境退化
environmental determinism	环境决定论	環境決定論
environmental dynamics	环境动力学	環境動力學
environmental ecotoxicology	环境生态毒理学	環境生態毒理學
environmental effect	环境效应	環境效應
environmental element	环境要素	環境要素
environmental ethnics	环境伦理	環境倫理
environmental fate	环境归宿	環境歸宿
environmental geochemistry	环境地球化学	環境地球化學
environmental geography	环境地理学	環境地理學
environmental geoscience	环境地学	環境地學
environmental health risk assessment	环境健康风险评价	環境健康風險評估
environmental history	环境史	環境史
environmental hydrology	环境水文学	環境水文學
environmental impact	环境影响	環境影響
environmental impact assessment	环境影响评价	環境影響評估
Environmentalist	环境决定论者	環境決定論者
environmental lapse rate	环境直减率	環境直減率
environmental legislation	环境法规	環境法規
environmental management	环境管理	環境管理
environmental map	环境地图	環境地圖
environmental modeling	环境模型	環境模式
environmental monitoring	环境监测	環境監測

英　文　名	大　陆　名	台　湾　名
environmental perception	环境感知	環境識覺
environmental planning	环境规划	環境規劃
environmental policy	环境政策	環境政策
environmental pollution	环境污染	環境污染
environmental pollution map	环境污染地图	環境污染圖
environmental protection	环境保护	環境保護
environmental quality	环境质量	環境品質
environmental quality assessment map	环境质量评价图	環境品質評價圖
environmental quality index	环境质量指数	環境品質指數
environmental quality statement	环境质量报告	環境品質報告
environmental regionalization	环境区划	環境區劃
environmental remote sensing	环境遥感	環境遙[感探]測
environmental risk	环境风险	環境風險
environmental self-purification	环境自净	環境自淨
environmental simulation	环境模拟	環境模擬
environmental-societal dynamics	人地关系动力学	環境-社會動力學
environmental standard	环境标准	環境標準
environmental stress	环境胁迫	環境脅迫
environmental structure	环境结构	環境結構
environmental system	环境系统	環境系統
environmental threshold	环境阈值	環境閾值
environment cognition	环境认知	環境認知
environs of capital city	畿,首都近郊	首都近郊
Eocene Epoch	始新世	始新世
eolian dynamics	风沙动力学	風成動力學
eolian process	风成过程	風成作用
epeirogeny	造陆运动	造陸運動
ephemeral lake	季节性湖泊	季節性湖泊
ephemeral stream	季节性河流	臨時河
epidemiologic transition	流行病学转型	流行病學轉型
epidemiology	流行病学	流行病學
epigenetic permafrost	后生多年冻土	後生永凍土
epigeosphere	地球表层	磊晶地圈
epiphreatic cave	浅潜流带溶洞	淺層[流]帶溶洞
epiphyte	附生植物	附生植物
epistemology	认识论	認識論
Epoch	世	世
equator	赤道	赤道

英　文　名	大　陆　名	台　湾　名
equatorial belt(＝equatorial zone)	赤道带	赤道帶
equatorial current	赤道洋流	赤道洋流
equatorial easterlies	赤道东风	赤道東風
equatorial rainforest	赤道雨林	赤道雨林
equatorial trough	赤道槽	赤道槽
equatorial zone	赤道带	赤道帶
equiangle projection	等角投影	等角投影
equiareal projection	等积投影	等積投影
equidistant projection	等距投影	等距投影
equilibrium	均衡	均衡
equilibrium of coast	海岸平衡剖面	海岸平衡剖面
equilibrium point	平衡点	平衡點
equilibrium profile	平衡剖面	平衡剖面
equity	公平	公平
era	代	代
erathem	界	界
eremology	沙漠学	沙漠學
erlebnis	生存世界	[生存]體驗
erosion	侵蚀作用	侵蝕作用
erosional terrace	侵蚀阶地	侵蝕階地
erosion cycle	侵蚀循环	侵蝕輪迴
erosion surface	侵蚀面	侵蝕面
eruption	喷发,爆发	噴發,爆發
ESDA(＝exploratory spatial data analysis)	探索空间数据分析	探索空間資料分析
esker	蛇形丘	蛇狀丘
estuarine bar	拦门沙	河口沙洲
estuary	河口湾	河口灣,三角江
estuary hydrology	河口水文	河口水文學
eta index	伊塔数	伊塔指數
etched [planation] surface	刻蚀夷平面	刻蝕平夷面
etched plain	刻蚀平原	刻蝕平原
etching	刻蚀作用	刻蝕作用
ethnic enclaves	民族聚居区	民族聚居區
ethnic geography	民族地理学	民族地理學
ethnicity	民族性	民族性
ethnic tourism	民俗旅游	民俗觀光
ethnocentrism	种族中心主义	種族中心主義

英 文 名	大 陆 名	台 湾 名
ethnographer	民族志学者	民族志學者
ethnography	民族学	民族學
ethnomethodology	常人方法论	常民方法論[學]
EU(=European Union)	欧洲联盟,欧盟	歐洲聯盟,歐盟
Euler equation	欧拉方程	尤拉方程
European Community	欧洲共同体	歐洲共同體
European Union（EU）	欧洲联盟,欧盟	歐洲聯盟,歐盟
eurythermal organism	广温性生物	廣溫性生物
eurytopic	广域分布	廣域分佈
eustasy	水动型海面变化	海準變動
eutrophication	富营养化	富營養化
evaluation of natural resources quality	自然资源质量评价	自然資源品質評價
evaporation	蒸发	蒸發[作用]
evaporite	蒸发岩	蒸發岩
evapotranspiration	总蒸发	蒸發散
even-odd regulation	偶奇规则	偶奇規則
event management	事件旅游管理	事件旅遊管理
event tourism	事件旅游	事件旅遊
evergreen broadleaved forest	常绿阔叶林	常綠闊葉林
every-day world	日常世界	日常世界
evolutionary geography	沿革地理学	演化地理學
evolution of past geography(=evolutionary geography)	沿革地理学	演化地理學
evolution of sandy desert	沙漠演变	沙漠演變
exceptionalism	例外论	例外論
exceptionalist	例外主义者	例外主義者
excess ice	过剩冰	過剩冰
exchangeable form	可交换态	交換態
exclave	外飞地	外飛地
exclusive economic zone	专属经济区	專屬經濟區
excursionist	短途旅游者	短途旅遊者
exfoliation	页状剥落	鱗剝[作用]
exfoliation dome	页状剥离	鱗剝穹丘
existence value of natural resources	资源存在价值	資源存在價值
exogenic agent	外营力	外營力
exogenic process	外营力作用	外營力作用
exonym	外来语地名	外來語名稱[地名]
exorheic lake	外流湖	外流湖

英 文 名	大 陆 名	台 湾 名
exosphere	外逸层	外氣層
exotic species	外来种	外來種
exo-urbanization	外向型城市化	外向型都市化
expansionary	扩张	擴張
expansion diffusion	扩展扩散	擴展擴散
experience(= erlebnis)	生存世界	[生存]體驗
experiential model	经验模型	經驗模式
experimental geomorphology	实验地貌学	實驗地形學
experimental plot	实验小区	實驗社區
experimental watershed	实验流域	實驗流域
explanatory geography	解释性地理学	解釋性地理學
exploitation and utilization of natural resources	资源开发利用	資源開發利用
exploration	探险	探險
exploratory spatial data analysis(ESDA)	探索空间数据分析	探索空間資料分析
exponential transform	指数变换	指數變換
export base theory	出口基础理论	出口基礎理論
export processing zone	出口加工区	出口加工區
exposed shield	裸露地盾	裸露地盾
exposure	暴露	暴露
extensible markup language(XML)	可扩展标记语言	可延伸標示語言
extensive	粗放	粗放
external economy	外部经济	外部經濟
extinction	绝灭	滅絕
extinct lake	干涸湖	乾涸湖
extinct volcano	死火山	死火山
extraterrestrial solar radiation	天文辐射	天文輻射
extrusive rock	喷出岩	噴出岩
exurban	城市远郊	都市遠郊
eye of storm	风暴眼	風暴眼

F

英 文 名	大 陆 名	台 湾 名
facies	相	相
facility location	设施区位	設施區位
facility location problem	设施区位问题	設施區位問題
factor analysis	因子分析	因子分析

英　文　名	大　陆　名	台　湾　名
factorial ecology	因子生态	因數生態
factorial ecology approach	因子生态方法	因數生態方法
factory farming	工厂化农业	工廠化農業
fair	集市	市集
falling limp	下降翼	下降翼
fallout	沉降	落塵
fallow	休耕	休耕［地］
false color	假彩色	假色［彩］
false color image	假彩色合成影像	假彩色合成影像
family reconstitution	家庭重构	家庭重構
family type	家庭类型	家庭類型
far infrared	远红外	遠紅外
farm accounting	农场会计学	農場會計學
farm economics	农场经济学	農場經濟學
farming ecological pyramid	农场生态金字塔	農場生態金字塔
farming-pastoral region	半农半牧区	半農半牧區
farming system	耕作制度	耕作制度
fault	断层	斷層
fault-block mountain	断块山	斷塊山
fault coast	断层海岸	斷層海岸
fault escarpment(=fault scarp)	断层崖	斷層崖
fault-folded mountain	断褶山	斷褶山
fault gouge	断层泥	斷層泥
fault line scarp	断层线崖	斷層線崖
fault sag lake	断塞湖	斷塞湖
fault scarp	断层崖	斷層崖
fault valley	断层谷	斷層谷
fauna	动物区系	動物相
faunal group	动物群	動物群
favorable terrain(=advantageous terrain)	形胜,有利地形	有利地形
featherlike drainage pattern	羽毛状水系格局	羽毛狀水系型
feature code	要素码	要素碼
feature-ID	要素标识符	特點識別字
feedback	反馈	回饋
feedback analysis	反馈分析	回饋分析
feedback mechanism	反馈机制	回饋機制
feldspar	长石	長石
feminist geography	女权主义地理学	女權主義地理學

英 文 名	大 陆 名	台 湾 名
Fengcong	峰丛	峰叢
Fenglin	峰林	峰林
ferrallitic-rich weathering crust	富铁铝风化壳	富鐵鋁風化殼
ferrallitization	铁铝化[作用]	鐵鋁化[作用]
Ferralsol	铁铝土	鐵鋁土
Ferrel cell	弗雷尔环流胞	弗雷爾環流胞
ferromagnesium minerals	铁镁质矿物	鐵鎂質礦物
ferruginization	铁质化[作用]	鐵質化[作用]
ferry	津	津,渡口
fetch	风区	風域
feudalism	封建主义	封建制度
fictitious graticule	经纬网格	經緯網格
fictive world	幻想世界	想像世界
field capacity	田间容量	田間容量
field microclimate	农田小气候	田野微氣候
field moisture capacity	田间持水量	田間含水量
field pixel	域元	域元
field system	大田制度	大田制度
field work	野外考察	野外實察,田野調查
film water migration	薄膜水迁移	薄膜水遷移
finality	目的论	目的論
financial derivative	衍生性金融商品	衍生性金融商品
financial market	金融市场	金融市場
finger urban pattern	指状城市格局	指狀都市型
firn	粒雪	粒雪,萬年雪
firn basin	粒雪盆	粒雪盆
firn line	粒雪线	粒雪線
fishing model	渔猎模型	漁獵模式
fish pond surrounded by sugarcane field	蔗基鱼塘	蔗基魚塘
fission-track dating	裂变径迹测年	裂跡定年
fissured water	裂隙水	裂隙水
fissure eruption	裂隙喷发	裂隙噴發
fixation of shifting sand	流沙固定	流沙固定
fixed sand dune	固定沙丘	固定沙丘
fixity of species	物种恒定性	物種恒定性
fjard	峡江	小峽灣
fjord	峡湾	峽灣
flash flood	暴发洪水	暴洪

英　文　名	大　陆　名	台　湾　名
flat area hydrology	平原水文	平地水文
flexible manufacturing system	柔性制造体系	彈性製造體系
flexible production	弹性生产	彈性生產
flexible specialization	柔性专业化	柔性專業化
flint	燧石	燧石
floating population	流动人口	流動人口
flocculation	絮凝作用	絮聚作用
flood	洪水	洪水
flood basalt	溢流玄武岩	洪流玄武岩,高原玄武岩
flood damage	水灾	水災
floodplain	河漫滩	河漫灘,氾濫原
floodplain swamp	河漫滩沼泽	氾濫原沼澤
flood recurrence interval	洪水重现期	洪水回歸期,洪水複現期
flood stage	洪水位	洪水位
flood survey	洪水调查	洪水調查
flora	植物区系	植物相
flow concentration	汇流	匯流
flowing method(=arrowhead method)	运动线法	動線法
flow of glacier(=glacier motion)	冰川运动	冰川流動
flowstone	流石	流石
flow till	流碛	流磧
fluorosis	地方性氟中毒	氟中毒
fluvial deposit	河流沉积	河積物
fluvial geomorphology	流水地貌学	河流地形學
fluvial landform	流水地貌	河流地形
fluvial process	河床演变	流水作用
fluviokarst	流水喀斯特	流水喀斯特
Fluvisol	冲积土	沖積土
fluvo-aquic soil	潮土	潮土
foehn	焚风	焚風
fog	雾	雾
fold	褶皱,褶曲	褶皺,褶曲
folded mountain	褶皱山	褶曲山
foliation	叶理	葉理
folk cultural	民间文化	民俗文化
folk cultural geography	民间文化地理学	民俗文化地理學

英　文　名	大　陆　名	台　湾　名
folklore	民俗学	民俗學
food chain	食物链	食物鏈
food pyramid	食物金字塔	食物金字塔
foot wall	下盘	下盤
Forbes bands(=ogives)	冰肋	冰肋
Fordism	福特主义	福特主義
Fordist model	福特主义模式	福特主義模式
forearc trough	弧前槽	弧前槽
forecast map	预测地图	預測地圖
fore dune	前沿沙丘	前沙丘
foreign exchange（FX）	外汇	外匯
foreign societies	异地社会	異地社會
foreland	前陆,海岬	前陸,海岬
foreshock	前震	前震[波]
foreshore	前滨	前濱
forest climate	森林气候	森林氣候
forest coverage	森林覆盖率	森林覆蓋率
forest faunal group	森林动物群	森林動物群
forest hydrology	森林水文学	森林水文學
forest limit	林线	林線
forest paludification	森林沼泽化	森林沼澤化
forest region	林区	林區
forestry remote sensing	林业遥感	林業遙[感探]測
forest soil	森林土壤	森林土壤
forest steppe	森林草原	森林草原
forest swamp	森林沼泽	森林沼澤
forest upper limit	森林上限	森林上限
forest wetland	森林湿地	森林濕地
fork factor	分岔系数	分岔係數,分叉係數
formation	群系	群系
fossil	化石	化石
fossil dune	古沙丘	古沙丘
fossil fuel	化石燃料	化石燃料
Fourier translation(FT)	傅里叶变换	傅利葉轉換
fractal	分形	碎形
fractal geometry	分形几何	碎形幾何
fractional crystallization	分离结晶作用	分化結晶作用
fracture	断裂,断口	裂隙,斷口

英 文 名	大 陆 名	台 湾 名
fracture zone	断裂带 破碎带	破裂帶
frazil ice	水内冰	水內冰
frazil jam	冰塞	冰塞
free trade area	自由贸易区	自由貿易區
free water surface evaporation	水面蒸发	水面蒸發
freeze-thaw cycle	冻融循环	凍融循環
freezing damage	冻害	凍害
freezing front	冻结锋面	凍結鋒面
freezing index	冻结指数	凍結指數
freezing rain	冻雨	凍雨
freezing rate	冻结速度	凍結速率
French school	法国学派	法國學派
frequency curve	频率曲线	頻率曲線
freshwater lake	淡水湖	淡水湖
freshwater swamp	淡水沼泽	淡水沼澤
friction of distance	距离摩擦	距離摩擦
fringing reef	岸礁	裙礁
frog-jump development theory	跳跃理论	跳躍理論
frog-jumped development	蛙跃发展	蛙躍發展
front	锋	鋒
frontal rain	锋面雨	鋒面雨
frontier	边疆	邊疆
frontier city	边疆城市	邊境都市
frontier thesis	边疆学说	邊境理論
frost	霜	霜
frost action	冻融作用	結凍作用
frost crack	寒冻裂缝	凍裂
frost cracking	冻缩开裂	凍縮開裂
frost creep	冻融潜移	凍融潛移
frost-free period	无霜期	無霜期
frost heaving	冻胀	冰舉
frost heaving force	冻胀力	冰舉力
frost jacking	冻拔	凍拔
frost mound	冻胀丘	凍脹丘
frost sorting	冻融分选	凍結淘選
frost-susceptible ground	冻结敏感土	凍結敏感土
frost weathering	寒冻风化	寒凍風化
frozen fringe	冻结缘	凍結緣

英 文 名	大 陆 名	台 湾 名
frozen ground	冻土	凍土
FT(=Fourier translation)	傅里叶变换	傅利葉轉換
fudo	风土	風土
fumarole	喷气孔	噴氣孔
functional classification of city	城市职能分类	城市機能分類
functional index of urban center	城市职能指数	都心機能指數
functionalist approach	功能主义趋向	機能主義研究取向
functional region	文化功能区	機能區
fundamentalisms	基本教义主义	基本教義主義
futures	期货	期貨[合約]
fuzzy set theory	模糊集合理论	模糊集合理論
fuzzy tolerance	模糊容限	模糊容限
FX(=foreign exchange)	外汇	外匯
FX swaps	换汇	外匯換匯

G

英 文 名	大 陆 名	台 湾 名
gabbro	辉长岩	輝長岩
gambling	博彩旅游	博奕旅遊
game park reserve	禁猎保护区	禁獵保護區
game theory	博弈论	博奕理論,賽局理論
gamma-diversity	γ 多样性	γ 多樣性
gamma index	伽马指数	伽馬指數
Garden Cities movement	花园城市运动	花園城市運動
Gastarbeiter(德)	客居工人	客居工人
gateway city	门户城市	門戶都市
GATT(= General Agreement on Tariff and Trade)	关贸总协定	關稅暨貿易總協,關貿協定
Gauss-Krüger projection	高斯-克吕格投影	高斯-克魯格投影
gazetteer	①方志 ②地名录	①方志 ②地名錄,地名詞典
gazetteer index	地名索引	地名索引
GCM(= general circulation model)	大气环流模式	大氣環流模式
GDP(= Gross Domestic Product)	国内生产总值	國內生產毛額
Geary C	吉尔里 C 数	吉爾里 C 數
gender	社会性别	性別
gender geography	性别地理学	性別地理學

英　文　名	大　陆　名	台　湾　名
General Agreement on Tariff and Trade（CATT）	关贸总协定	關稅暨貿易總協,關貿協定
general atlas	普通地图集	普通地圖集
general atmospheric circulation	大气环流	大氣環流
general base level	总侵蚀基准面	一般侵蝕基準面
general cartography	普通地图学	普通地圖學
general circulation model（GCM）	大气环流模式	大氣環流模式
general climate model	一般气候模型	一般氣候模式
general detailed soil survey	土壤普查	土壤普查
general geocryology	普通冻土学	普通凍土學
general geographical name	地理通名	地理通名
general geographic map	普通地理图	普通地理圖
general geography	普通地理学	普通地理學
general G statistic	广义 G 统计	廣義 G 統計
generalized soil survey	土壤概查	土壤概查
general law	通则	通則
general map	普通地图	普通地圖
general physical geography	普通自然地理学	普通自然地理學
genres de vie（法）	生活方式	生活方式
gentrification	绅士化	紳士化
geochemical barrier	地球化学屏障	地球化學屏障
geochemical ecology	地球化学生态学	地球化學生態學
geochemical landscape	地球化学景观	地球化學景觀
geochemical link	地球化学联系	地球化學鏈接
geochemistry	地球化学	地球化學
geochemistry landscape mapping	地球化学景观制图	地球化學景觀製圖
geochronology	地质年代学	地質年代學
geo-coding	地理编码	地理編碼
geocomputation	地学计算	地學計算
geo-control theory	地理控制论	地理控制論
geocryology	冻土学	凍土學
geo-data assimilation	地学数据同化	地學資料同化
geo-data mining	地学数据挖掘	地學資料採擷
geo-data processing	地学数据处理	地學資料處理
geode	晶洞	晶洞
geoecology	地生态学	地生態學
geographer's craft	地理学者技能	地理學者技能
geographer's eye	地理学者观点	地理學者觀點

英　文　名	大　陆　名	台　湾　名
geographic accuracy	地理精度	地理精度
geographical boundary	地理界线	地理界線
geographical coordinate	地理坐标	地理座標
geographical coordinate net	地理坐标网格	地理座標網
geographical cycle	地理循环	地理週期
geographical dissipative structure	地理耗散结构	地理耗散結構
geographical distribution	地理分布	地理分佈
geographical dualism	地理学二元论	地理學二元論
geographical education	地理教育	地理教育
geographical element	地理要素	地理要素
geographical entropy	地理熵	地理熵
geographical environment	地理环境	地理環境
geographical factor	地理因子	地理因子
geographical feedback	地理反馈	地理回饋
geographical field	地理场	地理場
geographical flow	地理流	地理流
geographical forecasting	地理预测	地理預測
geographical function	地理功能	分區功能
geographical imagination	地理学想象力	地理想像[力]
geographical isolation	地理隔离	地理隔離
geographical landscape	地理景观	地理景觀
geographical lore	地理学传统知识	地理傳知
geographically disadvantaged state	地理不利国	地理不利國
geographical methodology	地理学方法论	地理學方法論
geographical model	地理模型	地理模式
geographical moment	地理矩	地理矩
geographical name	地名	地名
geographical optimization	地理优化	地理最佳化
geographical ordering	地理有序性	地理秩序
geographical parameter	地理参数	地理參數
geographical patterning	地理格局	地理圖案
geographical philosophy	地理学哲学	地理哲學
geographical policy	地理政策	地理政策
geographical position	地理位置	地理位置
geographical potential	地理势	地理潛勢
geographical process	地理过程	地理過程
geographical region	地理区	地理區
geographical rhythm	地理节律性	地理節奏,地理規律

英　文　名	大　陆　名	台　湾　名
geographical set	地理集	地理集
geographical simulation	地理模拟	地理模擬
geographical space	地理空间	地理空間
geographical spectrum	地理谱	地理頻譜
geographical structure	地理结构	地理結構
geographical survey	地理考察	地理調查
geographical synthesis	地理综合	地理綜合
geographical system	地理系统	地理系統
geographical threshold	地理阈值	地理閾值
geographical unit	地理单元	地理單元
geographic base map	地理底图	地理底圖
geographic database management system	地理数据库管理系统	地理資料庫管理系統
geographic data set	地理数据集	地理資料集
geographic entity	地理实体	地理實體
geographic feature(=geographical element)	地理要素	地理要素
geographic-genetic classification	地理–遗传分类	地理–遺傳分類
geographic identifier	地理标识符	地理標識
geographic information	地理信息	地理資訊
geographic information science	地理信息科学	地理資訊科學
geographic information service system	地理信息服务体系	地理資訊服務體系
geographic information system(GIS)	地理信息系统	地理資訊系統
geographic latitude	地理纬度	地理緯度
geographic longitude	地理经度	地理經度
geographic mapping	地理制图	地理製圖
geographic object	地理对象	地理對象
geographic personality	地理个性	地域個性
geographic query language(GQL)	地理查询语言	地理查詢語言
geographic system analysis	地理系统分析	地理系統分析
geographic visualization	地理可视化	地理視覺化
geographic weighted regression	地理加权回归	地理加權回歸
geography	地理学	地理學
geography and justice	地理学与公正	地理學與義正
geography network	地理信息网络	地理資訊網路
geography of communication	通信地理学	通信地理學
geography of communication and transportation	交通运输地理学	交通運輸地理學
geography of crime	犯罪地理学	犯罪地理學

英　文　名	大　陆　名	台　湾　名
geography of disease	疾病地理学	疾病地理學
geography of education	教育地理学	教育地理學
geography of famine	饥饿地理学	饑餓地理學
geography of fishery	水产业地理学	水產業地理學
geography of flow	流量地理学	流量地理學
geography of goods flow	货流地理	貨流地理
geography of health	健康地理	健康地理,健康照護地理
geography of health and health care	健康与保健地理学	健康與保健地理學
geography of health care	保健地理	保健地理
geography of incomes	收入地理学	所得地理學
geography of information industry	信息产业地理	資訊產業地理
geography of international trade	国际贸易地理学	國際貿易地理學
geography of investment	投资地理学	投資地理學
geography of labor	劳动力地理学	勞動力地理學
geography of law	法律地理学	法律地理學
geography of leisure	休闲地理学	休閒地理學
geography of media	传媒地理	媒體地理[學]
geography of money	货币地理学	貨幣地理學
geography of money and finance	货币与金融地理学	貨幣與金融地理學
geography of nutrition	营养地理	營養地理學
geography of passenger flow	客流地理学	客流地理學
geography of pathogenic microbe	病原菌地理学	病原菌地理學
geography of policing	治安地理学	警務地理學
geography of postal services	邮政地理学	郵政地理學
geography of poverty	贫困地理学	貧困地理學
geography of production	生产地理学	生產地理學
geography of public administration	公共管理地理学	公共管理地理學
geography of public finance	公共财政地理学	公共財政地理學
geography of public policy	公共政策地理学	公共政策地理學
geography of public services	公共服务业地理学	公共服務業地理學
geography of religion	宗教地理学	宗教地理學
geography of sanatorium	疗养地理	療養地理學
geography of services	服务业地理学	服務業地理學
geography of spectacle	展示地理学	場景地理學
geography of sports	体育地理学	體育地理學
geography of the lived space	生活空间地理学	生活空間地理學
geography of tourism	旅游地理学	旅遊地理學

英 文 名	大 陆 名	台 湾 名
geography of tropical disease	热带病地理	熱帶病地理
geoid	地球体	地球體
geo-informatic atlas	地学信息图谱	地學資訊地圖集
geo-informatics	①地球信息机理 ②地球空间信息学	①地球資訊學 ②地球空間資訊學
geo-information analysis	地学信息分析	地學資訊分析
geo-information platform	地学信息平台	地學資訊平臺
geo-information science	地球信息科学	地球資訊科學
geo-information sharing	地学信息共享	地學資訊共用
geo-knowledge discovery	地学知识发现	地學知識發現
geological cycle	地质大循环	地質大循環
geological remote sensing	地质遥感	地質遙[感探]測
geological time scale	地质年代表	地質年代表
geologic column	地质柱状剖面	地質柱狀剖面
geologist	地质学家	地質學者
geomancy	风水	風水
geometric correction	几何校正	幾何校正
geometric distortion	几何畸变	幾何畸變
geometry	几何学	幾何學
geomorphic equilibrium	地貌平衡	地形平衡
geomorphic system	地貌系统	地形系統
geomorphic threshold	地貌临界	地形閾值
geomorphochronology	地貌年代学	地形年代學
geomorphological level surface	地貌水准面	地形水準面
geomorphological process	地貌过程	地形過程
geomorphology	地貌学	地形學
geophysics	地球物理学	地球物理學
geophysic satellite	地球物理卫星	地球物理衛星
geopiety	敬地情结	敬地情結
geopolitical transition	地理政治变迁	地緣政治變遷
geopolitics	地缘政治学	地緣政治學
geo-reference system	地理坐标参考系	地理參考系統
geo-relational model	地理关系模型	地緣關係模型
geosophy	地理思想体系	地理知識學
geo-spatial data warehouse	地理空间数据仓库	地理空間資料倉儲
geosphere	地圈	地圈
geosphere-biosphere plan	地圈-生物圈计划	地圈-生物圈計畫
geostatistics	地学统计	地理統計

英　文　名	大　陆　名	台　湾　名
geostrategic region	地理战略区域	地理戰略區域
geostrophic wind	地转风	地轉風
geosyncline	地槽	地槽
geosystem	地系统	大地系統
geo-system engineering	地理系统工程	地理系統工程
geothermal remote sensing	地热遥感	地熱遙[感探]測
German schools and American schools	德国与美国学派	德國與美國學派
Germany geography	德国地理学	德國地理學
geyser	间歇泉	間歇泉
ghetto	少数民族聚居住区	少數民族聚居區
ghost town	鬼城	鬼鎮
GIS(= geographic information system)	地理信息系统	地理資訊系統
GIS Web Services	GIS Web 服务	GIS 網路服務
glacial debris flow	冰川泥石流	冰川土石流
glacial delta	冰川三角洲	冰河三角洲
glacial erosion lake	冰蚀湖	冰蝕湖
glacial fluctuation	冰川变化	冰川變動
glacial geology	冰川地质学	冰河地質學
glacial lake outburst flood	冰湖溃决洪水	冰湖潰決洪水
glacial landform	冰川地貌	冰河地形
glacial plucking	冰川挖掘[作用]	冰拔[作用]
glacial stria	冰擦痕	冰擦痕
glacial wind	冰川风	冰川風
glacial zone	冰川带	冰川帶
glaciation	冰川作用	冰河作用
glacier	冰川	冰川
glacier advance	冰川前进	冰川前進
glacier chronology	冰川年代学	冰河年代學
glacier-dammed lake	冰川阻塞湖	冰川堰塞湖
glacier equilibrium line	冰川平衡线	冰川平衡線
glacier ice	冰川冰	冰川冰
glacier ice texture	冰川冰结构	冰川冰結構
glacier inventory	冰川编目	冰川編目
glacier mass-balance	冰川物质平衡	冰川塊體平衡
glacier melt water runoff	冰川融水径流	冰川融水徑流
glacier motion	冰川运动	冰川流動
glacier retreat	冰川后退	冰川後退
glacier surging	冰川跃动	冰川湧動

英 文 名	大 陆 名	台 湾 名
glacier tongue	冰舌	冰舌
glacier trough	冰蚀槽	冰蝕槽, 冰河谷
glaciochemistry	冰雪化学	冰雪化學
glacioclimatology	冰川气候学	冰河氣候學
glaciofluvial deposit	冰水沉积	冰水沈積
glaciohydrology	冰川水文学	冰河水文學
glacio-lacustrine deposit	冰湖沉积	冰湖沈積
glaciology	冰川学	冰河學
glacio-river deposit	冰河沉积	冰河沈積
glaze	雨凇	雨凇
gley horizon	潜育层	潛育層
gleyization	潜育作用	潛育作用
gleyization mire	潜育沼泽	潛育沼澤
Gleysol	潜育土	潛育土
global capitalism	全球资本主义	全球資本主義
global circulation model	全球环流模型	全球環流模式
global climate	全球气候	全球氣候
global environment change information system	全球环境变化信息系统	全球環境變化資訊系統
global hydrology	全球水文	全球水文
globalism	全球主义	全球主義
globalization	全球化	全球化
global mapping	全球制图	全球製圖
global mapping plan	全球制图计划	全球製圖計畫
global model	全球模型	全球模型
global physical geography	全球自然地理学	全球自然地理學
global positioning system(GPS)	全球定位系统	全球定位系統
global radiation	全球总辐射	全球總輻射
global remote sensing	全球遥感	全球遥[感探]測
global sealevel change	全球[性]海[平]面变化	全球[性]海[平]面變化
global shift	全球转变	全球性轉移
global warming	全球变暖	全球暖化
globe	地球仪	地球儀
GMT(=Greenwich Mean Time)	格林尼治平时	格林威治標準時間
GNI(=Gross National Income)	国民总收入	國民所得毛額
gnomon	日晷	日晷儀
GNP(=Gross National Product)	国民生产总值	國民生產毛額

英 文 名	大 陆 名	台 湾 名
gobi	戈壁	戈壁
golf tourism	高尔夫旅游	高爾夫旅遊
Gondwana land	冈瓦纳古陆	岡瓦納古陸
gorge	峡谷	峽谷
gothic culture	哥德式文化,蛮风文化	哥德式文化,蠻風文化
governance structure	治理结构	統理結構,統治[管理]權結構
GPS(=global positioning system)	全球定位系统	全球定位系統
GQL(=geographic query language)	地理查询语言	地理查詢語言
graben	地堑	地塹
graded bedding	粒序层	粒級層
graded profile	均衡剖面	均夷剖面
graded profile of coast(=equilibrium of coast)	海岸平衡剖面	海岸平衡剖面
graded stream	均衡河流,均夷河流	均夷河
gradient	①坡度 ②梯度	①坡度 ②梯度
grain production base	粮食生产基地	糧食生產基地
grain transporting	漕运	漕運
grand theory	大理论	大理論,巨型理論
grand tour	大旅游	大旅遊
granite	花岗岩	花崗岩
granular disintegration	粒化崩解	粒狀崩解
granular texture	粒状结构	粒狀岩理
granule	细砾	細礫
granulite	麻粒岩	顆粒岩
graphic overlay	图形叠置	圖形套疊
graphic rectification	图形校正	圖形校正
graphic simplicity	图形简化	圖形概括化
graphics resolution	图形分辨率	圖形解析度
graph theory	图论	圖表理論
grass pane sandfence	草方格沙障	草方格沙柵
grass swamp	草丛沼泽	草叢沼澤
grass wetland	草丛湿地	草叢濕地
gravel	砾石	礫石
gravel desert	砾漠	礫漠
gravelification	砾质化	礫質化
gravel wave	砾浪	礫浪
grave mound	封土	封土

英　文　名	大　陆　名	台　湾　名
gravestone(=historical tombstone)	历史墓碑	歷史墓碑
gravitational landform	重力地貌	重力地形
gravitational water	重力水	重力水
gravity anomaly	重力异常	重力異常
gravity gliding	重力滑移	重力滑移
gravity model	引力模型	重力模式
graywacke	杂砂岩	雜砂岩,混濁砂岩
Great Barrier Reef	大堡礁	大堡礁
great circle	大圆	大圓
great river(=sacred river)	圣河	聖河
Greek geography	希腊地理学	希臘地理學
greenbelt	绿带	綠帶
greenhouse effect	温室效应	溫室效應
greenhouse gases	温室气体	溫室氣體
greenhouse gas of wetland	湿地温室气体	濕地溫室氣體
green island effect	绿岛效应	綠島效應
green manufacturing	绿色制造	綠色製造
green revolution	绿色革命	綠色革命
greenschist facies	绿片岩相	綠片岩相
green space	绿地	綠地
greenstone	绿岩	綠色岩
green tourism	绿色旅游	綠色旅遊
Greenwich Mean Time(GMT)	格林尼治平时	格林威治標準時間
Gregorian calendar	格里历	格里曆
grey body	灰体	灰體
grey-brown desert soil	灰棕漠土	灰棕漠土
grey chip	灰卡	灰卡
grey cinnamon soil	灰褐土	灰褐土
grey desert soil	灰漠土	灰漠土
grey forest soil	灰黑土	灰黑土,灰色森林土
grey scale	灰阶	灰階
greyscale resolution	灰度分辨率	灰度解析度
greyzem	灰黑土	灰黑土,灰色森林土
grid	格网	方格
grid coordinate	格网坐标	方格座標
grid data	格网数据	方格資料
grid interval	网格间距	方格間距
grid map	网格地图	方格地圖

英　文　名	大　陆　名	台　湾　名
grid method	网格法	方格法
grid reference	格网参照	方格参照
grid system	网格系统	方格系统
grid to arc conversion	格网–弧数据格式转换	方格–弧資料格式轉換
grid to polygon conversion	格网–多边形数据格式 转换	方格–多邊形資料格式 轉換
grike	溶沟	溶溝
groin	防波堤	防波堤,突堤
groin effect	突堤效应	突堤效應
Gross Domestic Product（GDP）	国内生产总值	國內生產毛額
Gross National Income（GNI）	国民总收入	國民所得毛額
Gross National Product（GNP）	国民生产总值	國民生產毛額
gross photosynthesis	总光合作用	總光合作用
grounded research	扎根研究	紮根研究,基礎研究
ground ice	地下冰	地下冰
grounding line	接地线	接地線
groundmass	基质	基質,石基
ground moraine	底碛	底磧
ground resolution	地面分辨率	地面解析度
groundwater	地下水	地下水
groundwater age	地下水年龄	地下水年齡
groundwater balance	地下水均衡	地下水平衡
groundwater depression cone	地下水降落漏斗	地下水洩降錐
groundwater evaporation	潜水蒸发	地下水蒸發
groundwater hydrology	地下水水文学	地下水水文學
groundwater recharge	地下水补给	地下水補注
groundwater table	地下水位	地下水面
group consciousness	团体意识	團體意識
group inclusive tour	团体包价旅游	團體包價旅遊
growth form	生长型	生長型
growth pole theory	增长极理论	成長極理論
guest worker	外来劳工	外勞
gulf	海湾	海灣
gully	冲沟	蝕溝
gully erosion	沟［谷侵］蚀	侵蝕溝蝕
guyot	平顶海山	海底方山,海桌山
Gypsisol	石膏土	石膏土

H

英 文 名	大 陆 名	台 湾 名
habitat	生境	棲地
habitat fragmentation	生境碎裂化	地破碎化
habitus	习性	習性
haboob	哈布尘暴	哈布風
hachure method	晕滃法	暈滃法
hachuring(=hachure method)	晕滃法	暈滃法
Hadley cell	哈得来环流[圈]	哈德雷環流胞
hail	冰雹	冰雹
hail damage	雹灾	雹災
hailstreak	雹击线	雹線
half-life	半衰期	半衰期
halomorphic soil	盐成土	鹽[漬]土
hamada(=rocky coast)	岩漠	岩漠
hamlet	小村	小村莊
hanging glacier	悬冰川	懸冰川
hanging valley	悬谷	懸谷
hanging wall	上盘	上盤
haphazard process	偶发事件过程	偶發事件程序
hardness	硬度	硬度
hard tourism	硬旅游	硬旅遊,大眾旅遊
harmony of Creation	创世和谐	創世和諧
Hawaiian eruption	夏威夷式喷发	夏威夷式噴發
hazard geography	灾害地理学	災害地理學
hazardous waste	毒害废弃物	毒害廢棄物
haze	霾	霾
headland	岬角	岬角
headquarter location	总部区位	總部區位
headward deposition	溯源堆积	向源堆積
headward erosion	溯源侵蚀	向源侵蝕
headwater	河源	河源
health indicator	健康指标	健康指標
health island	健康岛	健康島
heartland	心脏地带	心臟地帶

英　文　名	大　陆　名	台　湾　名
heartland theory	陆心说	陸心說
heart of reality	现实核心	真相核心
heat and water balance	热量水分平衡	熱量水分平衡
heat balance	热量平衡	熱平衡
heat balance of the earth's surface	地表面热量平衡	地表熱量平衡
heat conductivity of peat	泥炭导热系数	泥炭導熱係數
heat damage	热害	熱害
heathland	欧石楠灌丛	歐石楠灌叢
heat island	热岛	熱島
heat island effect	热岛效应	熱島效應
heat wave	热浪	熱浪
heavy metal	重金属	重金屬
hedge fund	对冲基金	避險基金
Heilu soil	黑垆土	黑壚土
Heimatkunde(德)	乡土学	鄉土學
helictite	卷曲石	捲曲石,石藤
hemisphere	半球	半球
herb	草本植物	草本植物
herbivore	草食性动物	草食性動物
Hereford world map	赫里福德世界地图	赫里福世界地圖
heritage in danger	濒危遗产	瀕危襲產
heritage industry	袭产产业	襲產產業
hermeneutics	解释学	詮釋學
heterotopia	异质空间	異質空間
heterotopology	异质地志	異質地志
hibernation(=winter dormancy)	冬眠	冬眠
hidden housing	潜在住房需求	潛在住房需求
hierarchical clustering	系统聚类	階層聚集
hierarchical diffusion	等级扩散	階層擴散
hierarchical system	递阶系统	階層系統
hierarchic diffusion	递阶扩散	階層擴散
hierarchic system of physical regionalization	自然区划等级系统	自然區劃等級系統
hierarchy	等级	體系
high-altitude permafrost	高海拔多年冻土	高山永凍土
highland	高地	高地
high-latitude permafrost	高纬度多年冻土	高緯度永凍土
highmoor	高位沼泽	高位沼澤

英文名	大陆名	台湾名
high sea	公海	公海
high season	旅游旺季	旅遊旺季
high-tech industry	高技术产业	高科技產業
high-tech park	高技术园区	高科技園區
high tide	高潮	高潮,滿潮
highway transport	公路运输	公路運輸
hiking	远足旅游	遠足旅遊
hill	丘陵	丘陵
hill shading	晕渲法	暈渲法
Himalayan movement	喜马拉雅运动	喜馬拉雅運動
hinge fault	枢纽断层	鉸鏈斷層,捩轉斷層
hinge-network model	枢纽-网络模型	樞紐-網路模式
Hippocrate's theory of humor	希波克拉底体液说	體液理論
historical atlas	历史地图集	歷史地圖集
historical biogeography	历史生物地理学	歷史生物地理學
historical climate	历史气候	歷史氣候
historical cultural ecology	历史文化生态	歷史文化生態
historical ecology	历史生态	歷史生態
historical environment	历史环境	歷史環境
historical-geographical materialism	历史-地理唯物主义	史-地唯物主義,史-地物本論
historical geography	历史地理学	歷史地理學
historical geomorphology	历史地貌学	歷史地形學
historical geosophy	历史地理知识论	歷史地理知識論
historical grave area	历史墓葬区	歷史墓葬區
historical landscape	历史景观	歷史景觀
historical map	历史地图	歷史地圖
historical mausoleum area	历史陵区	歷史陵區
historical-morphological approach	历史-形态[研究]取向	歷史-形態[研究]取向
historical name	历史地名	歷史地名
historical region	历史区	歷史區域
historical school	历史学派	歷史學派
historical tombstone	历史墓碑	歷史墓碑
historical tourism	访古旅游	訪古旅遊
historicity	史实性	史實性
history of cartography	地图学史	地圖學史
history of geographic thought	地理学思想史	地理學思想史

英 文 名	大 陆 名	台 湾 名
history of geography	地理学史	地理學史
Histosol	有机土	黑纖土
hiyal	鸣沙	鳴沙
hogback	猪背岭	豬背嶺,豚背山
hogback ridge	猪背脊	豬背脊
Holantarctic kingdom	泛南极植物区	泛南極植物區
Holarctic kingdom	泛北极植物区	泛北極植物區
Holarctic realm	全北界	全北界
holiday camp	度假营	度假營
holistic approach	整体[研究]取向	全觀法[研究]取向
hollowing-out	空心化	空洞化
Holocene Epoch	全新世	全新世
hologram photography	全息摄影	全像攝影術
holographic geography	全息地理学	全息地理學
holographic reproduction	全息重现,全息复制	全像圖複製
holography(=hologram photography)	全息摄影	全像攝影術
holomixed lake	完全混合湖	完全混合湖
homeless	无家可归者	遊民
home-working	家庭作业	居家工作
homogeneous area	均质地域	均質地域
homogeneous region	均质区域	均質區域
homonym	异地同名	異地同名
homo sapiens neanderthalensis	古人	尼安德塔人
honeycomb dune	蜂窝状沙丘	蜂窩狀沙丘
honeycomb rock	蜂窝岩	蜂窩岩
Hooke's law	胡克定律	虎克定律
horizontal belt	水平地带	水準地帶
horizontal corporation	水平企业	水準企業
horizontal foreign direct investment	水平外资	水準外資
horizontal industrial linkage	产业水平联系	產業水平聯繫
horizontal polarization	水平极化	水準極化
horizontal precipitation	水平降水	水準降水
horn	角峰	角峰
hornfels	角岩	角頁岩
horst	地垒	地壘
Hotelling process	霍特林过程	霍特林作用
hot spot	热点	熱點
hot spring	温泉	溫泉

英　文　名	大　陆　名	台　湾　名
hot vent	热液喷口	熱液噴口
housing block	街坊	街廓
housing investment program	居住投资计划	住宅投資計畫
HQ location (=headquarter location)	总部区位	總部區位
Huang's model	黄秉维模型	黃秉維模式
huge system	巨系统	巨系統
hum	溶蚀残丘,孤峰	石灰[岩]殘丘
human agency	人类能动性	人類能動性
human dimension of environmental change	环境变化的人文面向	環境變化的人文面向
human ecology	人类生态学	人類生態學
human geography	人文地理学	人文地理學
humanistic approach	人本主义取向	人本主義[研究]取向
humanistic geography	人本主义地理学	人本主義地理學
human map	人文地图	人文地圖
human territory	人类领地	人類的領域
humid climate	湿润气候	濕潤氣候
humidity	湿度	濕度
humification	腐殖化作用	腐質化作用
humus	腐殖质	腐殖質[土]
humus accumulation	腐殖质积累作用	腐殖質積累作用
hunting area	田猎区	獵區
hurricane	飓风	颶風
Hu's line	胡焕庸线	胡煥庸線
hybrid identity	混杂认同	混雜認同
hybridity	混杂性	雜化
hybrid model	混杂模型	混雜模式
hybrid system	混杂系统	混雜系統
hydration	水化作用	水化作用,水合作用
hydraulic action	水力作用	水力作用
hydraulic erosion	水力侵蚀	沖蝕
hydraulic geometry	水力几何形态	水力幾何型態
hydraulic radius	水力半径	水力半徑
hydraulics	水力学	水力學
hydrocarbon	碳氢化合物	碳氫化合物
hydrochemicogeography	水化学地理	水化學地理
hydrochemistry	水化学	水化學
hydrochemistry of river	河流水化学	河流水化學
hydroeconomics	水利经济学	水文經濟學

英　文　名	大　陆　名	台　湾　名
hydrogeography	水文地理学	水文地理學
hydrograph	水文过程线	水文曆線
hydrographic remote sensing	水利遥感	水文遙[感探]測
hydrograph separation	流量过程线分割	流量曆線的分割
hydrological cycle	水循环	水循環
hydrological experiment	水文实验	水文實驗
hydrological model	水文模型	水文模型
hydrological process	水文过程	水文過程
hydrological regime	水文情势	水文情勢
hydrologic cycle	水文循环	水文循環
hydrologic effect	水文效应	水文效應
hydrologic mapping	水文制图	水文製圖
hydrologic regionalization	水文区划	水文區劃
hydrologic series	水文系列	水文系列
hydrologic year	水文年	水文年
hydrolysis	水解作用	水解作用
hydrometeorology	水文气象	水文氣象
hydrometry	水文观测	水文觀測
hydrophysics	水文物理学	水文物理學
hydrophyte	水生植物	水生植物
hydropower	水能	水力
hydrosphere	水圈	水圈
hydrothermal vein	热液岩脉	熱液礦脈
hygrometer	湿度计	濕度計
hygrophyte	湿生植物	濕生植物
hygroscopic water	吸着水	吸著水
hypergraph	超图	超圖
hyperspace	超空间	超空間
hypothesis	假设	假設
hypothetico-deductive	假设–演绎	假設–演繹
hypsometric curve	地势曲线	地勢曲線
hypsometric method	分层设色法	分層設色法

I

英　文　名	大　陆　名	台　湾　名
ice age	冰期	冰期
iceberg	冰山	冰山

英　文　名	大　陆　名	台　湾　名
iceberg deposit	冰海沉积	冰海沈積
iceberg form of transport	冰山运输模型	冰山運輸形態
ice cap	冰帽	冰帽
ice content	含冰量	含冰量
ice core	冰芯	冰芯
ice core dating	冰芯定年	冰芯定年
ice core record	冰芯记录	冰芯記錄
ice fabric diagram	冰组构图	冰組構圖
icefall	冰瀑布	冰瀑
ice field	冰原	冰原
ice formation	土体成冰	土體成冰
ice lens	冰透镜体	冰透鏡體
ice phenomena	冰情	冰情
ice-rich permafrost(=ice-rich soil)	富冰冻土	富冰凍土
ice-rich soil	富冰冻土	富冰凍土
ice-scoured plain	冰蚀平原	冰蝕平原
ice segregation	分凝成冰	分凝成冰
ice shelf	冰架	冰架,冰棚
ice storm	冰暴	冰暴
ice stream	冰流	冰流
ice wedge cast	冰楔假型	冰楔鑄型
ice wedge polygon	冰楔多边形	冰楔多邊形
icon	图像	圖像
iconic informatics	图像信息学	圖像資訊學
iconography	图像学	圖像學
ideal city	理想城市	理想城市
ideal landscape	理想景观	理想景觀
idea of landschaft	景观思想	景域理念
idea of progress	进步理念	進步理念
identification of geosystem	地理系统识别	地理系統識別
identity	认同	認同
ideology of Marxism	马克思主义意识形态	馬克思主義意識形態
ideology of the national State	民族国家意识形态	國族意識形態
idiographic approach	独特性[研究]取向	殊相研究取向
illuviation	淀积作用	澱積作用
image	影像	影像
image data compression	图像压缩	影像壓縮
image enhancement	图像增强	影像增強

英 文 名	大 陆 名	台 湾 名
image processing	图像处理	影像處理
image quality	图像质量	影像品質
image recognition	图像识别	影像識別
image restoration	图像复原	影像復原
image roam	图像漫游	影像漫遊
image transformation	图像变换	影像轉換
imaging radar	成像雷达	成像雷達
imaging spectrometer	成像光谱仪	成像光譜儀
imbricated proluvial fan	叠瓦型洪积扇	覆瓦式洪積扇
imitation and oral instruction	模仿与口授	模仿與口授
imperial city	皇城	皇城
imperialism	帝国主义	帝國主義
imperial mausoleum	陵寝	陵寢
imperial palace	宫城	宮城
imperial road	御路	御道
impermeable	不透水	不透水
imprisoned lake	堰塞湖	堰塞湖
inbound tourism	入境旅游	入境旅遊
incentive travel	奖励旅游	獎勵旅遊
Inceptisol	始成土	始成土,弱育土
incised meander	深切曲流	切鑿曲流,下切曲流
incision(＝downcutting)	下切侵蚀	下切侵蝕,下蝕
inclination	[磁]倾角	磁傾角
inclusion	包裹体	包裹體
incumbent upgrading	居住提升	居住提升
index fossil	标志化石	指標化石
index mineral	指示矿物	指標礦物
index of concentration	集中指数	集中指數
indicator community	指示群落	指示群落
indicator plant	指示植物	指示植物
indicatrix	指标图	指標圖
indices of segregation	隔离指数	隔離指數
indirect environmental gradient	间接环境梯度	間接環境梯度
indirect tourism	间接旅游	間接旅遊
individualizing fragmentation	个别体片断化	個體零碎化,個體片面化
individuation	个体化	個體化
industrial agglomeration	工业集聚	工業聚集

英　文　名	大　陆　名	台　湾　名
industrial allocation	工业布局	工業佈局
industrial and mining area	工矿区	工礦區
industrial areal pattern	工业地域类型	工業地欄位型別
industrial atlas	工业地图集	工業地圖集
industrial base	工业基地	工業基地
industrial belt	工业地带	工業地帶
industrial belt location	产业带区位	產業帶區位
industrial capitalism	工业资本主义	工業資本主義
industrial city	工业城市	工業城市
industrial cluster	产业集群	產業集群
industrial complex	工业复合体	工業組合
industrial diffusion	工业扩散	工業擴散
industrial dispersal	工业分散	工業分散
industrial district theory	产业区理论	工業區理論
industrial inertia	产业惯性	產業慣性
industrialization	工业化	工業化
industrialized countries	工业化国家	已工業化國家
industrial junction	工业枢纽	工業樞紐
industrial linkage	产业联系	產業關聯
industrial location	工业区位	工業區位
industrial location theory	工业区位论	工業區位理論
industrial park	工业园	工業園區
industrial production cooperation	工业生产协作	工業生產合作
industrial system	工业体系	工業體系
industrial territorial complex	工业地域综合体	工業地域綜合體
industrial tourism	工业旅游	工業旅遊
industrial wastewater	工业废水	工業廢水
industrial zone	工业区	工業區
industry geography	工业地理学	工業地理學
infection model	传染病模型	傳染模式
infectious disease distribution	传染病分布	傳染病分佈
infectious parasitic diseases distribution	寄生虫病分布	傳染性寄生蟲病分佈
infiltration	入渗	入滲
infiltration capacity	入渗容量	入滲容量
infiltration-excess overland flow	超渗地表径流	超滲地表徑流
influent stream	入渗河流	入滲河流,進入流
information	信息	資訊
informationalization	信息化	資訊化

英 文 名	大 陆 名	台 湾 名
information center	游客信息中心	遊客資訊中心
information city	信息城市	資訊城市
information constraints	信息约束	資訊約束
information field	信息场	資訊場
information hub	信息港	資訊港
information resources	信息资源	資訊資源
information system for resources dynamic monitoring	资源动态监测信息系统	資源動態監測資訊系統
information theory	信息论	資訊理論
infrared plate	红外感光板	紅外線感光板
infrared radiation	红外辐射	紅外光輻射
infrared remote sensing	红外遥感	紅外遙[感探]測
ingénieur-géographe	外业制图员	外業製圖員
inhalable particle	可吸入颗粒物	可吸入顆粒物
initial infiltration	初渗	初滲
initial landform	初始地形	初始地形
Initial Public Offerings（IPO）	首次公开募股	首次公開募股
in-laid terrace	内叠阶地	內疊階地
inland	内陆	內陸
inland basin	内陆盆地	內陸盆地
inland wetland	内陆湿地	內陸濕地
inner city	内城	內城
inner waters	内水	內水
innovation	创新	創新
inorganic pollutant	无机污染物	無機污染物
input-output	投入-产出	投入-產出
input-output analysis	投入产出分析	投入產出分析
inselberg	岛丘,岛状丘	島丘,島狀丘
insequent river	任向河	任向河,斜向河
inset proluvial fan	嵌入型洪积扇	嵌入型洪積扇
inset terrace	嵌入阶地	嵌入階地
insolation weathering	热力风化	日照風化
insular slope	岛坡	島坡
integrated coastal zone management	海岸带综合管理	海岸帶綜合管理
integrated geo-computational environment	地学集成计算环境	整合地學計算環境
integrated physical geography	综合自然地理学	綜合自然地理學
integrated physical regionalization	综合自然区划	綜合自然區劃
integrated technology for the earth observa-	对地观测集成技术	地球觀測整合技術

英　文　名	大　陆　名	台　湾　名
tion		
integrated transportation	综合运输	綜合運輸
integrated transport network	综合交通运输网	綜合交通運輸網
integrated use of natural resources	资源综合利用	資源綜合利用
integrity	完整性	完整性
intellectual terrouism	知识恐怖主义	思想上的恐怖主義
intensive agriculture	精耕农业,集约农业	精耕農業，集約農業
interactive map(=alternant map)	交互地图	互動式地圖
interaquifer flow	层间流	層間流
interception	截留	截留
interdependence	相互依赖	互依
interdependence trap	相互依赖陷阱	相互依賴陷阱
interdunal depression	丘间低地	丘間窪地
interest rate swaps	利率交换	利率交換
interface	接口,界面	介面
interflow	壤中流	中間流
interglacial period	间冰期	間冰期
inter-industry linkage	产业间关联	產業內部關聯
interior drainage	内陆水系	內陸水系
interlocking spurs	交错山嘴	交錯山嘴
intermittent stream	间歇河	間歇河
inter-modism	多制式联运	多制式聯運
intermountain basin	山间盆地	山間盆地
internal growth theory	内部发展理论	內部成長理論
internalization	内化	內化
internal water	内部水	內含水
International Date Line	国际日期变更线	國際換日線
international division of labor	国际劳动地域分工	國際勞動地域分工
International Geographical Union	国际地理联合会	國際地理聯合會
international school of modern architecture	现代建筑国际学派	現代建築國際學派
international sea bed	国际海底	國際海床
international tourism	国际旅游	國際觀光
international trade theory	国际贸易理论	國際貿易理論
Internet	因特网	網際網路
Internet map	因特网地图	網際網路地圖
interoperability	互操作	交互操作
inter-planting of trees and crops	粮林间作	糧林間作
interpluvial	间雨期	間雨期

英 文 名	大 陆 名	台 湾 名
interpretation	判读	判讀
interpretation of landscape	景观解读	景觀判讀
intersected plantain surface	交切夷平面	交切平夷面
intertextuality	互文性	互為文本性
intertidal zone	潮间带	潮間帶
intertropical convergence zone	热带辐合带	間熱帶輻合帶
intervening opportunity	介入机会,插入机会	介入機會,插入機會
interviewing	面谈	面談
intrazonality	隐域性	隱域性
intrazonal soil	隐域土	隱域土
intrusive ice	侵入冰	侵入冰
intrusive ice formation	侵入成冰	侵入成冰
intrusive rock	侵入岩	侵入岩
invasion	入侵	入侵
invasion and succession	侵入和演替	侵入和演替
inverse distance law	反距离律	反距律
inversion	反演	反演,倒轉
inversion of landform	地貌倒置	地形倒置
iodine deficient disorder	碘缺乏病	碘缺乏病
Ionian map	爱奥尼亚地图	愛奧尼亞地圖
Ionian philosopher	爱奥尼亚哲学家	愛奧尼亞哲學家
ionosphere	电离层	電離層
ion runoff	离子径流	離子徑流
IPO(=Initial Public Offerings)	首次公开募股	首次公開募股
Iron Age	铁器时代	鐵器時代
irrigation-silting soil	灌淤土	灌淤土
Islam	伊斯兰教	伊斯蘭教
island	岛[屿]	島[嶼]
island arc	岛弧	島弧
island group	群岛	群島
island shelf	岛架	島棚
isobar	等压线	等壓線
isochrone	等流时线	等流時線
isoclinal fold	等斜褶皱	等斜褶曲
isodapane	等费线	等費線
isohumic soil	均腐土	均腐土
isohumisol(=isohumic soil)	均腐土	均腐土
isohyet	等雨量线	等雨線

英 文 名	大 陆 名	台 湾 名
Isolated State	孤立国	孤立國
isolated system	孤立系统	孤立系統
isolating mechanism	隔离机制	隔離機制
isoline map	等值线图	等值線圖
isoline method	等值线法	等值線法
isomorphism	类质同象	異質同形
isoseismal line	等震线	等震[度]線
isostasy	地壳均衡	地殼均衡
isostatic eustasy	地壳均衡型海面变化	地殼均衡型海面變化
isotherm	等温线	等溫線
isotope	同位素	同位素
isotope hydrology	同位素水文学	同位素水文學
isotopic dating	同位素测年	同位素定年
isthmus	地峡	地峽
itai-itai disease	痛痛病	痛痛病
Italian geography	意大利地理学	義大利地理學

J

英 文 名	大 陆 名	台 湾 名
jet stream	射流	噴流
job fragmentation	工作零碎化	工作零碎化
job sharing	合工	合工制
joint	节理	節理
joint set	节理组	節理組
joint system	节理系统	節理系統
journey time	旅行时间	旅時
jump diffusion	跳跃扩散	跳躍擴散
jungle tourism	丛林旅游	叢林旅遊
Jurassic Period	侏罗纪	侏羅紀
juvenile water	初生水,岩浆水	初生水,岩漿水

K

英 文 名	大 陆 名	台 湾 名
kame	冰砾阜	冰礫階
kame terrace	冰砾阜阶地	冰礫臺地
kaolin	高岭土	高嶺土

英　文　名	大　陆　名	台　湾　名
karez	坎儿井	坎兒井
kariz(=karez)	坎儿井	坎兒井
karren	溶痕	溶痕,溶溝
karst	喀斯特	喀斯特
karst geomorphology	喀斯特地貌学	喀斯特地形學
karst hydrology	喀斯特水文	喀斯特水文
karst lake	喀斯特湖	喀斯特湖
karst landform	喀斯特地貌	喀斯特地貌,石灰岩地形
karst margin plain	喀斯特边缘平原	喀斯特邊緣平原
karst plain	喀斯特平原	喀斯特平原
karst water	喀斯特水	喀斯特水
Kaschin-Beck disease	大骨节病	大骨節病
kastanozem(=chestnut soil)	栗钙土	栗鈣土
katabatic wind	下吹风	下坡風
Kelvin scale	开氏温标	凱氏溫標
kerogen	油母质	油母質
Keshan disease	克山病	克山病
kettle	锅穴	冰穴,冰鍋
Keynesian theory	凯恩斯理论	凱恩斯理論
keystone species	关键种	關鍵種
kimberlite	金伯利岩	角礫雲橄岩
kinetic energy	动能	動能
K-L transform	K–L 变换	K–L 變換
knick point	裂点	裂點
Köppen's climate classification	柯本气候分类	柯本氣候分類
Kriging method	克里金法	克利金法
Krugman spatial process	克鲁格曼空间过程	克魯格曼空間過程
K-selection	K 选择	K 選擇
Kulturvölker(德)	文化人	文化人
Kuroshio Current	黑潮	黑潮
K-value	K 值	K 值
Kyoto protocol	京都议定书	京都議定書

L

英　文　名	大　陆　名	台　湾　名
label	标注	標注
labor-intensive industry	劳动力密集型工业	勞動力密集型工業
labor productivity	劳动生产率	勞工生產力
labor shed	劳动力源地	勞工源地
labyrinth cave	迷宫溶洞	迷宫溶洞
laccolith	岩盖	岩蓋
lacustrine cliff	湖蚀崖	湖蝕崖
lacustrine deposit	湖相沉积	湖相沈積
lacustrine landform	湖泊地貌	湖泊地形
lacustrine plain	湖积平原	湖積平原
ladder development theory	梯度理论	梯度理論
lagoon	潟湖	潟湖
lag time	时[间]滞[后]	遲延時間
lahar	火山泥石流	火山泥流
lake	湖泊	湖泊
lake basin	湖盆	湖盆
lake circulation	湖水环流	湖水環流
lake current	湖流	湖流
lake eutrophication	湖泊富营养化	湖泊優養化
lake hydrology	湖泊水文学	湖泊水文學
lake paludification	湖泊沼泽化	湖泊沼澤化
lake storage	湖泊蓄水量	湖泊蓄水量
lake water balance	湖泊水量平衡	湖泊水平衡
lake wetland	湖泊湿地	湖泊濕地
laminar flow	层流	層流
land	土地	土地
land appraisal	土地评价	土地評價
land bridge	陆桥	陸橋
land capacity	土地生产力	土地生產力
land carrying capacity	土地承载力	土地承載力
land catena	土地链	土鏈
land characteristics	土地特性	土地特性
land classification	土地分类	土地分類

英 文 名	大 陆 名	台 湾 名
land cover	土地覆被	土地覆被
land degradation	土地退化	土地退化
land desertification	土地沙漠化	土地沙漠化
land ecosystem	土地生态系统	土地生態系統
land element	土地要素	土地要素
land evaluation for urban development	城市用地评价	都市用地評價
land evaporation	陆面蒸发	陸面蒸發
land facet	土地刻面	土地刻面
landform	地貌	地形
landform assemblage	地貌组合	地形組合
landform forming process	地貌形成作用	地形形成作用
land function	土地功能	土地功能
land grading	土地分级	土地分級
land hemisphere	陆半球	陸半球
land hydrology(=continental hydrology)	陆地水文学	陸地水文學
land improvement	土地改良	土地改良
land information system(LIS)	土地信息系统	土地資訊系統
land limitation	土地限制性	土地限制性
landlocked state	内陆国	内陸國
land option for urban development	城市用地选择	都市用地選擇
land paludification	陆地沼泽化	陸地沼澤化
land productivity	土地生产率	土地生產率
land quality	土地质量	土地品質
land resources	土地资源	土地資源
land sandification	土地沙化	土地沙化
landsat series	陆地卫星系列	陸地衛星系列
landscape	地景,景观	地景,景觀
landscape architecture	景观建设	地景建設
landscape design	景观设计	地景設計
landscape diagnosis	景观诊断	地景診斷
landscape dynamics	景观动态	地景動態
landscape ecological planning	景观生态规划	地景生態規劃
landscape ecology	景观生态学	地景生態學
landscape epidemiology	景观流行病学	地景流行病學
landscape evaluation	景观评估	地景評估
landscape function	景观功能	地景功能
landscape geochemical contrast	景观地球化学对比性	地景地球化學對比性
landscape geochemical type	景观地球化学类型	地景地球化學類型

英 文 名	大 陆 名	台 湾 名
landscape geochemistry	景观地球化学	地景地球化學
landscape morphology	景观形态	地景形態
landscape prognosis	景观预测	地景預測
landscape science	景观学	地景科學
landscape structure	景观结构	地景結構
landscape typology	地景类型学	地景類型學,景觀類型學
Landschaft school	景域学派	景域學派
Landschaftskunde	景域学	景域學
landslide	滑坡	地滑,山崩
landslide lake	山崩湖	山崩湖
landslip(=landslide)	滑坡	地滑,山崩
land subsidence	地面沉降	地層下陷
land suitability	土地适宜性	土地適宜性
land survey	土地调查	土地調查
land system	土地系统	土地系統
land treatment	土地处理	土地處理
land type	土地类型	土地類型
land unit	土地单元	土地單元
land use	土地利用	土地利用
language area	语言区	語言區
language change	语言演变	語言演變
language contact	语言接触	語言接觸
La Niña	拉尼娜	反聖嬰現象
laography(希)	乡土文化学	鄉土文化學
lapies	岩溶沟	岩溝
laser remote sensing	激光遥感	雷射遙測
Last Glacial Maximum	末次冰盛期	末次冰盛期
Last Glaciation	末次冰期	末次冰期
late capitalism	晚期资本主义	晚期資本主義
latent heat	潜热	潛熱
latent heat of evaporation	蒸发潜热	蒸發熱
latent heat of melting	熔化潜热	融解熱
latent heat of solidification	凝固潜热	凝固熱
latent heat of sublimation	升华潜热	昇華熱
lateral erosion	侧向侵蚀	側向侵蝕
lateral moraine	侧碛垄	側冰磧
laterite	砖红壤	磚紅壤

英　文　名	大　陆　名	台　湾　名
laterization	富铁铝化作用	聚鐵鋁化作用,紅壤化
latitude	纬度	緯度
latosol(=laterite）	砖红壤	磚紅壤
latosolic red soil	赤红壤	赤紅壤
lattice form	晶格态	晶格形態
Laurasia	劳亚古陆	勞亞古陸
laurel forest	照叶林	照葉林
lava flow	熔岩流	熔岩流
lava plain	熔岩平原	熔岩平原
lava plateau	熔岩高原	熔岩高原
lava platform	熔岩台地	熔岩臺地
law of drainage composition	水系结构定律	水系結構定律
law of stream number	河流数目定律	河川數目定律
law of superposition	重叠原理	疊置定律
law of the primate city	城市首位律	首要城市定律
layer	层	層
leaching	淋洗作用	淋溶作用
leading industry	主导产业	主導產業
lean production	精益生产	精益生產
learning economy	学习[型]经济	學習[型]經濟
learnt amateur	初学者	業餘博學者
leased territory	租界	租界
leeside	背风面	背風面
leeward slope	背风坡	背風坡
left lateral fault	左行断层	左移斷層
left wing geographer	左翼地理学者	左翼地理學者
legend	图例	圖例
legitimation	合法化	合法化
leisure malls	休闲商场	休閒商場
leisure tourist	休闲旅游者	休閒旅遊者
Le Play's school	勒普雷学派	樂普雷學派
Leptosol	薄层土	薄層土
lessivage(=mechanical eluviation）	[机械]淋移作用	[機械]淋移作用
liana	藤本植物	藤本植物
liang	黄土墚	黃土墚
lianos	利亚诺斯群落	利亞諾斯群落
liberal economics	自由主义经济学	自由派經濟學
liberalism	自由主义	自由主義

英　文　名	大　陆　名	台　湾　名
lichen	地衣	地衣
life cycle	生命周期	生命週期
life cycle of destination	旅游地生命周期	旅遊地生命週期
life element	生命元素	生命元素
life expectance	人口预期寿命	人口預期壽命
life form	生活型	生活型
life-form spectrum	生活型谱	生活型譜
life-support system	生命支持系统	生命支援系統
life zone	生命带	生命帶
light rail transit	轻轨交通	輕軌交通
lignite	褐煤	褐煤
liman coast	溺谷型海岸	洲潟海岸
limb	翼	翼
limestone	石灰岩	石灰石
limestone cave	石灰岩洞穴	石灰岩洞
limit cycle	极限环	極限環
limit of acceptable change	可接受的改变限度	可接受的改變限度
limnology	湖沼学	湖沼學
limonite	褐铁矿	褐鐵礦
linear city	带型城市	線型城市
linear distance	直线距离	直線距離
linear market	线形市场	線形市場
linear sand dune	线性沙丘	線狀沙丘
lineation	线理	線理,線狀構造
line symbol method	线状符号法	線狀符號法
linguistic geography	语言地理学	語言地理學
linguists	语言学者	語言學者
linkage	联系	關聯
LIS(=land information system)	土地信息系统	土地資訊系統
literary tourism	文学旅游	文學旅遊
lithification	岩化作用	岩化作用
lithology	岩性学	岩性學
lithosphere	岩石圈	岩石圈
litter	枯枝落叶	枯枝落葉
little ice age	小冰期	小冰期
littoral current(=longshore current)	沿岸流	沿岸流
littoral drift	沿岸漂砂	沿岸漂沙
lived space	生活空间	生活空間

英　文　名	大　陆　名	台　湾　名
lived-world	生活世界	生存世界
living space	生存空间	生存空間
Lixisol	低活性淋溶土	低活性淋溶土
loam	壤土	壤土
local analysis	局部分析	局部分析
local base level	局部侵蚀基准面	局部侵蝕基準面
local circulation	局地环流	局地環流
local climate	局地气候	地方氣候
local content	本地化程度	地方化程度,在地內涵
local culture	地方文化	地方文化
locale	地方,场所	地域,場所
local ecological basis	地方生态基础	地方生態基礎
local embeddedness	地方嵌入	地方嵌入
local G statistic	局部 G 统计	局部 G 統計
local history	地方历史	地方史
localism	地方主义	地方主義
locality	地方性	地方性,地域性
localization	本地化	地方化
localization economy	本地化经济	區位化經濟
local model	地方模型	地方模式
local name	当地地名	地方名
local society	地方社会	當地社會
local time	地方时	地方時
local wind	地方性风	地方風
locating diagram method	定点统计图表法	定點統計圖表法
location	区位	區位
locational advantage	区位优势	區位優勢
locational coefficient	区位系数	區位係數
locational condition	区位条件	區位條件
locational factor	区位因子	區位因數
locational freedom	区位自由	區位自由
location-allocation model	区位-布局模型	區位-佈局模型
location consistent conjugation	区位共轭	區位共軛
location of natural resources	资源区位	資源區位
location rate	区位比	區位比
location rent	区位地租	區位地租
location selection	区位选择	區位選擇
location theory	区位论	區位理論

英 文 名	大 陆 名	台 湾 名
location triangle	区位三角形	區位三角形
lodgement till	滞碛	滯磧
loess	黄土	黃土
loessal soil	黄绵土	黃綿土
loess deposit	黄土沉积	黃土沈積
loess hill(=mao)	黄土峁	黃土丘
loess landform	黄土地貌	黃土地形
loess ridge(=liang)	黄土墚	黃土墚
loess tableland(=yuan)	黄土塬	黃土塬
logarithmic transform	对数变换	對數轉換
logical empiricism	逻辑经验论	邏輯經驗論
logical neo-positivism	逻辑新实证主义	邏輯新實證主義
logical positivism	逻辑实证论	邏輯實證論
logistic model	逻辑斯蒂模型	邏輯斯蒂模型
logistics	物流	物流,後勤學
logistics distribution	物流配送	物流配送
longevous area	长寿区	長壽區
longitude	经度	經度
longitudinal coastline	纵向岸线	縱向岸線
longitudinal dune(=linear sand dune)	线性沙丘	線狀沙丘
longitudinal erosion	纵向侵蚀	縱向侵蝕
longitudinal profile	纵剖面	縱剖面
longitudinal valley	纵谷	縱谷
longitudinal wave	纵波	縱波
long-run regional growth model	区域长程增长模型	區域長程增長模型
longshore bar	沿岸沙坝	沿岸沙洲
longshore current	沿岸流	沿岸流
longshore drift	沿滨泥沙流	沿濱漂砂
long-term region development model	区域长期发展模型	區域長期發展模式
longwave radiation	长波辐射	長波輻射
lopolith	岩盆	岩盆
Lorenz curve	洛伦茨曲线	羅倫茲曲線
Losch model	廖什模型	勞許模式
lost space	失落空间	失落空間
Lotka-Volterra model	洛特卡-沃尔泰拉模型	洛特卡-沃爾泰拉模式
Love wave	勒夫波	樂夫波
lowland	低地	低地
low limit of permafrost	多年冻土下界	永凍土下界

英 文 名	大 陆 名	台 湾 名
lowmoor	低位沼泽	低位沼澤
low pressure trough	低压槽	低壓槽
Lowry model	劳里模型	勞里模式
low season	旅游淡季	旅遊淡季
low selenium belt	低硒带	低硒帶
low velocity zone	低速带	低速帶
low water	低潮	低潮
Luvisol	高活性淋溶土	高活性淋溶土
Lyapunov exponent	李雅普诺夫指数	李雅普諾夫指數

M

英 文 名	大 陆 名	台 湾 名
maar	低平火山口	低平火山口
machinofacture	机械制造	機械製造
macroclimate	大气候	大氣候
macroeconomics	宏观经济学	總體經濟學
macroeconomy base model	基础宏观经济模型	基礎宏觀經濟模型
macroevolution	宏观进化	宏觀進化
macroscopic structure of region	宏观地域结构	宏觀地域結構
macro-system	宏系统	巨集系統
mafic minerals	镁铁质矿物	鎂鐵質礦物
mafic rock	镁铁质岩石	鎂鐵岩石
magic type	法术型	秘術型
maglev train	磁悬浮列车	磁浮列車
magma	岩浆	岩漿
magma chamber	岩浆房	岩漿庫
magmatic differentiation	岩浆分异作用	岩漿分異作用
magnetic epoch	磁性时期	地磁期
magnetic pole	磁极	磁極
magnetic suspension train(=maglev train)	磁悬浮列车	磁浮列車
magnetostratigraphy	磁性地层学	地磁地層學
magnitude	量级	規模
main stream	干流	主流
maize belt	玉米带	玉米帶
major element	主要元素	主元素
major soil grouping	土壤类群	土壤類群

英　文　名	大　陆　名	台　湾　名
Malthusian model	马尔萨斯模型	馬爾薩斯模式
mangrove	红树林	紅樹林
mangrove coast	红树林海岸	紅樹林海岸
mangrove swamp	红树林沼泽	紅樹林沼澤
man-land relamanland	人地关系论	人地關係論
man made desert	人造沙漠	人造沙漠
man-milieu relationship	人与环境关系	人與環境的關係
Manning equation	曼宁方程	曼寧公式
Manning roughness coefficient	曼宁粗糙度	曼寧粗糙係數
Mann-Kendall method	曼–肯德尔算法	曼–肯德爾演算法
mantle movement	地幔运动	地函運動
manufacturing	制造业	製造業
manufacturing system	制造业体系	手工製造體系
mao	黄土峁	黃土丘
map	地图	地圖
map capacity	地图容量	地圖容量
map classification	地图分类	地圖分類
map color atlas	地图色谱	地圖色譜
map color bank	地图色彩库	地圖色庫
map color standard	地图色标	地圖色標
map critique(=map evaluation)	地图评价	地圖評價
map data structure	地图数据结构	地圖資料結構
map decoration	地图整饰	地圖整飾
map design(=cartographic design)	地图设计	地圖設計
map digitizing	地图数字化	地圖數位化
map editing	地图编辑	地圖編輯
map evaluation	地图评价	地圖評價
map feature code	地图特征码	地圖特徵碼
map form	地图图型	地圖圖型
map function	地图功能	地圖功能
map graticule	地图坐标网	地圖座標網
map interpretation(=cartographic interpretation)	地图判读	地圖判讀
map legilicity(=map readability)	地图易读性	地圖易讀性
map lettering	地图注记	地圖注記
map mapping expert system	地图制图专家系统	地圖製圖專家系統
map mathematic model	地图数学模型	地圖數學模型
map measurement	地图量算	地圖量測

英　文　名	大　陆　名	台　湾　名
map model	地图模型	地圖模型
Map of Meaning	含义地图	意義地圖
map of sandy desert	沙漠图	沙漠圖
map of sandy desertification	沙漠化地图	沙漠化地圖
map output	地图输出	地圖輸出
map overlay analysis	地图叠置分析	地圖套疊分析
map production	地图生产	地圖生產
map projection	地图投影	地圖投影
map readability	地图易读性	地圖易讀性
map reliability	地图可靠性	地圖可靠性
map reproduction	地图复制	地圖複製
map revision	地图更新	地圖更新
map sat	制图卫星	製圖衛星
map scanning digitizing	地图扫描数字化	地圖掃描數位化
map scout digitizing	地图跟踪数字化	地圖跟蹤數位化
map scribing	地图刻绘	地圖刻繪
map semiology	地图符号学	地圖符號學
map symbol(= cartographic symbol)	地图符号	地圖符號
map symbol bank	地图符号库	地圖符號庫
map unity and concert	地图统一协调性	地圖統一與協調
map use	地图利用	地圖利用
map verbal bank	地图文字库	地圖文字形檔
maquis	马基斯群落	馬基斯群落
marble	大理石	大理石
Mare	月海	月海
marginal farmer	边际农民	邊際農民
marginal productivity	边际生产力	邊際生產力
marine abrasion landform	海蚀地貌	海蝕地形
marine accumulation	海积作用	海積作用
marine climate	海洋性气候	海洋性氣候
marine climatology	海洋气候学	海洋氣候學
marine deposit	海相沉积	海相沈積
marine depositional landform	海积地貌	海積地形
marine deposition-graded coast	海积夷平岸	海積平夷岸
marine deposition terrace	海积阶地	海積階地
marine erosion	海蚀作用	海蝕作用
marine erosion-deposition graded coast	海蚀-海积夷平岸	海蝕-海積平夷岸
marine erosion-graded coast	海蚀夷平岸	海蝕平夷岸

英　文　名	大　陆　名	台　湾　名
marine erosion terrace	海蚀阶地	海蝕階地
marine facies sedimentation(=marine deposit)	海相沉积	海相沈積
marine faunal group	海洋动物群	海洋動物群
marine fishery	近海渔业	海洋漁業
marine function area	海洋功能区	海洋功能區
marine function zone(=marine function area)	海洋功能区	海洋功能區
marine geography	海洋地理学	海洋地理學
marine hydrology	海洋水文学	海洋水文學
marine landform	海洋地貌	海洋地形
marine pollution	海洋污染	海洋污染
marine resources	海洋资源	海洋資源
marine terrace(=coastal terrace)	海岸阶地	海岸階地
maritime glacier	海洋性冰川	海洋性冰川
maritime name	海域地名	海域地名
maritimization of economic activities	经济活动临海化	經濟活動海岸化
market	市场	市場
market area	市场域	市場域
market distance	市场距离	市場距離
market district	市场区	市場區
market economics	市场经济学	市場經濟學
market fragmentation	市场零碎化	市場零碎化
marketing geography	营销地理学	行銷地理學
marketing principle	营销原则	市場原則,行銷原則
market location	市场区位	市場區位
market-oriented industry	市场取向工业	市場取向工業
market overlap	市场超叠	市場重疊
market penetration	市场渗透	市場滲透
market potential	市场位势	市場潛勢
market segmentation	市场区隔化,市场细分	市場區隔化,市場細分
marl	泥灰岩	泥灰岩
marsh	沼泽	沼澤
marsh revolution	沼泽演化	沼澤演化
Marxist activism	马克思行动主义	馬克思行動主義
Marxist economics	马克思主义经济学	馬克思主義經濟學
Marxist geography	马克思主义地理学	馬克思主義地理學
Marxist radicals	马克思主义激进分子	馬克思主義激進分子

英 文 名	大 陆 名	台 湾 名
mass consumption	大众消费	大眾消費
mass culture	大众文化	大眾文化
mass extinction	集群灭绝	集群滅絕
mass fashion	大众流行	大眾流行
Massif Central	中央地块	中央山地
massive ice	大块冰	大塊冰
mass market	大卖场	大賣場
mass movement	块体运动	塊體運動
mass number	质量数	質量數
mass production	大量生产,大规模生产	大量生產,大規模生產
mass wasting	物质坡移	塊體崩移
master plan	总体规划	總體規劃
material cycle	物质循环	物質循環
material element	决定性要素	物質元素
materialism	唯物主义	唯物主義
material orientation	原料指向	原料指向
material world	物质世界	物質世界
mathematical cartography	数学地图学	數學地圖學
mathematical geography	数理地理学	數理地理學
mathematical programming	数学规划	數學規劃
matter cycle on earth surface	地表物质循环	地表物質循環
matter migration on earth surface	地表物质迁移	地表物質遷移
mature soil	成熟土壤	成熟土壤
mature stage	壮年期	壯年期
Matuyama reversed polarity chron	松山反向极性期	松山逆極期
mausoleum town	陵邑	陵邑
maximizer	最大获利者	最大獲利者
maximum entropy model	最大熵模型	最大熵模式
meadow	草甸	草地,草場
meadow paludification	草甸沼泽化	草地沼澤化
meadow soil	草甸土	濕草原土
meadow steppe	草甸草原	濕[貧]草原
mean	均值	平均值
mean annual temperature	年均温	年均溫
mean daily temperature	日均温	日均溫
meander	曲流	曲流
meander core	离堆山	離堆山,環流丘
meander cutoff	裁弯取直	曲流快捷方式,曲流切

英　文　名	大　陆　名	台　湾　名
		斷
meandering river channel	蜿蜒型河道	蜿蜒河道
meander spur(=meander core)	离堆山	離堆山, 環流丘
mean information field(MIF)	平均信息域	平均資訊場
mean monthly temperature	月平均温度	月均溫
means of cartographic representation	地图表示手段	地圖呈現方法
mean velocity	平均流速	平均流速
mechanical eluviation	[机械]淋移作用	[機械]淋移作用
mechanical energy	机械能	機械能
mechanical migration	机械迁移	機械遷移
mechanics of frozen ground	冻土力学	凍土力學
mechanism of remote sensing	遥感机理	遙測機制
med-centric tourist	中间型游客	中間型遊客
medial moraine	中碛	中磧
median	中位数	中位數
medical disease map	疾病医疗地图	疾病醫療地圖
medical geography	医学地理学	醫學地理學
medical meteorology	医学气象学	醫學氣象學
Medieval(=Middle Ages)	中世纪	中世紀
medieval geography	中世纪地理学	中世紀地理學
medieval warm period	中世纪暖期	中世紀暖期
Mediterranean climate	地中海气候	地中海氣候
medium	介质	介質
megadune	沙山	沙山
megafauna	巨动物群	大型動物群
megalopolis	大城市连绵区	特大都會
megathermal	全新世暖期	全新世暖期
Meiyu	梅雨	梅雨
melange	混杂堆积	混同層
melt	熔体	熔體
meltout	融出碛	融出磧
membership function of geomorphic type	地貌类型隶属函数	地形類型的隸屬函數
mental map	心象地图	心智圖
Mercator projection	墨卡托投影	麥卡托投影
mercury barometer	水银压力计	水銀壓力計
meridian line	子午线	子午線
meridian of longitude	经线	經線
meridian transport	经线传输	經線傳輸

英　文　名	大　陆　名	台　湾　名
meridional circulation	经向环流	經向環流
mesa	方山	方山
mesoclimate	中气候	中氣候
Mesolithic Age	中石器时代	中石器時代
mesopause	中层顶	中氣層頂
mesophyte	中生植物	中生植物
meso-regional distribution of soil	土壤中域分布	土壤中域分佈
mesosphere	中层	中氣層
Mesozoic Era	中生代	中生代
metacartography	元地图学	元地圖學
metadata	元数据	元資料
metageography	元地理学	元地理學
metamorphic facies	变质相	變質相
metamorphic grade	变质程度	變質度
metamorphic rock	变质岩	變質岩
metamorphism	变质作用	變質作用
metaphor	隐喻	隱喻
metaphysical and teleogical flavor	形而上学和目的论风格	形上學和目的論風格
metapopulation	碎裂种群	碎裂種群
metasomatism	交代变质作用	換質作用
meteoric water	大气水	天水,雨水
meteorite	陨石	陨石
meteorological satellite	气象卫星	氣象衛星
meteorology	气象学	氣象學
methane	甲烷	甲烷
methodological individualism	方法论的个体论	方法論的個體論
methodology	方法论	方法論
metropolis	大都市	大都會
metropolis-satellite hypothesis	大都市-卫星城假说	大都會-衛星城假說
metropolitan area	大都市区	大都市區
metropolitan labor area（MLA）	大都市劳动力区	大都市勞動力區
metropolitan region(= metropolitan area)	大都市区	大都市區
metropolitan village	大都市村庄	大都市村莊
metropolization	大都市化	大都會化
mica	云母	雲母
microburst	小阵雷暴雨	微暴流
microclimate	小气候	微氣候
microcontinent	微型陆块	微大陸

英　文　名	大　陆　名	台　湾　名
micro-economics	微观经济学	個體經濟學
microfilm map	缩微地图	縮微地圖
microhabitat	小生境	小生境
micro-regional distribution of soil	土壤微域分布	土壤微域分佈
microscopic structure of region	微观地域结构	微觀地域結構
micro-viscous debris flow	稀性泥石流	稀性土石流
microwave	微波	微波
microwave radiometer	微波辐射计	微波輻射計
microwave remote sensing	微波遥感	微波遙測
Middle Ages	中世纪	中世紀
middle infrared	中红外	中紅外
Middle West school	中西部学派	中西部學派
midlatitude wave cyclone	中纬度波动性气旋	中緯度氣旋波
mid ocean ridge	洋中脊	中洋脊
MIF(=mean information field)	平均信息域	平均信息域
migmatite	混合岩	混合岩
migrant labor	移民劳动力	移民勞動力
migration	迁移	遷移
Milankovitch hypothesis	米兰科维奇假说	米蘭克維奇假說
military geography	军事地理学	軍事地理學
military map	军用地图	軍用地圖
milkshed	奶源区	集乳區
millibar	毫巴	毫巴
Minamata disease	水俣病	水俣病
mineral	矿物	礦物
mineralization	降解	礦化任用
mineraloid	似矿物	似礦物
mineral resources	矿产资源	礦產資源
minimum discharge	最小流量	最小流量
mining city	矿业城市	礦業城市
mining engineer	采矿工程师	礦業工程師
minority name	少数民族地名	少數民族地名
Miocene Epoch	中新世	中新世
mire hydrology	沼泽水文学	沼澤水文學
misfit stream	不称河	不稱河,錯置河
mistral	密史脱拉风	密史脱拉風
mixed farming	混合农业	混合農業
mixed heritage(=natural and cultural	自然与文化混合遗产	自然與文化遺產,混合

英 文 名	大 陆 名	台 湾 名
heritage)		遺產
mixed pixel	混合像元	混合像元
MLA(＝metropolitan labor area)	大都市劳动力区	大都市勞動力區
mobile belt	活动带	活動帶
mobile dune	流动沙丘	流動沙丘
mobility	迁移活性	遷移活性
model	模型	模式
model goodness-of-FIT	模型拟合优势度	模式擬合優勢度
modeling	建模	建模
modelization of reality	现实世界模式化	現實世界模式化
model misspecification	模型误导	模式誤導
model of agricultural location	农业区位模式	農業區位模式
model of designated city	设市模式	設市模式
model of industrial location	工业区位模式	工業區位模式
model of retailing gravity	零售引力模式	零售引力模式
modern disease	现代病	現代病
modern geography	现代地理学	現代地理學
modernity	现代性	現代性
modern macroeconomics	现代宏观经济学	現代總體經濟學
modern rational metaphysics	现代理性形而上学	現代理性形上學
modes of trip	出行方式	出遊方式
Moho	莫霍面	莫荷面
Mohorovicic discontinuity(＝Moho)	莫霍面	莫荷面
moisture index	湿润指数	濕度指數
mollic epipedon	软黑层	軟黑層
mollisol	软土,暗沃土	軟黑土,暗沃土
monadnock	残丘	殘丘
money market	货币市场	貨幣市場
monitoring the Earth	地球监测	地球監測,監測地球
monopoly capitalism	垄断资本主义	壟斷資本主義
monsoon	季风	季風
monsoon burst	季风爆发	季風爆發
monsoon climate	季风气候	季風氣候
monsoon forest	季[风]雨林	季[風]雨林
monsoon index	季风指数	季風指數
montane belt	山地带	山地帶
montane meadow soil	山地草甸土	山地濕草原土
monthly temperature range	月温差	月溫差

英　文　名	大　陆　名	台　湾　名
Montreal Protocol	蒙特利尔公约	蒙特婁公約
moon	月球	月球
moraine	冰碛	冰磧
moraine-dammed lake	冰碛阻塞湖	冰磧堰塞湖
Moran I	莫兰I数	莫蘭I數
morphemes	词素	詞素
morphogenetic classification	形态发生分类	形態[發生]分類
morphotectonic pattern	构造地貌格局	構造地形類型
morphotectonics(=tectonic landform)	构造运动地貌	造構地形
morphotectonic structure	构造地貌结构	構造地形結構
mortality table	死亡率表	死亡表
mortgage policy	贷款政策	貸款政策
moss bog	藓类沼泽	蘚類沼澤
moss wetland	藓类湿地	蘚類濕地
mother city	母城	母城
mount(=peak)	峰	峰
mountain	①山 ②山地	①山 ②山地
mountain arc	山弧	山弧
mountain chain(=mountain range)	山脉	山脈
mountain climate	山地气候	山地氣候
mountain glacier	山岳冰川	山地冰川
mountain hydrology	山地水文	山地水文
mountain mass effect	山体效应	山體效應
mountainous coast	山地海岸	山地海岸
mountain pass	①陉 ②关	①陘,山口 ②關
mountain range	山脉	山脈
mountain root	山根	山根
mountain sickness distribution	高山病分布	高山病分佈
mountain soil	山地土壤	山地土
mountain spur	山嘴	山嘴
mountain swamp	山地沼泽	山地沼澤
mountain-valley breeze	山谷风	山谷風
movement	①移动 ②运动	①移動 ②運動
MSS(=multispectral scanner)	多谱段扫描仪	多譜段掃描器
muck	腐殖土	腐殖土
mud	泥	泥
mud crack	泥裂	泥裂
mudflow	泥流	泥流

英 文 名	大 陆 名	台 湾 名
mud maar	泥火山口	噴泥池
mud pot	热泥潭	泥沸[溫]泉
mudstone	泥岩	泥岩
mud volcano	泥火山	泥火山
mulberry fish pond	桑基鱼塘	桑基魚塘
mulitsource Weber problem	多元韦伯问题	多源韋伯問題
multicomponent map	多要素地图	多要素地圖
multi-cropping index	复种指数	複種指數
multiculturalism	多元文化主义	多元文化主義
multicultural melting pots	多元文化熔炉	多元文化熔爐
multi-dimensional data	多源空间数据	多維資料
multilateral trade	多边贸易	多邊貿易
multimedia electronic atlas	多媒体电子地图集	多媒體電子地圖集
multiple land use	复合土地利用	複合土地利用
multiple nuclear city	多核城市	多核心城市
multiple-nuclei model	多内核模式	多核心模式
multispectral image	多谱段影像	多譜段影像
multispectral remote sensing	多谱段遥感	多譜段遙測
multispectral scanner(MSS)	多谱段扫描仪	多譜段掃描器
multivariate statistical analysis	多元统计分析	多變量統計分析
Mundell-Fleming model	蒙代尔–弗莱明模型	蒙代爾–弗萊明模式
municipality directly under the central government	直辖市	直轄市
muscovite	白云母	白雲母
mushroom rock	蘑菇石	蕈[狀]岩
mutation	突变	突變
mutual fund	共有基金	共同基金
mutualism	互惠共生	互惠共生
mycorrhiza	菌根	菌根
mylonite	糜棱岩	磨嶺岩

N

英 文 名	大 陆 名	台 湾 名
names conversion	地名译写	地名轉換
names index(=gazetteer index)	地名索引	地名索引
names refinement	地名雅化	地名雅化
names survey	地名调查	地名調查

英　文　名	大　陆　名	台　湾　名
nannofossil	超微化石	超微化石
nappes	推覆体	推覆構造
narchism	无政府主义	無政府主義
narchists	无政府主义者	無政府主義者
national atlas	国家地图集	國家地圖集
national atlas information system	国家地图集信息系统	國家地圖集資訊系統
nationalism	民族主义	民族主義
national park	国家公园	國家公園
national school	国家学派	國家學派
national self-determination	民族自决	民族自決
national-socialism	国家社会主义	國家社會主義
national spatial information infrastructure	国家空间信息基础实施	國家空間資訊基礎設施
national trunk way	国道	國道
Nation State	民族国家	民族國家
natural and cultural heritage	自然与文化混合遗产	自然與文化遺產,混合遺產
natural area	自然区	自然區
natural attribute of land	土地自然属性	土地自然屬性
natural bridge	天生桥	天然橋
natural calendar	自然历	自然曆
natural complex	自然综合体	自然綜合體
natural environment	自然环境	自然環境
natural environment of disease	疾病自然环境	疾病自然環境
natural epidemic focus	自然疫源地	自然疫源地
natural erosion	自然侵蚀	自然侵蝕
natural gas	天然气	天然氣
natural hazard	自然灾害	自然災害
natural landscape	自然景观	自然景觀
natural levee	天然堤	自然堤
natural medicinal material resources	天然药物资源	天然藥物資源
natural preservation	自然保持	自然保存
natural remnant magnetism	天然剩磁	天然剩磁
natural resources	自然资源	自然資源
natural resources attribute	自然资源属性	自然資源屬性
natural resources evaluation	自然资源评价	自然資源評量
natural resources structure	自然[地域]资源结构	自然資源結構
natural resources system	自然资源系统	自然資源系統
natural resources type	自然资源类型	自然資源類型

英　文　名	大　陆　名	台　湾　名
natural rhythm	自然节律	自然韻律
natural seasonal phenomena	自然物候	自然物候
natural selection	自然选择	自然選擇
natural soil	自然土壤	自然土壤
natural synoptic season	自然天气季节	自然天氣季節
natural-technical geosystem	自然-技术地理系统	自然-科技地理系統
natural territorial unit	自然地域单元	自然領域單元
natural time	自然时[间]	自然時[間]
natural wetland	自然湿地	自然濕地
nature	自然	自然[界]
nature conservation	自然保育	自然保育
nature reserve	自然保护区	自然保留區
nature tourism	自然旅游	自然旅遊
nature trail	自然游道	自然步道
Naturvölker(德)	原住民,自然人	原始民族,自然人
nautical map	航海地图	海圖
Navier-Stokes equation	纳维–斯托克斯方程	納維–斯托克斯方程式
neap tide	小潮	小潮
nearest neighbor analysis	最近相邻分析	最近鄰分析
near infrared	近红外	近紅外光
nearshore	近滨	近濱
nebular hypothesis	星云说	星雲說
needle ice	冰针	冰針
negative feedback	负反馈	負回饋
negative landform	负地貌	負地形
neighbor analysis	邻域分析	鄰域分析
neighborhood	①邻里 ②里坊	①鄰里 ②鄰里居住區
neighborhood center	邻里中心	鄰里中心
neighborhood effect	邻里效应	鄰里效應
neighborhood evolution	邻里演变	鄰里演變
neighborhood unit	邻里单位	鄰里單元
Neoarctic realm	新北界	新北界
neocolonialism	新殖民主义	新殖民主義
neoendemic	新特有种	新特有種
Neogene Period	新近纪	新第三紀
neoglaciation	新冰期	新冰期,新冰川作用
Neolithic Age	新石器时代	新石器時代
neo-positivism	新实证主义,新实证论	新實證主義,新實證論

英 文 名	大 陆 名	台 湾 名
neo-positivist epistemology	新实证主义认识论	新實證主義認識論
neotectonic movement	新构造运动	新構造運動
Neotropic kingdom	新热带植物区	新熱帶植物區
Neotropic realm	新热带界	新熱帶界
nesting	嵌套	嵌套,巢套
net photosynthesis	净光合作用	淨光合作用
net primary productivity	净初级生产力	淨初級生產力
network	网络	網路
network analysis	网络分析	網路分析
network density	网络密度	網路密度
network dynamics	网络动力学	網路動力學
network flow	网络流	網路流
network index	网络指数	網路指數
networks of relations	关系网络	關係網絡
network theory	网络理论	網路理論
network topology	网络拓扑[结构]	網路拓撲[結構]
neutral coast	中性岸	中性岸
neutron	中子	中子
new economic geography	新经济地理学	新經濟地理學
new economy	新经济	新經濟
new geographical societies	新地理学会	新地理學會
new geography	新地理学	新地理學
new human geography	新人文地理学	新人文地理學
new industrial district	新产业区	新工業區
new international division of labor	新国际劳动分工	新國際分工
newly industrializing countries（NICs）	新兴工业化国家	新興工業化國家
new town	新城	新市鎮
new universal geography	新世界地理学	新世界地理學
NGO（＝Non Governmental Organisations）	非政府组织	非政府組織
niche	生态位	生態位
NICs（＝newly industrializing countries）	新兴工业化国家	新興工業化國家
nimbostratus	雨层云	雨層雲
Nitisol	黏绨土	鎳鈦土
nitrogen cycle	氮循环	氮循環
nitrogen fixation	固氮作用	固氮作用
nival belt	雪带	雪帶
nivation	雪蚀	雪蝕
nivation cirque	雪蚀冰斗	雪蝕冰鬥

英　文　名	大　陆　名	台　湾　名
nodality	结节性	結節性
nodal point	结节点	節點
nodal region	节点区	節點區
node	节点	節點
nodule	团块	團塊
noise	噪声	噪音
nomothetic sciences	共相科学	共相科學
non-basic activities	非基本活动	非基礎生產活動
nonclastic rock	非碎屑岩	非碎屑岩
Non Governmental Organisations（NGO）	非政府组织	非政府組織
non-numerical approximation	非数值方法	非數值逼近法
nonoptimal behavior	非优化行为	非最適行為
non-place community	无地方社区	非地方社區
non-place realm（=non-place community）	无地方社区	非地方社區
nonpoint source	非点源	非點源
non-renewable resources	不可更新资源	非再生資源
nonuniform flow	非均匀流	非均匀流
noosphere	智能圈	心靈空間
nordic podzol	北方灰化土	北方灰化土
normal fault	正断层	正斷層
normal landform	正常地貌	正常地形
normative spatial thinking	规范性空间思想	規範性空間思想
northern hemisphere	北半球	北半球
north pole	北极	北極
nuclear city	单核城市	單核心市
nuclear energy	核能	核能
nuclear family	核心家庭	核心家庭
nuclear winter	核冬天	核子冬天
nucleus	原子核	原子核
numeral model	数值模型	數值模式
numerical classification of soil	土壤数值分类	土壤數值分類
numerical method	数值方法	數值方法
nunatak	冰原岛	冰原島
nutritional disease distribution	营养病分布	營養病分佈

O

英　文　名	大　陆　名	台　湾　名
oasis	绿洲	綠洲
oasis cultivation	绿洲农业	綠洲農業
oasis development	绿洲开发	綠洲開發
oasis soil	绿洲土壤	綠洲土壤
Object Linking and Embedding (OLE)	对象链接与嵌入	物件鏈結與嵌入
Object Management Group (OMG)	对象管理组	物件管理團隊
object-oriented analysis	对象指向分析	物件導向式分析
object-oriented relational database	面向对象关系数据库	物件導向關聯式資料庫
oblate ellipsoid	扁椭圆体	扁橢圓體
oblique-slip fault	斜滑断层	斜移斷層
obsequent river	逆向河	逆向河,反向河
Obsidian	黑曜岩	黑曜岩
obstructive coefficient of debris flow	泥石流堵塞系数	土石流堵塞係數
occasional distribution	偶然分布	偶然分佈
occluded front	锢囚锋	囚錮鋒
ocean	洋	洋
ocean basin	洋盆	洋盆
ocean current	洋流	洋流
oceanic basin	大洋盆地	海洋盆地
oceanic crust	洋壳	海洋地殼
oceanic island	海洋岛	海洋島
oceanic lithosphere	大洋岩石圈	海洋岩石圈
oceanic ridge	海岭	洋脊
oceanographical remote sensing	海洋遥感	海洋遙測
ODBC(= Open Data Base Connectivity)	开放式数据库互连	開放資料庫連結
offset ridge	断错脊	斷錯脊
offshore	滨外	濱外
offshore back-offices	离岸后援部门	離岸後援部門
offshore bar	滨外坝	離岸沙洲,濱外沙洲
offshore financial center	离岸金融中心	離岸金融中心
offshore permafrost	海底多年冻土	海底永凍土
offshore slope(= submarine coastal slope)	水下岸坡	水下岸坡,海底岸坡

英　文　名	大　陆　名	台　湾　名
OGC（＝Open GIS Consortium）	开放式地理信息系统协会	開放式地理資訊系統協會
OGIS（＝Open Geo-data Interoperability Specification）	开放性地理数据互操作规范	開放地理資料互通規格
ogives	冰肋	冰肋
O horizon	有机质层	有機質層
oil shale	油页岩	油葉岩
old stage	老年期	老年期
OLE（＝Object Linking and Embedding）	对象链接与嵌入	物件鏈結與嵌入
olivine	橄榄石	橄欖石
OMG（＝Object Management Group）	对象管理组	物件管理團隊
onion-skin weathering	洋葱状风化	洋蔥狀風化
on-laid terrace（＝superimposed terrace）	上叠阶地	上疊階地
oolite	鲕粒	鮞石
ooze	软泥	軟泥
open channel	明渠	明渠
open city	开放城市	開放城市
Open Data Base Connectivity（ODBC）	开放式数据库互连	開放資料庫連結
openfield	敞田	敞田
openfield system	敞田制度	敞田制度
Open Geo-data Interoperability Specification（OGIS）	开放性地理数据互操作规范	開放地理資料互通規格
Open GIS Consortium（OGC）	开放式地理信息系统协会	開放式地理資訊系統協會
open space	开敞空间	開放空間
open-system freezing	开敞系统冻结	開放系統凍結
open talik	贯通融区	貫通融區
operational research	运筹学	運籌學
ophiolite	蛇绿岩	蛇綠岩
optimum city size	城市合理规模	最適城市規模
optimum population	适度人口	最適人口
optimum use of resources	资源优化利用	資源最適化利用
option	选择	選擇
oral history	口述历史	口述歷史
order of urban size	城市规模等级	都市規模等級
ordinary landscape	普通景观	普通地景
Ordovician Period	奥陶纪	奧陶紀
ore	矿石	礦石

英 文 名	大 陆 名	台 湾 名
organic matter	有机质	有機質
organic matter-sulfide bounded form	有机质–硫化物结合态	有機質–硫化物結合態
organic pollutant	有机污染物	有機污染物
organic sediment	有机沉积物	有機沈積物
organized capitalism	组织化资本主义	組織式資本主義
Orientalism	东方主义	東方主義
Oriental realm	东洋界	東洋界
orientation	定位	定位
original sin	原罪	原罪
original type of Quaternary deposit	第四纪沉积类型	第四紀沈積類型
orogen	造山带	造山帶
orogeny	造山运动	造山運動
orographic rain	地形雨	地形雨
orthoclase	正长石	正長石
orthodox views over accumulation	关于积累的正统观点	過去積累的正統觀點
orthography of geographical name	地名正名	地名正名
orthophotomap	正射影像地图	正射影像圖
oscillation	振动	振動
OTC (= over-the-counter)	柜台外交易	店頭市場
outbound tourism	出境旅游	出境旅遊
outcrop	露头	露頭
outdoor recreation	户外游憩	戶外遊憩
outer walled part of a city	郭	城廓
outgoing terrestrial radiation	地球外射	地球外射
outlet glacier	溢出冰川	溢出冰川
outskirts (= suburbs)	郊	市郊
outward-looking	外向型	外向型
outwash fan	冰水扇	冰水扇,外洗扇
outwash plain	冰水沉积平原	外洗平原
over-concentration	城市过密	過度集中
overland flow	漫地流	漫地流
overseas territory	海外领土	海外領土
over-the-counter (OTC)	柜台外交易	店頭市場
overturned fold	倒转褶皱	倒轉褶曲
over-urbanization	过度城市化	過度都市化
oxbow lake	牛轭湖	牛軛湖
oxidation	氧化作用	氧化作用
Oxisol	氧化土	氧化土

英　文　名	大　陆　名	台　湾　名
oxygen cycle	氧循环	氧循環
Oyashio Current	亲潮	親潮
oyster reef	牡蛎礁	牡蠣礁
ozone	臭氧	臭氧
ozone hole	臭氧层空洞	臭氧層破洞
ozone layer	臭氧层	臭氧層

P

英　文　名	大　陆　名	台　湾　名
Pa（=pascal）	帕	帕
package tourism	包价旅游	套裝旅遊
paddy soil	水稻土	水稻土
pahoehoe lava	结壳熔岩	繩狀熔岩
paid vacation	带薪假期	帶薪假期
Palaearctic realm	古北界	古北界
Palaeolithic Age	旧石器时代	舊石器時代
Palaeotropic realm	旧热带界	舊熱帶界
Palander model	帕兰德模型	帕蘭德模型
Paleocene Epoch	古新世	古新世
paleochannel	古河道	古河道
paleoclimate	古气候	古氣候
paleoclimate modeling	古气候模拟	古氣候模擬
paleocoast line	古海岸线	古海岸線
paleoecology	古生态	古生態
paleoendemic	古特有种	古特有種
paleoflora	古植物区系	古植物區系
Paleogene Period	古近纪	古近紀
paleogeography	古地理学	古地理學
paleohydrology	古水文学	古水文學
paleokarst	古喀斯特	古喀斯特
paleolatitude	古纬度	古緯度
paleomagnetism	古地磁	古地磁
paleomonsoon	古季风	古季風
paleontology	古生物学	古生物學
paleosoil	古土壤	古土壤
paleotemperature	古温度	古溫度
paleotropic kingdom	古热带植物区	古熱帶植物區

英　文　名	大　陆　名	台　湾　名
Paleozoic Era	古生代	古生代
pampas	潘帕斯群落	潘帕斯群落
Pangaea	泛大陆	原始大陸
Pantropical	泛热带	泛熱帶
parabolic dune	抛物线形沙丘	抛物線沙丘
paradigm	典范	典範
parallel drainage pattern	平行式水系格局	平行水系型
parallel evolution	平行进化	平行演化
parameterization	参数化	参數化
paramo	帕拉莫群落	帕拉莫群落
parasite	寄生植物	寄生植物
parasitism	寄生	寄生
parent element	母元素	母元素
parent material	母质	母質
parishes	教区	教區
partial melting	部分融熔	部分融熔
particulate	微粒	微粒
part-time farming	兼营农业	兼營農業
part-time regular	定期兼职	兼職定期
pascal（Pa）	帕	帕
Passarge school	巴萨基学派	巴薩基學派
passive continental margin	被动大陆边缘	被動陸緣,鈍性陸緣
passive dispersal	被动散布	被動散佈
passive remote sensing	被动遥感	被動式遙測
past geography	往日地理	往日地理
pastoral region	牧业区	牧業區
pasture degradation	草地退化	牧場退化
pasture model	草场模型	牧場模式
patch	葩嵌	塊斑
pater noster lake	串珠湖	串珠湖
path	路径	路徑
path dependency	路径依赖	路徑依賴
path-finding	路径搜索	路徑搜尋
pathogen complex	病原复合体	病原複合體
pathogenic factor	致病因子	致病因數
patterned ground	成型土	成型土
pattern formation	模式生成	模式形成
pattern ground	图案地	圖案地

英　文　名	大　陆　名	台　湾　名
pattern recognition	模式识别	模式識別
p center problem	p中心问题	p中心問題
peak	峰	峰
peak discharge	洪峰流量	洪峰流量
peak season(=high season)	旅游旺季	旅遊旺季
peat	泥炭	泥炭
peat ash	泥炭[总]灰分	泥炭[總]灰分
peat bath	泥炭浴	泥炭浴
peat classification	泥炭分类	泥炭分類
peat formation	泥炭形成[作用]	泥炭形成[作用]
peat heat capacity	泥炭热容[量]	泥炭熱容[量]
peat hill	泥炭丘	泥炭丘
peat humic acid	泥炭腐殖酸	泥炭腐殖酸
peatland	泥炭地	泥炭地
peat microbe	泥炭微生物	泥炭微生物
peat production	泥炭制品	泥炭製品
peat soil	泥炭土	泥炭土
pebble	中砾	小礫
pedalfer	淋余土	淋餘土,鐵鋁土
pedestal rock	蕈岩	蕈岩
pediment	山麓[侵蚀]面	山足面,岩原
pediplain	山麓侵蚀平原	山麓侵蝕平原
pediplanation	山麓夷平作用	山麓平夷作用
pedocal	钙层土	鈣層土
pedochemicogeography	土壤化学地理	土壤化學地理
pedogenic process	土壤发生过程	成土作用
pedohydrology	土壤水水文学	土壤水水文學
pedology	发生土壤学	土壤學
pedon	单个土体	單土體
pedosphere	土壤圈	土壤圈
pegmatite	伟晶岩	偉晶花崗岩
peneplain	准平原	準平原
peneplanation	准平原作用	準平原作用
peninsula	半岛	半島
peninsula effect	半岛效应	半島效應
pension fund	退休基金	退休基金
perception	感知	識覺
perceptual studies	感知研究	識覺研究

英　文　名	大　陆　名	台　湾　名
perched water table	上层滞水水面	棲留水面
percolation	渗漏	滲漏[作用],下滲
pereletok	来年冻土	陳年凍層
perennially frozen ground(＝permafrost)	多年冻土	永凍土
perennial stream	常流河	常流河
periglacial	冰缘	冰緣
periglacial involution	融冻褶皱	融凍褶皺
periglacial landform	冰缘地貌	冰緣地形
periglacial process	冰缘作用	冰緣作用
periglacial tor	冰缘岩柱	冰緣岩柱
perihelion	近日点	近日點
periodicity of fair	集市周期	市集週期
periodic law of geographic zonality	地理地带性周期律	地理帶週期律
periodic market system	定期集市体系	定期市集體系,週期市場體系
peripheral area	边缘地	邊緣地區
permafrost	多年冻土	永凍土
permafrost aggradation	多年冻土进化	永凍土積夷,永凍土擴張
permafrost base	多年冻土下限	永凍土下限
permafrost degradation	多年冻土退化	永凍土退化
permafrost dynamics	冻土动力学	凍土動力學
permafrost facies analysis	冻土相分析	凍土相分析
permafrost table	多年冻土上限,永冻土上限	永凍層面,永凍土上限
permeability coefficient	渗透系数	滲透係數
Permian Period	二叠纪	二疊紀
persistent organic pollutant	持久性有机污染物	持久性有機污染物
Peutinger Table	波依廷格地图	柏丹格地圖
phaeozem	黑土	黑土
phaneritic texture	显晶质结构	顯晶狀岩理
phenocryst	斑晶	斑晶
phenology	物候学	物候學
phenomenal environment	现象环境	現象環境
phenomenological geography	现象地理学	現象地理學
phenomenology	现象学	現象學
phenospectrum	物候谱	物候譜
phenotype	表型	表現型

英 文 名	大 陆 名	台 湾 名
philosopher	哲学家	哲學家
philosophy of history	历史哲学	哲學歷史
phospho-calcic soil	磷质石灰土	富磷鈣質土
photochemical smog	光化学烟雾	光化學煙霧
photogrammetry	摄影测量	攝影測量
photographic image	摄影影像	攝影影像
photosynthesis	光合作用	光合作用
photosynthesis-temperature potential pro-ductivity	光温潜力	光溫潛力
photosynthetic potential productivity	光合潜力	光合潛力
phreatic eruption	蒸气喷发	蒸氣噴發
phreatic water	潜水	潛水
phreatic zone	潜水带	通氣層,盈水層
phsico-dynamical climatology	物理动力气候学	物理動力氣候學
pH value	酸碱度	酸鹼值
phyllite	千枚岩	千枚岩
phylum	门	門
physical atlas	自然地图集	自然地圖集
physical geographic boundary	自然地理界线	自然地理界線
physical geographic dynamics	自然地理动态	自然地理動態
physical geographic environment	自然地理环境	自然地理環境
physical geographic interface	自然地理界面	自然地理介面
physical geographic process	自然地理过程	自然地理歷程
physical geographic structure	自然地理结构	自然地理結構
physical geographic system	自然地理系统	自然地理系統
physical geography	自然地理学	自然地理學
physical geography of city(=urban physi-cal geography)	城市自然地理学	都市自然地理學
physical map	自然地图	自然地圖
physical model	物理模型	物理模式
physical planning	实体规划	實體規劃
physical regionalization	自然区划	自然區域化
physical time	物理时间	[地質]自然時間
physical weathering	物理风化作用	物理風化作用
physico-geographic zone	自然地带	自然地理帶
physics of glacier	冰川物理学	冰川物理學
physiographic stage	地文期	地文期
physiography	地文学	地文學

英　文　名	大　陆　名	台　湾　名
phytogeography	植物地理学	植物地理學
phytoplankton	浮游植物	浮游植物
phytoremediation	植物修复	植物修復
piedmont	山麓	山麓
piedmont glacier	山麓冰川	山麓冰川
piedmont plain	山麓平原	山麓平原
piedmont treppen	山麓梯地	山前梯地
pillar industry	支柱产业	支柱產業
pillow lava	枕状熔岩	枕狀熔岩
pingo	多年生冻胀丘	凍脹穹丘
pinnacle	尖礁	峰礁
pinnacle karst（＝stone forest）	石林	石林
pinnate drainage pattern	羽状水系	羽狀水系
pioneer plant	先锋植物	先驅植物
pipkrake（法）（＝needle ice）	冰针	冰針
piracy	袭夺	襲奪,搶水
piston flow	活塞流	活塞流
pixel	像元	像素
place and placelessness	场所与非场所,地方与 　　非地方	場所與非場所,地方與 　　非地方
place community	地方社区	地方社區
place identification	地方认同	地方認同
placelessness	无地方性	無地方性
place and territory	地方和地域	地方和地域
place utility	地方效用	地方效用
plagioclase	斜长石	斜長石
plain	平原	平原
plain coast	平原海岸	平原海岸
plain swamp	平原沼泽	平原沼澤
planation	夷平作用	平夷作用
planation surface	夷平面	平夷面
plan earth observing system	地球观测系统计划	地球觀測系統計畫
plane of the ecliptic	黄道面	黃道面
planetary geography	行星地理学	行星地理學
planetary permafrost	行星多年冻土	行星永凍土
planetary wind	行星风	行星風
planetary wind system	行星风系	行星風系
planetesimal hypothesis	星子假说	星子假說

英　文　名	大　陆　名	台　湾　名
plankton	浮游生物	浮游生物
planning map	规划地图	規劃地圖
planning of urban region	市域规划	都市區域規劃
Planosol	黏盘土	盤層土
plant association	植物群丛	植物群叢
plantation	种植园	栽培業
plant community	植物群落	植物群落
plant ecology	植物生态学	植物生態學
plant formation	植物群系	植物群系
plastic deformation	塑性变形	可塑性變形
plastic frozen soil	塑性冻土	塑性凍土
plate	板块	板塊
plateau	高原	高原
plateau basalt	高原玄武岩	高原玄武岩
plateau climate	高原气候	高原氣候
plateau monsoon	高原季风	高原季風
plateau swamp	高原沼泽	高原沼澤
plate boundary	板块边缘	板塊邊緣
plate tectonics	板块构造学	板塊運動[學]
platform	台地	台地
Plato's conception of truth	柏拉图真理概念	柏拉圖真相概念
Plato's metaphysics	柏拉图形而上学	柏拉圖形上學
playa(西班牙语)	干盐湖	乾鹽湖
Pleistocene Epoch	更新世	更新世
Plinian eruption	普林尼式喷发	普林尼式噴發
plinthite	杂赤铁土	基石盤
Plinthosol	聚铁网纹土	聚鐵網紋土
Pliocene Epoch	上新世	上新世
plot program bank	绘图程序库	繪圖程式庫
plucking	冰川拔蚀作用	冰拔,拔蝕
plume	热柱	熱柱
plum rain(=Meiyu)	梅雨	梅雨
plunge of fold	褶皱倾伏	褶曲傾沒
plunge pool	瀑布潭,跌水潭	瀑潭
pluralism	多元论	多元論
plural society	多元社会	多元社會
plutonic rock	深成岩	深成岩
pluvial lake	雨期湖	雨期湖

英　文　名	大　陆　名	台　湾　名
pluvial period	多雨期	多雨期
p median problem	p 重心问题	p 中位問題
PMF（=probable maximum flood）	可能最大洪水	可能最大洪水
PMP（=probable maximum precipitation）	可能最大降水	可能最大降水
pocket beach	袋状滩	袋形灘
Podzol	灰壤	灰壤
podzolic soil	灰化土	灰化土
podzolization	灰化[作用]	灰化[作用]
Podzoluvisol	灰化淋溶土	灰化淋溶土
poikilotherm	变温有机体	變溫有機體
point bar	曲流沙坝,凸岸坝	河曲突洲,突洲
point-in-polygon operations	区中点运算	區中點運算,點在多邊形內運算
point pattern analysis	点格局分析	點形態分析
point source	点源	點源
polar cell	极地环流[圈]	極地環流胞
polar climate	极地气候	極地氣候
polar day	极昼	極晝
polar easterlies	极地东风	極地東風
polar faunal group	极地动物群	極地動物群
polar front	极锋	極鋒
polar front jet stream	极锋急流	極鋒噴射流
polar glacier	极地冰川	極地冰川
polar high	极地高压	極區高壓
polarity reversion	极性倒转	極性倒轉
polarization	极化	極化
polarization process	极化过程	極化過程
polar night	极夜	極夜
polar-orbiting meteorological satellite	极轨气象卫星	極軌氣象衛星
polar outbreak	极锋爆发	極鋒入侵
polar wandering	极移	極移
polar zone	极区	極區
pole-axis model	点轴系统模式	點軸模式
Political Arithmetic	政治算术	政治算術
political ecology	政治生态学	政治生態學
political geography	政治地理学	政治地理學
political philosophy	政治哲学	政治哲學
political sociology	政治社会学	政治社會學

英　文　名	大　陆　名	台　湾　名
polje	喀斯特河谷盆地	石灰岩盆地,溶盆
pollen diagram	孢粉图谱	孢粉圖譜
pollutant	污染物	污染物
pollution chemistry	污染化学	污染化學
pollution dome	穹状空气污染层	穹狀空氣污染層
pollution index	污染指数	污染指數
pollution load	污染负荷	污染負載
pollution plume	污染气流	空氣污染柱
polygon-arc topology	多边形-弧段拓扑数据结构	多邊形-弧拓撲結構
polygon map	多边形地图	多邊形地圖
polymerization	聚合作用	聚合作用
polymorphism	同质多象	同質異形
polypedon	聚合土体	聚合土體
polythermal glacier	冷温复合冰川	冷溫複合冰川
pool-and-riffle	潭滩	潭瀨系列
poorly mobile element	难移动元素	難移動元素
popular culture	流行文化	流行的文化
population	种群	族群
population atlas	人口地图集	人口地圖集
population composition	人口组成	人口組成
population density	人口密度	人口密度
population distribution	人口分布	人口分佈
population distribution of disease	疾病人群分布	病人分佈
population flow	人口流动	人口流動
population geography	人口地理学	人口地理學
population migration	人口迁移	人口遷移
population potential	人口潜力	人口潛力
population projection	人口预测	人口預測
population pyramid	人口金字塔	人口金字塔
pore ice	孔隙冰	孔隙冰
pore water	孔隙水	孔隙水
pore water pressure	孔隙水压	孔隙水壓
pork barrel	政治分肥	政治分肥
porosity	孔隙度	孔隙率
porphyry	斑岩	斑岩
port city	港口城市	港口城市
Portolano	中世纪图解航海手册	中世紀航海圖

英　文　名	大　陆　名	台　湾　名
positive feedback	正反馈	正回饋
positive landform	正地貌	正地形
possibilist	可能论	可能論
possibility boundary	可能性界限	可能性界限
post-colonialism	后殖民主义	後殖民主義
post-colonial studies	后殖民研究	後殖民研究
post-Fordism	后福特主义	後福特主義
post-glacial age	冰后期	冰後期
post-history world	后历史世界	後歷史的世界
post house	驿舍	驛舍
post-industrial city	后工业化城市	後工業城市
post-industrial society	后工业化社会	後工業社會
post-Marxist sociology	后马克思主义社会学	後馬克思社會學
postmodern	后现代	後現代
postmodern geography	后现代地理学	後現代地理學
postmodernism	后现代主义	後現代主義
postmodernist	后现代主义者	後現代主義者
postmodernist world	后现代主义世界	後現代主義者之世界
postmodernity	后现代性	後現代性
postmodern society	后现代社会	後現代社會
postmodern world	后现代世界	後現代世界
post road	驿道	驛道
potamology	河流水文学	河流水文學
potash feldspar	钾长石	鉀長石
potassium-argon dating	钾氩法测年	鉀氩定年
potential capacity of land for carrying po-pulation	土地潜在人口承载力	土地潛在人口承載力
potential energy	位能	位能
potential evaporation	潜在蒸发	潛在蒸發
potential evapotranspiration	潜在蒸发量	潛在蒸發散量
potentially natural productivity	自然生产潜力	自然生產潛力
potential menace of disease	疾病潜在威胁	疾病潛在威脅
potential value of natural resources	资源潜在价值	自然資源潛在價值
pothole	壶穴	壺穴
power	权力	權力
power-container	权力容器	權力容器
prairie	北美草原	[北美]大草原
Precambrian	前寒武纪	前寒武紀

英 文 名	大 陆 名	台 湾 名
precipitation	降水	降水
predation	捕食	捕食
prefecture city	地级市	地級市
pre-industrial city	前工业化城市	前工業化城市
pre-industrial society	前工业化社会	前工業社會
pre-scientific	前科学	前科學
presence availability	到场有效性	存在的可用性
preservation	保护	保護,保存,保育
pressure gradient	气压梯度	氣壓梯度
pressure gradient force	气压梯度力	氣壓梯度力
pressure-melting	压力融化	壓力融化
prevailing westerlies	盛行西风	盛行西風
prevailing wind	盛行风	盛行風
prey-predator model	捕食者-被捕食者模型	捕食者-被捕食者模式
primarcy	首要[性]	首要[性]
primary coast	原生岸	原生岸
primary consumer	初级消费者	初級消費者
primary industry	第一产业,初级产业	第一級產業,初級產業
primary mineral	原生矿物	原生礦物
primary plant succession	原生植物演替	原生植物演替
primary producer	初级生产者	初級生產者
primary productivity	初级生产力	初級生產力
primary succession	原生演替	原生演替
primary wave	初波	初波
primate city	首位城市	首要城市
prime meridian	本初子午线	本初子午線
primitive soil	原始土壤	原始土壤
principal component analysis	主成分分析	主成分分析
principles of structuration	建构主义原则	建構主義原則
private equity fund	私募[股权]基金	私募[股權]基金
probabilistic formulation of business attraction	概率型商业引力模式	商業引力概率模式
probability model	概率模型	概率模式
probable maximum flood(PMF)	可能最大洪水	可能最大洪水
probable maximum precipitation(PMP)	可能最大降水	可能最大降水
process	过程	過程,營歷
processing activities	加工活动	製造活動
processing cost	加工成本	製造成本

英　文　名	大　陆　名	台　湾　名
producer	生产者	生產者
production chain	生产链	生產鏈
production cost	生产成本	生產成本
prognostic map	预报地图	預報地圖
progradation	进积作用	[海岸]進夷
program of multiculturalism	多元文化方案	多元文化方案
progress	进步	進步
progressive factor	进展因素	進展因素
progressive ideology	进步意识形态	進步的意識形態
projection alteration(=projection change)	投影变换	投影變換
projection change	投影变换	投影變換
projection distortion	投影变形	投影變形
proluvial deposits(=proluvium)	洪积物	洪積物
proluvium	洪积物	洪積物
proluvium fan	洪积扇	洪積扇
protestant churches	基督教	基督教
proton	质子	質子
provincial life	省城生活	地方生活
proximal analysis	邻近分析	鄰近度分析
pseudogley(=pseudogley soil)	假潜育土	假潛育土
pseudogley soil	假潜育土	假潛育土
pseudokarst	假喀斯特	假喀斯特
pseudomorph	假象	假晶
psychocentric tourist	自向型游客	自我中心型遊客
public choice theory	公共选择理论	公共選擇理論
public health care system	公共保健系统	公共保健系統
public nuisance	公害	公害
public space	公共空间	公共空間
pumice	浮石	浮石
puna	普纳群落	普那群落
purple soil	紫色土	紫色土
push-pull factor	推拉因素	推拉因子
pyramid dune	金字塔沙丘	金字塔沙丘
pyroclastic flow	火山碎屑流	火山碎屑流
pyroclastic rock	火山碎屑岩	火山碎屑岩
pyroclastics	火山岩屑物	火山碎屑物
pyroxene	辉石	輝石

Q

英　文　名	大　陆　名	台　湾　名
quadrate analysis	样方分析	網格分析
quaking bog	颤沼	顫沼,踐動沼
qualitative color base method	质量底色法	質性底色法
qualitative interpretation	定性判读	質性判讀
qualitative method	质性方法	質性方法
quality of life	生活质量	生活品質
quantitative color base method	数量底色法	計量底色法
quantitative geography	数量地理学	計量地理學
quantitative geomorphology	数量地貌学	計量地形學
quantitative history	计量史	計量史
quantitative interpretation	定量判读	量化判讀
quantitative revolution	计量革命	計量革命
quartz	石英	石英
quartzite	石英岩	石英岩
quasi-stationary front	准静止锋	準靜止鋒
Quaternary geologists	第四纪地质学家	第四紀地質學者
Quaternary glacial	第四纪冰期	第四紀冰期
Quaternary glaciation	第四纪冰川作用	第四紀冰川作用
Quaternary loess	第四纪黄土	第四紀黄土
Quaternary loess of China	中国第四纪黄土	中國第四紀黄土
Quaternary Period	第四纪	第四紀
Quaternary sea level change	第四纪海[平]面变化	第四紀海[平]面變化
queuing	排列	排隊,佇列
quick clay	强塑性黏土	液化黏土
quick flow	快速流	快速流
quotient of location	区位熵	區位熵

R

英　文　名	大　陆　名	台　湾　名
racial geography	人种地理学	人種地理學
racial persecution	种族迫害	種族迫害
radar altimeter	雷达测高仪	雷達測高儀

英 文 名	大 陆 名	台 湾 名
radar image	雷达影像	雷達影像
radar sat	雷达卫星	雷達衛星
radar shadow	雷达阴影	雷達陰影
radial drainage	放射状水系	放射狀水系
radial drainage pattern	放射状水系格局	放射狀水系
radiation	辐射	輻射
radiation balance	辐射平衡	輻射平衡
radiation fog	辐射雾	輻射霧
radical geographer	激进地理学家	激進地理學者
radical geography	激进地理学	激進地理學
radioactive decay	放射性蜕变	放射性蛻變
radioactive waste	放射性废物	放射性廢棄物
radiocarbon dating	放射性碳测年	放射性碳定年
radiogenic heat energy	放射性热能	放射性熱能
radiolaria	放射虫	放射蟲
radiometric dating	放射性定年法	放射性定年法
rail transport	轨道运输	軌道運輸
raindrop crosion	雨滴侵蚀	雨滴侵蝕
rainfall intensity	降雨强度	降雨強度
rainfed agriculture	旱农	旱農
rainforest	雨林	雨林
rain gauge	雨量计	雨量計
rain shadow	雨影	雨蔭
random	随机	隨機
random distortion	随机畸变	隨機畸變
range	①范围 ②岭	①範圍 ②嶺
rank-size rule	等级规模法则	等級規模法則
rapid	急湍	急湍
rare earth element	稀土元素	稀土元素
rare element	稀有元素	稀有元素
raster data structure	栅格数据结构	栅格資料結構
rate of swamp	沼泽率	沼澤率
ration	理性	理性
rationalism	理性主义	理性主義
rationalization	理性化	理性化
rational metaphysics	理性形而上学	理性形上學
Raubwirtschaft	掠夺经济	掠奪經濟
ravine	沟谷	溝谷

英　文　名	大　陆　名	台　湾　名
Rayleigh wave	瑞利波	雷利波
R&D location	研究与开发区位	研發區位
reaction-diffusion model	反应扩散模型	反應擴散模式
reaction series	反应系列	反應系列
realism	实在论	實在論
realm	生物地理大区	界域,地域
recalcification	复钙作用	複鈣作用
recessional moraine	后退碛	後退磧
recession curve	退水曲线	退水曲線
recharge	补给	補注
reclamation	恢复	復育,開墾
reclamation of land	土地复垦	土地複墾
RECLUS Universal Geography	邵可侣[新]世界地理	賀克律世界地理學
recognized region	感觉区	感覺區
reconstructed regional geography	重构区域地理	重構區域地理
reconstruction geography	建设地理学	重構地理學
reconstruction of landscape	景观复原	景觀重整
record of local geography(=gazetteer)	方志	方志
recreation	游憩	遊憩
recreational carrying capacity	旅游承载力	旅遊承載量
recreation business district	游憩商业区	遊憩商業區
recreation opportunity spectrum	游憩机会谱	游憩機會序列
recrystalization	重结晶作用	再結晶作用
rectangular coordinate	直角坐标	直角坐標
rectangular drainage network	矩形水系	矩形水系
recumbent fold	平卧褶皱	偃臥褶曲
red earth	红壤	紅壤
redlining	红线	紅線
red soil(=red earth)	红壤	紅壤
reductionlist approach	还原论[研究]取向	化約論[研究]取向
redundant level of geosystem	地理系统冗余水平	地理系統冗餘級別
reef	礁[石]	礁[石]
reemergence of disease	疾病再现	疾病再現
reflectance	反射率	反射率
reflection	反射	反射
reflective infrared	反射红外	紅外線反射
refraction	折射	折射
refugium	生物庇护所	生物庇護所

英 文 名	大 陆 名	台 湾 名
regelation	复冰作用	複冰作用
regenerated glacier	再生冰川	再生冰川
region	区域	區域
regional analysis	区域分析	區域分析
regional approach	区域[研究]取向	區域[研究]取向
regional atlas	区域地图集	區域地圖集
regional balanced growth	区域平衡增长	區域平衡成長
regional chemicogeography	区域化学地理	區域化學地理
regional class alliance	区域阶级联盟	區域階級聯盟
regional classified statistic agraph method	分区分级统计图法	分區分級統計圖法
regional climate	区域气候	區域氣候
regional climatology	区域气候学	區域氣候學
regional commercial geography	区域商业地理学	區域商業地理學
regional comparative advantage	地区竞争优势	地區比較優勢
regional complex analysis	区域复合体分析	區域複合體分析
regional computable general equilibrium	区域可计算一般均衡	區域可計算一般均衡
regional convergence	区域趋同	區域趨同
regional development	区域发展	區域發展
regional development cycle	区域发展周期	區域發展週期
regional diagram method	分区统计图表法	分區統計圖表法
regional differentiation	区域分异	區域差異
regional dynamics	区域动力学	區域動力學
regional economic geography	区域经济地理学	區域經濟地理學
regional evolution model	区域进化模型	區域演化模式
regional geographer	区域地理学者	區域地理學者
regional geography	区域地理学	區域地理學
regional geomorphology	区域地貌学	區域地形學
regional governance	区域管制	區域治制
regional hydrology	区域水文	區域水文
regional innovation system	区域创新体系	區域創新體系
regionalism	区域主义	區域主義
regionalization	区域化,区划	區域化
regionalization map	区划地图	區域化地圖
regionalization of chemicogeography	化学地理区划	化學地理區域化
regionalization of natural resources	自然资源区划	自然資源區域化
regional medico-geography	区域医学地理	區域醫學地理
regional metamorphism	区域变质作用	區域變質作用
regional physico-geography	区域自然地理学	區域自然地理學

英　文　名	大　陆　名	台　湾　名
regional planning	区域规划	區域規劃
regional remote sensing	区域遥感	區域遙測
regional science	区域科学	區域科學
regional sea level change	地区性海[平]面变化	地區性海[水]面變化
regional specialization model	区域专业化模型	區域專業化模式
regional spillover	区域溢出	區域外溢
regional structure	区域结构	區域結構
regional studies	区域研究	區域研究
regional synthesis	区域综合	區域綜合
regional technology gap	区域技术缺口	區域技術落差
regional unification model	区域联盟化模型	區域結盟模式
region and landschaft	区域与景观	區域與地景
regolith	风化层	風化層
Regosol	疏松岩性土	疏鬆岩性土
regression	①海退 ②回归	①海退 ②回歸
regulation school	管制学派	調節學派
regulation theory	调节理论	調節理論
rehabilitation	生境修复	復原
Reilly's law	赖利法则	賴利法則
reine geography	纯地理学	純地理學
rejuvenation	回春作用	回春作用
relative age of soil	土壤相对年龄	土壤相對年齡
relative distance	相对距离	相對距離
relative geographical space	相对地理空间	相對地理空間
relative height	相对高度	相對高度
relative humidity	相对湿度	相對濕度
relative location	相对区位	相對區位
relative position	相对位置	相對位置
relative sea level change	相对海[平]面变化	相對海[水]面變化
relative time	相对时间	相對時間
relic factor	残留因素	殘留因素
relict permafrost	残余多年冻土	殘餘永凍土
relict soil	残遗土	殘遺土
relict species	残遗种	殘遺種,孑遺種
relief model	地形模型	地形模型
religious revelation	宗教显露	宗教啟示
relocation diffusion	迁移扩散	易位擴散
remain analysis of peat plant	泥炭植物残体分析	泥炭植物殘體分析

英 文 名	大 陆 名	台 湾 名
remote sensing	遥感	遙測,電子測量
remote sensing application	遥感应用	遙測應用
remote sensing hydrology	遥感水文	遙測水文
remote sensing image	遥感影像	遙測影像
remote sensing information	遥感信息	遙測資訊
remote sensing information mapping	遥感信息制图	遙測資訊製圖
remote sensing monitoring of global environment	全球环境遥感监测	全球環境遙測監測
remote sensing of land resources	土地资源遥感	土地資源遙測
remote sensing series mapping	遥感系列制图	遙測系列製圖
remote sensing technology	遥感技术	遙測技術
Renaissance period	文艺复兴时代	文藝復興時代
rendzina	黑色石灰土	黑色石灰土
renewable resources	可再生资源	可再生資源
rent gradient	地租梯度	地租梯度
repeated ice segregation	重复分凝成冰	重複分凝成冰
repeated vein ice	重复脉冰	重複脈冰
rcplaccment	交替作用	交替作用,置換作用
representation	表征再现	表徵再現
rescue effect	营救效应	營救效應
resequent river	再顺[向]河	再順[向]河
reservoir	水库	水庫
reservoir rock	储油岩	儲油岩
residential area	里坊	鄰里居住區
residential cycle	居住循环	居住循環
residential district planning	居住区规划	居住區規劃
residential farmer	邻居农户	城居農民
residential location	居住区位	居住區位
residential mobility	居住迁移	居住行動化
residual deposit	残积矿床	殘積礦床
residual regolith	残积风化层	殘積風化層
residual soil	残积土	殘積土
resolution	分辨率	解析度
resort and recuperate town	休疗养城市	休閒療養城鎮
resource management	资源管理	資源管理
resources	资源	資源
resources allocation	资源配置	資源配置
resources carrying capacity	资源承载力	資源承載力

英 文 名	大 陆 名	台 湾 名
resources distribution	资源分布	資源分佈
resources division	资源分区	資源分區
resources ecosystem	资源生态系统	資源生態系統
resources geography	资源地理学	資源地理學
resources information management	资源信息管理	資源資訊經營
resources map	资源地图	資源地圖
resources remote sensing	资源遥感	資源遙測
resources situation	资源态势	資源態勢
resources utilization	资源利用	資源利用
responsible tourism	负责任旅游	責任旅遊
restoring ecology	恢复生态学	復原生態學
resurgence of regionalisms	区域主义复兴	區域主義再起
retailing geography	零售地理学	零售地理學
retail revolution	零售业革命	零售革命
retarding effect in geography	地理迟滞效应	地理遲滯效應
retrogration	向陆蚀退作用	[海岸]退夷
re-urbanizaiton	再城市化	再都市化
revealed religion	天启教	天啟宗教
reverse fault	逆断层	逆斷層,反斷層
reversing of sandy desertification	沙漠化逆转	沙漠化逆轉
revolution	公转	公轉
revolution of GIS	地理信息系统革命	地理資訊系統革命
rheological properties of frozen soil	冻土流变性	凍土流變性
rhyolite	流纹岩	流紋岩
ria	长狭海湾	谷灣
Ria coastline	里亚型海岸	里亞型海岸,灣岬海岸
ribbon development	带状发展	帶狀發展
Richter scale	里氏震级	芮氏地震規模
ridge	岭	嶺
riffle	浅滩	淺灘
rift valley	裂谷	裂谷
right lateral fault	右行断层	右移斷層
rill	细沟	紋溝
rill erosion	细沟侵蚀	紋溝侵蝕
rime	雾凇	霧凇
rimland theory	陆缘说	陸緣說
rimstone	边石	緣石
ring city	环形城市	環狀城市

英　文　名	大　陆　名	台　湾　名
riparian biota	河岸生物群	河岸生物群
rip current	离岸流	離岸流
rip current channel	裂流沟道	裂流道,底流溝
ripple mark	波痕	波痕
rise	海隆	海隆,海底隆起
rising limb	上升翼	上升翼,漲水翼
risk	风险	風險
risk assessment	风险评价	風險評估
risk decision-making in geography	地理风险决策	地理風險決策
river	河流	河流
river basin planning	流域规划	流域規劃
river bed	河床	河床
river bed deformation	河床变形	河床變形
river bed equation	河道流床方程	河床方程
river capture	河流袭夺	河流襲奪,搶水
river channel(=river bed)	河床	河床
river channel landform	河床地貌	河床地形
river deflection	河流偏移	河流偏移
river feeding	河流补给	河流補給
river hydraulic geometry	河相关系	河流水文計測
river mouth	河口	河口
river mouth bar(=estuarine bar)	拦门沙	河口沙洲
river paludification	河流沼泽化	河流沼澤化
river pattern	河型	河型
river sediment concentration	河流含沙量	河流含沙量
river sediment discharge	河流输沙量	河流輸沙量
river system	河流系统	河流系統
river terrace	河流阶地	河階
river terrace swamp	河流阶地沼泽	河流階地沼澤
river valley landform	河谷地貌	河谷地形
river wetland	河流湿地	河流濕地
road network	道路网	公路網
roaring forties	咆哮西风带	四十度咆哮帶
roche moutonnée	羊背石	羊背石
rock fall	岩崩	落石
rock flour	石粉	石粉
rock-forming mineral	造岩矿物	造岩礦物
rock glacier	石冰川	石冰川

英 文 名	大 陆 名	台 湾 名
rock-seated terrace	基座阶地	基岩階地
rock terrace	岩石阶地	岩石階地
rocky coast	岩岸	岩岸
rocky desert	岩漠	岩漠
roll-on and roll-off transportation	滚装运输	滚裝運輸
Roman Catholicism	罗马天主教,天主教	羅馬天主教,天主教
Roman Empire	罗马帝国[时期]	羅馬帝國[時期]
Roman Gaul	罗马高卢	羅馬高盧
romanization of geographical name	地名罗马化	地名拼音化
root layer	根系层	根層
Rossby wave	罗斯比波	羅斯比波
rotation	自转	自轉
rotational slide	旋转滑动	旋轉地滑,弧形地滑
rotation of alpine pasture	高山草场轮牧	山牧季移
roughness	粗糙度	粗糙度
route distance	路径距离	路徑距離
routinization	常规化	定型化
royal garden	皇家园林	皇家園林
R-selection	R 选择	R 選擇
ruins of ancient city	古城遗址	古城遺址
rule of causation in geography	地理因果律	地理因果律
rule of physical territorial differentiation	自然地域分异规律	自然領域差異化規則
rule of territorial diffenrentiation	地域分异规律	領域分異規則
runoff	径流量	徑流量
runoff annual distribution	径流年内分配	徑流年內分配
runoff coefficient	径流系数	徑流係數
runoff depth	径流深度	徑流深度
runoff formation process	径流形成过程	徑流形成歷程
runoff generation	产流	徑流的生成
runoff generation from excess rain	超渗产流	超滲徑流
runoff generation under saturated condition	蓄满产流	飽和徑流
runoff interannual variation	径流年际分配	徑流年際變動
runoff modulus	径流模数	徑流模式
runoff variability	径流变率	徑流變率
rupture strength	抗裂强度	抗裂強度
rural community	乡村社区	鄉村社區
rural geography	乡村地理学	鄉村地理學
rural landscape	乡村景观	鄉村景觀

英 文 名	大 陆 名	台 湾 名
rural-urban continuum	城乡连续谱	城鄉連續帶
rural-urban fringe	城乡交错带	城鄉交錯帶
rural-urban integration	城乡一体化	城鄉整合
rural urbanization	乡村城市化	鄉村都市化
rurbanization(=rural urbanization)	乡村城市化	鄉村都市化
Rust Belt	锈铁带	鐵鏽帶

S

英 文 名	大 陆 名	台 湾 名
sacrality	神圣性	神聖性
sacred and profane space	神圣空间与世俗空间	神聖空間與世俗空間
sacred mountain	圣山	聖山
sacred river	圣河	聖河
safari	狩猎旅游	狩獵旅遊
Saint-Venant equations	圣维南方程	聖維南氏方程式
saline-alkaline marsh	盐碱沼泽	鹽鹼沼澤
saline-alkaline wetland	盐碱湿地	鹽鹼濕地
saline lake(=salt lake)	盐湖	鹽湖
salinity	盐度	鹽度
salinization	土壤盐化,盐化[作用]	土壤鹽化,鹽化作用
salt-affected soil	盐渍土壤	鹽漬土
saltation	跳动,跃动	跳動
salt balance	盐分平衡	鹽分平衡
salt crystallization	盐结晶作用	鹽結晶作用
salt desert	盐漠	鹽漠
salt dune	盐丘	鹽丘
salt flat	盐滩	鹽灘
salt lake	盐湖	鹽湖
salt marsh	盐沼	鹽沼
saltwater lake	咸水湖	鹹水湖
sand	砂	砂
sand bar (=channel bar)	滨河床沙坝	河道沙洲
sand-driving wind	起沙风	起沙風
sand dune rock	沙丘岩	沙丘岩
sand flow rate	输沙率	輸沙率
sand-laden wind(=wind drift sand flow)	风沙流	風沙流
sand-laden wind engineering	风沙工程学	風沙工程學

英 文 名	大 陆 名	台 湾 名
sand land	沙地	沙地
sand ripple	沙波纹	沙漣
sandstone	砂岩	砂岩
sandstorm	沙[尘]暴	沙[塵]暴
sand wedge	砂楔	沙楔
sandy coast	砂质海岸	沙岸
sandy desert	砂质沙漠,沙漠	砂質沙漠,沙漠
sandy desert climate	沙漠气候	沙漠氣候
sandy desert farming	沙漠农业	沙漠農業
sandy desert formation	沙漠形成	沙漠形成
sandy desertification	沙漠化	沙漠化
sandy desertification control	沙漠化防治	沙漠化防治
sandy desertification evaluation	沙漠化评价	沙漠化評價
sandy desertification indicator	沙漠化指标	沙漠化指標
sandy desertification land	沙漠化土地	沙漠化土地
sandy desertification monitory	沙漠化监测	沙漠化監測
sandy desertification process	沙漠化过程	沙漠化歷程
sandy soil	砂质土壤	砂質土壤
Santa Ana	圣安娜风	聖塔安那風
SAR(=synthetic aperture radar)	合成孔径雷达	合成孔徑雷達
satellite climatology	卫星气候学	衛星氣候學
satellite town	卫星城	衛星城
satisfying behavior	满意化行为	滿意化行為
saturated soil moisture	土壤饱和含水量	土壤飽和含水量
saturated zone	饱和带	飽和帶
saturation overland flow	饱和地面径流	飽和地表徑流
saturation vapor pressure	饱和水汽压	飽和水汽壓
savanna	萨瓦纳	莽原,熱帶疏林高草原
savanna climate	萨瓦纳气候	莽原氣候
savanna red soil(=dry red soil)	燥红土	燥紅土
scale analysis	尺度分析	尺度分析
scale dialectics	尺度辩证法	尺度論證
scale effect	尺度效应	尺度效應
scale in physical geography	自然地理尺度	自然地理尺度
scallop	流痕	流痕
scan image	扫描影像	掃描影像
scarification	翻土	鬆土
scarp(=cliff)	崖	崖

英 文 名	大 陆 名	台 湾 名
scarp slope	崖坡	崖坡
scattering	散射	散射作用
schist	片岩	片岩
school geography	学派地理学	學派地理學
school map	教学地图	教學地圖,學校地圖
school of Les Roches	理诺士学派	雷赫西學派
science establishment	科学机构	科學機構
science park	科学园	科學園區
science town	科学城	科學城
sclerophyll	耐旱植物	耐旱植物
sclerophyllous forest	硬叶林	硬葉林
scoria	火山渣	火山渣
screen map	屏幕地图	螢幕地圖,螢幕映像
scroll pattern	迂回扇	卷軸型
SDE(=spatial database engine)	空间数据库引擎	空間資料庫引擎
SDI(=spatial data infrastructure)	空间数据基础设施	空間資料基礎設施
sea	海	海
sea arch	海穹	海拱,海蝕門
sea bottom desertification	海底荒漠化	海底荒漠化
sea cave	海蚀洞	海蝕洞
sea cliff	海蚀崖	海崖
sea coast	海岸	海岸
sea-floor spreading	海底扩张	海底擴張
sea fog	海雾	海霧
sea ice	海冰	海冰
sea-land breeze	海陆风	海陸風
sea level	海[平]面	海平面
sea level change	海[平]面变化	海平面變化
sea level rise	海平面上升	海平面上升
seamless integration	无缝集成	無瑕整合
seamount	海山	海山,海丘
sea notch	海蚀凹槽	海蝕凹壁
search behavior	搜索行为	搜索行為
search space	探索空间	搜索空間
sea sat	海洋卫星	海洋衛星
seasat series	海洋卫星系列	海洋衛星系列
seasonality	季节性	季節性
seasonally frozen ground	季节冻土	季節凍土

英　文　名	大　陆　名	台　湾　名
seasonally frozen layer	季节冻结层	季節凍結層
seasonally thawed layer	季节融化层	季節融化層
sea stack	海蚀柱	海蝕柱
seawater intrusion into aquifer	海水入侵含水层	海水入侵含水層
seawater invasion	海水入侵	海水入侵
secondary coast	次生岸	次生岸
secondary consumer	次级消费者	次級消費者
secondary industry	第二产业	[第]二級產業
secondary mineral	次生矿物	次生礦物
secondary plant succession	次生植物演替	次生植物演替
secondary pollution	次生污染	次生污染
secondary sector	第二级产业部门	第二級產業[部門],次級產業
secondary succession	次生演替	次生演替
secondary wave	次波,S波	次波,S波
second home	第二居所	第二寓所
Second Reich	第二帝国	第二帝國
sectoral model	扇形模型	扇形模式
sectoral urban pattern	扇形城市	扇形城市
sectorial economic geography	部门经济地理学	部門經濟地理學
sectorial geography	部门地理学	部門地理學
sectorial physical regionalization	部门自然区划	部門自然區域化
sector theory	扇形理论	扇形理論
secularization	世俗化	世俗化
sedentary soil	定积土	定積土,原積土
sedge mire	苔草沼泽	苔草沼澤
sediment	沉积物	沈積物
sedimentary facies	沉积相	沈積相
sedimentary rock	沉积岩	沈積岩
sedimentary structure	沉积构造	沈積構造
sedimentation	沉积作用	沈積作用
sediment balance	沙量平衡	沈積平衡,輸沙平衡
sediment budget	泥沙平衡	淤砂收支,沈積收支
sediment-delivery ratio	泥沙输移比	泥沙遞移率
sediment flux	泥沙流通量	泥沙流通量
sediment movement	泥沙运动	泥沙運動
sedimento-eustasy	沉积作用型海面变化	沈積[作用]型海面變化

英　文　名	大　陆　名	台　湾　名
sedimentology	沉积学	沈積學
sediment production rate	产沙率	產沙率
sediment transport modulus	输沙模数	輸沙模式
sediment yield	输沙量	輸沙量
seed bed location	种床区位	種床區位
segregated ice	分凝冰	分凝冰
segregation	隔离	隔離
segregation potential	分凝势	分凝勢
seif dune	剑丘	劍丘
seismic body wave	地震体波	地震體內波
seismicity	地震作用	地震作用
seismic surface wave	地震表面波	地震表面波
seismic wave	地震波	地震波
seismogram	震波图	震波圖
seismograph	地震仪	地震儀
seismology	地震学	地震學
selection of city site	城址选择	城址選擇
selective absorption	选择吸收	選擇吸收
selective cutting	择伐	擇伐
self-mulching	自幂作用	自冪作用
self-swallowing	自吞作用	自吞作用
semiaquatic	半水生	半水生
semifixed dune	半固定沙丘	半固定沙丘
semiologist	符号学者	符號學者
sense of place	场所感	地方感
sensible heat	可感热	可感熱
sensitivity analysis	敏感性分析	敏感性分析
sensitivity of geosystem	地理系统敏感性	地理系統敏感性
sequence cross-section	序列剖面	序列剖面
sequential landform	次生地形	次生地形
serialization	序列化	序列化
series	统	統
series maps	系列地图	系列地圖
serpentinite	蛇纹岩	蛇紋岩
service area	服务区	服務區
services industries	服务业	服務業
settlement	聚落	聚落
settlement geography	聚落地理学	聚落地理學

英 文 名	大 陆 名	台 湾 名
settlement pattern	聚落类型	聚落類型
seventy-two pentads	七十二候	七十二候
sewage	生活污水	生活污水
shaded-relief method(=hill shading)	晕渲法	暈渲法
shadow zone	阴影带	陰影帶
shady slope(=ubac)	阴坡	陰坡
shaft	竖井	豎井,[電梯的]昇降機
Shajiang black soil	砂姜黑土	砂薑黑土
shale	页岩	頁岩
shallow water equation	浅水方程	淺水方程
shape analysis	形状分析	形狀分析
shear	剪切力	剪力
shear strength	剪切强度	剪力強度
sheet erosion	片[状侵]蚀	片[狀侵]蝕,面蝕
sheet line system	地图分幅	地圖分幅
shield	地盾	地盾
shield volcano	盾状火山	盾狀火山
shifting agriculture	迁移农业	游耕農業,輪作農業
shifting cultivation	迁徙耕作	游耕,輪作
shift-share analysis	偏离–份额分析	偏離–額份分析
shingle beach	砾滩	礫灘
shopping mall	购物娱乐中心	購物中心
shopping tour	购物旅游	購物旅遊
shore	海滨	海濱
shoreline	海滨线	濱線
short-run regional growth model	区域短程增长模型	區域短程增長模式
shortwave radiation	短波辐射	短波輻射
shrub	灌丛	灌叢
shrubbery-laden desertification	灌丛沙漠化	灌叢沙漠化
shuga	冰花	冰花
shuttle imaging radar (SIR)	航天飞机成像雷达	太空梭成像雷達
sial	硅铝层	矽鋁層
siallitic weathering crust	硅铝风化壳	矽鋁風化殼
siallitization	硅铝化[作用]	矽鋁化[作用]
sierozem	灰钙土	灰鈣土
SIF(=standard interchange format)	标准交换格式	標準交換格式
significance test	显着性检验	顯著性檢定
silicate	硅酸盐	矽酸鹽

英　文　名	大　陆　名	台　湾　名
silica-tetrahedrom	硅氧四面体	矽氧四面體
silicification	硅化[作用]	矽化[作用]
sill	岩床	岩床
silt	粉砂	坋砂
siltstone	粉砂岩	粉砂岩
Silurian Period	志留纪	志留紀
sima	硅镁层	矽鎂層
simplified biosphere model	简化生物圈模型	簡化生物圈模型
simulation	模拟	模擬
sinkhole	落水洞	滲穴
sinter deposition	泉华沉积	泉華沈積
SIR(=shuttle imaging radar)	航天飞机成像雷达	太空梭成像雷達
Sirocco	西洛可风	西洛可風
SIS(=soil information system)	土壤信息系统	土壤資訊系統
site	地点	地點
skid row	城镇中的破落街区	貧民區
skiing	滑雪	滑雪
skylight	天空光	天光
slate	板岩	板岩
slaty cleavage	板状劈理	板狀劈理
sleet	雨夹雪	霰,冰珠
slide	滑动	滑動
sling psychrometer	干湿球湿度计	乾濕球濕度計
slip face	滑落面	滑落面
slip-off slope	滑走坡	滑走坡
slope	坡地	坡地
slope deposit	坡积物	坡積物
slopeland(=slope)	坡地	坡地
slope process	坡面过程	邊坡作用
slope wash	坡面冲刷	坡面沖刷
slum	贫民区	貧民區
slum clearance	贫民窟清除	貧民區拆除
small city within larger one	子城	子城
small community	小社区	小社區
small open economy model	小国开放经济模型	小國開放經濟模式
smog	烟	煙霧
SMSA(=Standard Metropolitan Statistical Area)	[标准]大都市统计区	[標準]大都市統計區

英　文　名	大　陆　名	台　湾　名
snow	雪	雪
snow avalanche	雪崩	雪崩
snow cover	积雪	覆雪
snow drift	吹雪	吹雪
snow field	雪原	雪原
snow hydrology	积雪水文学	積雪水文學
snow line	雪线	雪線
snowmelt runoff	融雪径流	融雪徑流
snowstorm	雪暴	暴風雪
social area analysis	社会区分析	社會地域分析
social change	社会变迁	社會變遷
social Darwinism	社会达尔文主义	社會達爾文主義
social demand	社会需求	社會需求
social distance	社会距离	社會距離
social dualism	社会二元论	社會二元論
social economic attribute of land	土地社会经济属性	土地社會經濟屬性
social environment of disease	疾病社会环境	疾病社會環境
social formation and succession	社会形成与演替	社會形成與演替
social geography	社会地理学	社會地理學
social integration	社会整合	社會整合
social justice	社会公正	社會正義
social medical geography	社会医学地理	社會醫學地理
social movement	社会运动	社會運動
social network	社会网络	社會網路
social organization	社会组织	社會組織
social physics	社会物理学	社會物理學
social power	社会权力	社會權力
social reality	社会现实	社會現實
social reproduction	社会再生产	社會再生產
social resources	社会资源	社會資源
social security system	社会安全体系	社會安全體系
social space	社会空间	社會空間
social tourism	社交旅游	社會觀光
social well-being	社会福祉	社會福祉
soft tourism	软旅游	軟性旅遊
Sohmidt diagram(=ice fabric diagram)	冰组构图	冰組構圖
soil	土壤	土壤
soil amelioration	土壤改良	土壤改良

英 文 名	大 陆 名	台 湾 名
soil and water conservation	水土保持	水土保持
soil and water loss	水土流失	水土流失
soil association	土壤组合	土壤組合
soil cartography	土壤制图	土壤製圖
soil catena	土链	土鏈
soil class(= soil order)	土纲	土綱
soil classification	土壤分类	土壤分類
soil complex	土壤复区	土壤複區
soil cover	土被	覆土
soil cover structure	土被结构	土壤結構
soil creep	土体蠕动	土體蠕動,土壤潛移
soil degradation	土壤退化	土壤退化
soil distribution	土壤分布	土壤分佈
soil ecology	土壤生态学	土壤生態學
soil enrichment	土壤富集	土壤富集
soil erosion	土壤侵蚀	土壤侵蝕
soil evaporation	土壤蒸发	土壤蒸發
soil evaporation between plants	棵间土壤蒸发	棵間土壤蒸發
soil family	土族	土族
soil formation	土壤形成	土壤生成
soil formation factor	土壤形成因素	土壤生成因素
soil formation process	土壤形成过程	土壤生成過程
soil genetic classification	土壤发生分类	土壤化育分類
soil genetic horizon	土壤发生层	土壤化育層
soil genus	土属	土屬
soil geography	土壤地理学	土壤地理學
soil group	土类	土類
soil horizontal zonality	土壤水平地带性	土壤水平分帶
soil hydraulic conductivity	土壤水力传导度	土壤水力傳導度
soil information system(SIS)	土壤信息系统	土壤資訊系統
soil intrusion	土壤侵入体	土壤侵入體
soil landscape	土壤景观	土壤景觀
soil layer	土[壤]层[次]	土[壤]層
soil liquefaction	土壤液化	土壤液化
soil local type	土种	土種
soil management	土壤管理	土壤管理
soil map	土壤图	土壤圖
soil mapping unit	土壤制图单元	土壤製圖單元

英　文　名	大　陆　名	台　湾　名
soil moisture	土壤水	土壤水
soil moisture characteristic curve	土壤水分特征曲线	土壤水分特徵曲線
soil new growth	土壤新生体	土壤新生體
soil order	土纲	土綱
soil phase	土相	土相
soil pollution	土壤污染	土壤污染
soil profile	土壤剖面	土壤剖面
soil resources	土壤资源	土壤資源
soil science	土壤学	土壤學
soil series	土系	土系
soil structure	土壤结构	土壤結構
soil subunit	土壤亚单元	土壤亞單元
soil survey	土壤调查	土壤調查
soil taxon	土壤类别	土壤類別
soil taxonomy	土壤系统分类	土壤系統分類
soil texture	土壤质地	土壤質地
soil unit	土壤单元	土壤單元
soil utilization	土壤利用	土壤利用
soil variety	[土]变种	土壤種類
soil water balance	土壤水平衡	土壤水平衡
soil water constant	土壤水分常数	土壤水分常數
soil water content	土壤含水量	土壤含水量
soil water potential	土水势	土水勢
soil water specific yield	土壤给水度	土壤給水度
soil zonality	土壤地带性	土壤地帶性
solar constant	太阳常数	太陽常數
solar day	太阳日	太陽日
solar noon	日照正午	日照正午
solar radiation	太阳辐射	太陽輻射
sole mark	底痕	底痕
solid solution	固溶体	固溶體
solid waste	固体废物	固體廢物
solifluction	冻融蠕流	土石緩滑
solodization	脱碱作用	脱鹹作用
solonchak	盐土	鹽土
solonetz	碱土	鹼土
solonization	碱化[作用]	鹼化[作用]
solubility	溶解度	溶解度

英　文　名	大　陆　名	台　湾　名
solum	土体层	土體
solution	溶解	溶解
solution depression	溶蚀洼地	溶蚀窪地
solution spike	石牙	石牙
Song-Yu's model	宋健–于景元模型	宋健–于景元模式
sorted circle	石环	石環
sorted net(=stone net)	石网	石網
sorting	分选作用	淘選作用
southern hemisphere	南半球	南半球
southern limit of permafrost	多年冻土南界	永凍土南界
southern oscillation	南方涛动	南方振盪
south pole	南极	南極
southwest monsoon	西南季风	西南季風
sovereignty	主权	主權
sovereign-wealth fund	主权[财富]基金	主權[財富]基金
Soviet landschaft school	苏联景域学派	蘇聯景域學派
space	空间	空間
space geodesy	空间大地测量	大地測量
space lattice	空间格子	空間晶格
space remote sensing	航天遥感	航太遙測
space requirement	空间需求	空間需求
space-time manifold	时空簇	時空簇
spatial adjustment	空间调整	空間調整
spatial aggregation	空间聚集	空間聚集
spatial autocorrelation	空间目相关	空間自相關
spatial behavior	空间行为	空間行為
spatial competition	空间竞争	空間競爭
spatial computable general equilibrium	空间可计算一般均衡	空間可計算一般均衡
spatial configuration	空间配置	空間組態
spatial correlation	空间相关	空間相關
spatial data	空间数据	空間資料
spatial database engine(SDE)	空间数据库引擎	空間資料庫引擎
spatial data infrastructure(SDI)	空间数据基础设施	空間資料基礎設施
spatial data mining	空间数据挖掘	空間資料探勘
spatial diffusion	空间扩散	空間擴散
spatial disparity	空间差异	空間差異
spatial division of labor	劳动地域分工	空間分工
spatial economics	空间经济学	空間經濟學

英 文 名	大 陆 名	台 湾 名
spatial economy	空间经济	空間經濟
spatial effect in geography	地理空间效应	地理空間效應
spatial equation in geography	空间地理方程	地理空間方程
spatial equilibrium	空间均衡	空間均衡
spatial error	空间错误	空間錯誤
spatial experience	空间经验	空間經驗
spatial fetishism	空间崇拜	空間崇拜
spatial growth model	空间增长模型	空間成長模式
spatial homogeneity	空间同质性	空間同質性
spatial index	空间索引	空間檢索
spatial inequality	空间不均衡性	空間不均衡性
spatial inertia	空间惯性	空間慣性
spatial interaction	空间相互作用	空間互動
spatiality	空间性	空間性
spatially-restricted society	空间闭塞社会	空間閉塞社會
spatial margin	空间缘线	空間邊緣
spatial modeling	空间建模	空間塑模
spatial monopoly	空间独占	空間獨佔
spatial oligopoly	空间寡占	空間寡佔
spatial organization	空间组织	空間組織
spatial paradigm	空间典范	空間典範
spatial point pattern	空间点模式	空間點型
spatial preference	空间偏好	空間偏好
spatial query	空间查询	空間查詢
spatial ramification	空间分化	空間分化
spatial relationship	空间关系	空間關係
spatial resolution	空间分辨率	空間解析度
spatial segregation	空间划分	空間區隔
spatial separatist	空间分离主义者	空間分離主義者
spatial statistics	空间统计	空間統計
spatial strategy in geography	地理空间对策	地理空間決策
spatial structure	空间结构	空間結構
spatial structure theory	空间结构理论	空間結構理論
spatial thinking	空间思考	空間思考
spatiotemporal complexity	时空复杂性	時空複雜性
spatio-temporal data	时空数据	時空資料
spatio-temporal series analysis	时空序列分析	時空序列分析
special economic zone	经济特区	經濟特區

英 文 名	大 陆 名	台 湾 名
special geography	特殊地理学	特殊地理學
specialization	专业化	專業化
specialization index of urban center	城市专门化指数	城市中心專業化指數
specialization of production	生产专业化	生產專業化
special purpose map	特种地图	特殊地圖
special use map	专用地图	專用地圖
speciation	物种分化	物種分化
species	种,物种	種,物種
species-area curve	种-面积曲线	種-面積曲線
species diversity	物种多样性	物種多樣性
species pool	物种库	物種庫
species richness	物种丰富度	物種豐富度
specific geographical name	地理专名	地理專名
specific gravity	比重	比重
specific heat	比热	比熱
specific humidity	比湿	比濕
specific yield	给水度	給水度
spectral resolution	光谱分辨率	光譜解析度
spectrogram	光谱图	光譜圖
spectrum	光谱	光譜
speleology	洞穴学	洞穴學
speleothem	洞穴化学淀积物	洞穴化學澱積物
spheroidal weathering	球状风化	球狀風化
spit	沙嘴	沙嘴
splash erosion	溅蚀	濺蝕
spodic horizon	灰化层	灰化層
Spodosol	灰土	灰化土
spoil	废石堆	廢石堆
spontaneous settlement	自发定居区	自發定居區
sports tourism	体育旅游	運動旅遊
spreading plate boundary	扩张板块边缘	張裂板塊邊緣界
spring	泉	泉
spring tide	大潮	大潮[汐]
SQL(=structured query language)	结构化查询语言	結構化查詢語言
squatter settlement	非法聚落,棚户区	非法聚落,棚戶區
squatting	非法占用	非法佔用
stability of geosystem	地理系统稳定性	地理系統穩定性
stable air	稳定空气	穩定空氣

英 文 名	大 陆 名	台 湾 名
stable infiltration	稳渗	穩滲
stage-discharge relation	水位流量关系	水位流量關係
stage of succession	演替阶段	演替階段
stage of the river	河水水位	河川水位
stagnogley(=stagnogley soil)	滞水潜育土	滯水灰黏土
stagnogley soil	滞水潜育土	滯水灰黏土
stalactite	石钟乳,钟乳石	石鐘乳,鐘乳石
stalagmite	石笋	石筍
standard interchange format(SIF)	标准交换格式	標準交換格式
standardization of geographical name	地名标准化	地名標準化
standardized mortality	标准化死亡率	標準化死亡率
standard meridian	标准经线	標準經線
Standard Metropolitan Statistical Area (SMSA)	[标准]大都市统计区	[標準]大都會統計區
standard parallel	标准纬线	標準緯線
standard time	标准时	標準時
standard time system	标准时间系统	標準時間系統
standard time zone	标准时区	標準時區
star dune	星状沙丘	星狀沙丘
state	国家	國家
state-contingent model	状态并发模型	狀態併發模式
state space	状态空间	狀態空間
state variable of geosystem	地理状态变量	地球系統的狀態變數
station	站	[車]站,駐地
statistical climatology	统计气候学	統計氣候學
statistical model	统计模型	統計模式
statistic map	统计地图	統計地圖
statistics	统计学	統計學
status-pressure-response	状态–压力–响应	狀態–壓力–回應
steady flow	稳定流	穩定流
steady state	稳态	穩態
steering constraint	操纵限制	操縱限制
stem flow	沿茎水流	樹幹徑流
stenothermal organism	狭温性生物	狹溫性生物
steppe	草原	貧草原
steppe climate	草原气候	貧草原氣候
steppe faunal group	草原动物群	貧草原動物群
steppe soil	草原土壤	貧草原土壤

英　文　名	大　陆　名	台　湾　名
stereoscopic map	视觉立体地图	視覺立體地圖
stochastic hydrology	随机水文学	隨機水文學
stochastic model	随机模型	隨機模式
stochastic process	随机过程	隨機歷程
stock	①岩株 ②股票	①岩株 ②股票
stone circle(= sorted circle)	石环	石環
stone forest	石林	石林
stone nest	石窝	石窩
stone net	石网	石網
stone stream	石河	石河
stone teeth(= solution spike)	石牙	石牙
stony desert	石漠	石漠
stony desertification	石漠化	石漠化
stoping	顶蚀作用	頂蝕作用
storage capacity	蓄水容量	儲水能力
storm deposit	风暴潮沉积	風暴沈積
storm flow	暴雨径流	暴雨徑流
storm surge	风暴潮	風暴潮
straight river channel	顺直型河道	直形河道
strain	应变	應變
strait	海峡	海峽
stratification	层理	層理
stratified drift	成层冰碛	層狀冰磧
stratified lake	层结湖	層結湖
stratiform cloud	层状云	層狀雲
stratigraphy	地层学	地層學
stratocumulus	层积云	層積雲
stratosphere	平流层	平流層
stratovolcano	层状火山	層狀火山
stratum	地层	地層
stratus	层云	層雲
stream capacity	河流搬运力	河流搬運力
stream channel	河道	河道
stream load	河流负荷	河流負載
stream order	河流等级	河流等級
stream profile	河流剖面	河流剖面
stream transportation	河流搬运作用	河流搬運作用
strength of frozen soil	冻土强度	凍土強度

英 文 名	大 陆 名	台 湾 名
strength of habits	习惯力量	習慣的力量
stress	承受力	承受力
stress of geographical environment	地理环境应力	強調地理環境
striation	擦痕	擦痕
strike	走向	走向
strike-slip fault	平移断层	平移斷層
strip mining	露天开采	露天開採
stromatolite	叠层石	疊層石
Strombolian eruption	斯特龙博利式喷发	斯通波利式噴發
strongly mobile element	强移动元素	強移動元素
structural basin	构造盆地	構造盆地
structural functionalism	结构功能主义	結構功能主義
structural geomorphology	构造地貌学	構造地形學
structuralism	结构主义	結構主義
structuralist movement	结构主义运动	結構主義運動
structural landform	构造地貌	構造地形
structural terrace	构造阶地	構造階地
structuration	造构	造構論
structurationist school	造构主义学派	造構主義學派,脈絡主義學派
structuration theory	结构化理论	造構理論
structured query language(SQL)	结构化查询语言	結構化查詢語言
structure of urban area	城市地域结构	都市地域結構
stump	海椿	海椿
subalpine belt	亚高山带	亞高山帶
subantarctic zone	亚南极区	亞南極區
subaqueous delta	水下三角洲	水下三角洲
subarctic zone	亚北极区	亞北極區
sub-center	副中心	副中心
subcontinental glacier	亚大陆性冰川	亞大陸性冰川
subcontracting system	外包体系	外包體系
subduction	俯冲作用	隱沒作用
subduction zone	俯冲带	隱沒帶
subglacial channel	冰下河道	冰下河道
subgroup	亚类	亞類
sublimation	升华	昇華[作用]
sublimation till	升华碛	昇華磧
sublittoral zone(=subtidal zone)	潮下带	潮下帶

英 文 名	大 陆 名	台 湾 名
submarine bar	水下沙坝	水下沙壩
submarine canyon	海底峡谷	海底峡谷
submarine coastal slope	水下岸坡	水下岸坡,海底岸坡
submarine landform	海底地貌	海底地形
submarine terrace	水下阶地	水下階地,海底階地
submerged coast	下降岸	下降岸,沈降海岸
subnival belt	亚雪带	亞雪帶
suborder	亚纲	亞綱,亞目
subpixel	次像元	亞像素
sub-polar glacier	亚极地冰川	副極地冰川
subprime crisis	次级房贷风暴	次級房貸風暴
subprime lending	次级房贷	次級房貸
subsea permafrost(=offshore permafrost)	海底多年冻土	海底永凍土
subsequent river(=subsequent stream)	次成河,后成河	次成河,後成河,走向河
subsistence	自给	自給
subsistence agriculture	自给性农业	自給型農業
subsoil	①心土 ②底土	①心土 ②底土
subsoil layer	心土层	心土層
subsolar point	太阳正射点	太陽正射點
substitution	取代	取代
substratum	底土层	底土層
subsurface erosion	潜蚀	潛蝕,地下侵蝕
subsurface water	表层水,壤中水	表層水,地下水
subtidal zone	潮下带	潮下帶
subtropical calms	副热带无风带	副熱帶無風帶,馬緯度 ［無風帶］
subtropical high	副热带高压	副熱帶高壓
subtropical jet stream	副热带急流	副熱帶噴射氣流
subtropical zone	副热带,亚热带	副熱帶
suburb	郊区	郊區
suburbanization	郊区化	郊區化
suburbs	郊	市郊
succession	演替	演替
suitcase farmer	手提箱农民	手提箱農民
summer monsoon	夏季风	夏季季風
summer solstice	夏至	夏至
summit surface	山顶面	山頂面
sunny slope(=adret)	阳坡	向陽坡

英　文　名	大　陆　名	台　湾　名
sunshine	日照	日照
superaqual landscape	水上景观	水上景觀
supercontinental glacier	极大陆性冰川	極大陸性冰川
supercooled water	过冷水	過冷水
superimposed ice	附加冰	附加冰
superimposed river	叠置河	疊置河
superimposed terrace	上叠阶地	上疊階地
supervised classification	监督分类	監督分類［法］
supervisory region	监察区	監察區
supply area	供应域	供應域
supralittoral zone(=uptidal zone)	潮上带	潮上帶
surf	激浪	激浪
surface flow	地表径流	地表徑流
surface soil layer	表土层	表土層
surface tension	表面张力	表面張力
surface water	地表水	地表水
surf zone	冲浪带	衝浪帶,礁波帶
Surtseyan eruption	苏特赛式喷发	蘇特賽式噴發
suspended load	悬移质	懸移質
suspended sediment load	悬移泥沙荷载	懸移淤砂荷載
suspended solid	悬浮物	懸浮物
sustainable development	可持续发展	永續發展
sustainable development of regional econo-my	区域经济可持续发展	區域經濟永續發展
sustainable tourism	可持续旅游	永續觀光
sustainable use of natural resources	资源可持续利用	資源永續利用
suture	缝合线	縫合線
swallow hole	吞口	吞口
swamp(=marsh)	沼泽	沼澤
swamp classification	沼泽分类	沼澤分類
swamp ecosystem	沼泽生态系统	沼澤生態系統
swamp environment	沼泽环境	沼澤環境
swamp grass hill	沼泽草丘	沼澤草丘
swampiness of forest(=forest paludifica-tion)	森林沼泽化	森林沼澤化
swampiness of lake(=lake paludification)	湖泊沼泽化	湖泊沼澤化
swampiness of land(=land paludifica-tion)	陆地沼泽化	陸地沼澤化

英 文 名	大 陆 名	台 湾 名
swampiness of meadow(=meadow paludification)	草甸沼泽化	草地沼澤化
swampiness of river(=river paludification)	河流沼泽化	河流沼澤化
swampiness of water(=water paludification)	水体沼泽化	水體沼澤化
swap	交换[合约]	交換[合約]
swash zone	急流带,冲流带	流濺帶,沖濺帶
swell	涌浪,余波	湧浪,長浪
symbiont	共生生物	共生生物
symbiosis	共生	共生
symbol	符号	符號,象徵
symbolic landscape	符号景观	符號景觀,徵象地景
symbolic model	符号模型	符號模式
symbol image	字符图像	字元圖像
symmetrical fold	对称褶皱	對稱褶曲
synchronous meteorological satellite	同步气象卫星	同步氣象衛星
synclinal basin	向斜盆地	向斜盆地
syncline	向斜	向斜
synecdoche	举隅法,提喻法	舉隅法
synergetics in geography	地理协同论	地理協同論
syngenetic permafrost	共生多年冻土	共生永凍土
synoptic climatology	天气气候学	綜觀氣候學
synthetic aperture radar(SAR)	合成孔径雷达	合成孔徑雷達
synthetic map	合成地图	合成地圖
synthetic resolution	综合分辨率	合成解析度
system analysis	系统分析	系統分析
systematic cartography	系统地图学	系統地圖學
systematic distortion	系统畸变	系統扭曲
systematic geography	系统地理学	系統地理學
systematic hydrology	系统水文学	系統水文學
system of enfeoffment	分封制	分封制
system of freight collection	港口集疏运系统	集疏物流系統
system of geographical sciences	地理学体系	地理科學體系
system of prefectures and counties	郡县制	郡縣制
system of regulation	调节系统	調節體系

T

英　文　名	大　陆　名	台　湾　名
tableland（ ＝platform）	台地	台地
tactile map	触觉地图	觸覺地圖
tactual map（ ＝tactile map）	触觉地图	觸覺地圖
tafoni	风化窗	風化窗
taiga	泰加林	針葉[泰卡]林
taken-for-granted world	想当然的世界	視為理所當然的世界
takyr	龟裂土	龜裂土
talent resources	人才资源	人才資源
talik	融区	[凍土]融區
talking map	有声地图	有聲地圖
talus	倒石堆	崖錐堆積
T and O maps	T-O 地图	T-O 地圖
tar sand	焦油砂	含油砂
Taylorism	泰勒主义	泰勒主義
technique of sampling	抽样技术	抽樣技術
techno-economic appraisal of production allocation	生产布局的技术经济评价	生產佈局的技術經濟評估
technological innovation	技术创新	技術創新
technological unemployment	技术性失业	技術性失業
technology-intensive industry	技术密集型工业	技術密集工業
tectonic basin（ ＝structural basin）	构造盆地	構造盆地
tectonic lake	构造湖	構造湖
tectonic landform	构造运动地貌	造構地形
tectonics	大地构造学	大地構造學
telecommunication network	电信网络	電信網路
telecommunication revolution	电信革命	電信革命
telecommute	电子通勤	遠距工作
tele-mediation of service	服务远程化	服務遠端化
telemedical geography	远程医学地理	遠距醫學地理
telemetry	遥测	遙測
teleworking	远程工作	遠距工作
temperate belt（ ＝temperate zone）	温带	溫帶
temperate glacier	温冰川	溫冰川

英 文 名	大 陆 名	台 湾 名
temperate region	温带地区	溫帶地區
temperate zone	温带	溫帶
temperature	气温	氣溫
temperature gradient	温度梯度	溫度梯度
temperature inversion	逆温	逆溫
temperature resolution	温度分辨率	溫度解析度
temporal and spatial coupling in geography	地理时空耦合	地理時空耦合
temporality	时间性	時間性
temporal resolution	时间分辨率	時間解析度
temporal-spatial resolution	时空分辨率	時空解析度
temporary urbanization	暂时城市化	暫時都市化
tension	张力	張力
tephra	火山碎屑	火山碎屑,火山噴出物
terminal moraine	终碛,终碛垄	終磧,端冰磧,
terminal velocity	终端速度	終端速度
terrace	阶地	階地
terrace deformation	阶地变形	階地變形
terrace dislocation	阶地错位	階地錯位
terrace displacement(=terrace disloca-tion)	阶地错位	階地錯位
terra fusca	棕色石灰土	棕色石灰土
terrain(=land)	土地	土地
terrain characteristics	土地属性	土地屬性
terra rosa	红色石灰土	脫鈣紅土
terrestrial radiation	陆地辐射	地球輻射,地面輻射
terrestrial sphere	陆圈	陸界
terrigenous deposit	陆源沉积	陸源沈積
territorial development	国土开发	國土發展
territorial doctrines	区域教义	領土教義
territorial expansion	领土扩张	領土擴張
territoriality	领域性,领土性	領域性,領土性
territorialization	领域化	領域化
territorial justice	区域公正	領土正義
territorial management	国土整治	國土整治
territorial organization	区域组织	領域組織
territorial planning	国土规划	國土規劃
territorial process	地域过程	領域歷程
territorial production complex	地域生产综合体	地域生產綜合體

英 文 名	大 陆 名	台 湾 名
territorial resources	国土资源	國土資源
territorial sea	领海	領海
territorial sky	领空	領空
territorial social indicator	地域社会指标	領域社會指標
territorial structure	地域结构	領域結構
territorial system	地域系统	領域系統
territory	国土,领土	國土,領域
tertiarization	第三级产业化	第三級產業化
tertiary industry	第三产业	第三級產業
Tertiary Period	第三纪	第三紀
tertiary sector	第三级产业部门	[第]三級產業[部門]
test of geographical model	地理模型检验	地理模式檢驗
Tethys	特提斯海	特提斯海,古地中海
texture	结构	紋理,質地
thanatourism	黑色旅游	悲暗旅遊
thaw compressibility	融化压缩	融化壓縮
thaw consolidation	融化固结	融化固結
thawed soil	融土	融土
thawing index	融化指数	融化指數
thaw settlement	融化下沉	融化下沈
thaw slumping	热融滑塌	熱融塌陷
the Forth World	第四世界	第四世界
the great discovery of geography	地理大发现	地理大發現
the Great Wall	长城	長城
thematic atlas	专题地图集	專題地圖集
thematic atlas of remote sensing	遥感专题图	遙測專題圖
thematic attribute	专题属性	專題屬性
thematic cartography	专题地图学	專題地圖學
thematic interpretation	专题判读	專題判讀
thematic map	专题地图	專題地圖
thematic mapper(TM)	专题制图仪	專題製圖儀
thematic mapping	专题制图	主題地圖製圖
theme park	主题公园	主題樂園
theoretical cartography	理论地图学	理論地圖學
theoretical geography	理论地理学	理論地理學
theory of counter-magnetic system	反磁力吸引体系[理论]	反磁吸體系理論
theory of erosion cycle	侵蚀旋回理论	侵蝕輪迴理論

英　文　名	大　陆　名	台　湾　名
theory of exploitation	剥削理论	剝削理論
theory of human-nature	人地关系论	人地關係論
theory of island biogeography	岛屿生物地理学理论	島嶼生物地理學理論
theory of minimum energy dissipation in geomorphology	地貌最小功原理	地形最小功理論
theory of structuration	建构理论	建構理論
the primitive people(=Naturvölker)	原住民,自然人	原始民族,自然人
therapeutic landscape	治疗景观	有療效的景觀
thermal contraction cracking(=frost cracking)	冻缩开裂	凍縮開裂
thermal erosion	热侵蚀	熱侵蝕
thermal inertia	热惯量	熱慣量
thermal infrared	热红外	熱紅外
thermal radiation	热辐射	熱輻射
thermohaline current	热盐环流	溫鹽流
thermokarst	热喀斯特	熱喀斯特
thermoluminescence dating	热释光测年	熱學光定年
thermophilic organism	喜温有机体	喜溫有機體
thermosphere	热层	增溫層
the Third Front industry	三线工业	三線工業
the Third Italy	第三意大利	第三義大利
thick description	深厚描述[研究法]	深厚描述[研究法]
Thiessen polygon	徐升氏多边形	徐升氏多邊形
third space	第三空间	第三空間
Third World	第三世界	第三世界
three-dimensional map	三维地图	立體地圖
three-dimensional zonality	三维地带性	三维地帶性
Three Regions	三大地带	三大地帶
threshold	门槛,阈值	門檻,閾值
threshold of demand	需求门槛	需求閾值
threshold value of wetland development	湿地开发阈值	濕地開發閾值
throughfall	透过植被的降水	穿透降水
throughflow(=interflow)	壤中流	中間流
through talik(=open talik)	贯通融区	貫通融區
thrust fault	冲断层	逆[沖]斷層
thunderstorm	雷暴	雷暴,雷雨
tic	坐标控制点	座標控制點
tidal channel	潮汐通道	潮流道,潮流口

英 文 名	大 陆 名	台 湾 名
tidal creek	潮沟	潮溝
tidal current	潮流	潮流
tidal current limit	潮流界	潮流界
tidal delta	潮汐三角洲	潮汐三角洲
tidal estuary	有潮河口	潮汐河口灣
tidal flat	潮坪,潮滩	潮汐灘地,潮埔
tidal inlet	①进潮口 ②潮汐通道	①潮流口,入潮口 ②潮流道,潮流口
tidal limit	潮区界	潮區界
tidal prism	纳潮量	潮[水]量
tidal range	潮差	潮差
tidal ridge	潮流沙脊	潮流沙脊
tide	潮汐	潮汐
tied bar	连岛沙坝	連島沙洲
tier soil	壤土	壤土
TIGER(=Topologically Integrated Geographic Encoding and Referencing)	拓扑统一地理编码参考文件	地區編碼對照整合系統
till	冰碛物	冰磧石,冰磧土
tillite	冰碛岩	冰磧岩
till plain	冰碛平原	冰磧平原
timber storage	木材蓄积量	木材蓄積量
time and space budget	时空预算	時空預算
time budget	时间预算	時間預算
time distance	时间距离	時間距離
time domain	时域	時域
time geography	时间地理学	時間地理學
time lag	延迟时间	延滯時間
time series analysis	时间序列分析	時間序列分析
timeshare	时权	時權
time-space compression	时空压缩	時空壓縮
time-space constitution	时空构成	時空構成
time-space constraint	时空束缚	時空束縛
time-space convergence	时空会聚	時空輻合
time-space coordination	时空协调	時空協調
time-space distanciation	时空延展	時空跨距
time-space divergence	时空辐散	時空輻散
time-space edge	时空边缘	時空邊緣
time-space episode	时空插曲	時空插曲

英 文 名	大 陆 名	台 湾 名
time-space geography	时空地理学	時空地理學
time-space path	时空路径	時空路徑
time-space relation	时空关系	時空關係
time-space rhythm	时空韵律	時空韻律
time-space routine	时空惯例	時空慣例
time-space span	时空跨度	時空跨度
time-space structure	时空间结构	時空結構
time-space template	时空样板	時空樣板
time-space trajectories	时空轨迹	時空軌跡
time zone	时区	時區
TIN(=triangular irregular network)	不规则三角网	不規則三角網
Tinbergen's model of city system	丁伯根城镇体系模型	丁伯根城市體系模式
tipping-point	倾斜点	傾斜點
TM(=thematic mapper)	专题制图仪	專題製圖儀
tofu rock	豆腐岩	豆腐岩
tombolo	连岛坝	連島沙洲,沙頸岬
tombolo island	陆连岛	陸連島
topoclimate	地形气候	地形氣候
topoclimatology	地形气候学	地形氣候學
topographic contour	地形等高线	地形等高線
topographic map	地形图	地形圖
topography	地形	地形
topological error	拓扑错误	拓撲錯誤
Topologically Integrated Geographic Encoding and Referencing(TIGER)	拓扑统一地理编码参考文件	地區編碼對照整合系統
topological map(=topologic map)	拓扑地图	拓撲地圖
topological overlay	拓扑叠加	拓撲疊加
topological relationship	拓扑关系	拓撲關係
topological space in geography	地理拓扑空间	地理拓撲空間
topological structure	拓扑结构	拓撲結構
topologic map	拓扑地图	拓撲地圖
toponomanistics	地名学	地名學
toponomy	地名学	地名學
toponymic database	地名数据库	地名資料庫
toponymic guideline	地名准则	地名準則
topophilia	恋地情结	戀地情結,鄉土愛
top soil(=surface soil layer)	表土层	表土層
tor	突岩	突岩

英　文　名	大　陆　名	台　湾　名
tornado	龙卷风	龍捲風
totality	整体性	整體性
tourism aesthetics	旅游美学	旅遊美學
tourism satellite account	旅游卫星账户	觀光衛星帳
tourism system	旅游系统	旅遊系統
tourist map	旅游地图	旅遊地圖
tourist resources	旅游资源	旅遊資源
tourist resources evaluation	旅游资源评价	旅遊資源評估
tourist space	旅游空间	旅遊空間
tourist town	旅游城市	旅遊城鎮
tourist trap	旅游陷阱	旅遊陷阱
tour operator	旅行经销商	旅行經銷商
tour wholesale	旅行批发商	旅行批發商
tower karst(= Fenglin)	峰林	峰林
town	镇	鎮
townscape	城镇景观	城鎮景觀
town-settlement	邑	邑,市鎮聚落
toxic element	有毒元素	有毒元素
trace element	微量元素	微量元素
trace fossil	遗迹化石	生痕化石
trade area	贸易区	貿易區
trade network	贸易网络	貿易網路
trade-off theory	互补理论	權衡理論
trades	信风	信風
traditional disease	传统病	傳統病
traditional regional economics	传统区域经济学	傳統區域經濟學
traffic engineering	交通工程学	交通工程學
traffic flow theory	交通流理论	交通流理論
traffic hub city	交通枢纽城市	交通樞紐城市
traffic location	交通区位	交通區位
trajectories of individuals	个人生命轨迹	個人生活軌跡
transaction cost theory	交易成本理论	交易成本理論
transcendentalist	超越论者	先[超]驗論者
transculturation	文化汇融	文化互化
transculturational region	文化汇融区	跨文化區
transcurrent fault	走向平推断层	橫移斷層
transferability	可转移性	可轉移性
transform fault	转换断层	轉形斷層

英　文　名	大　陆　名	台　湾　名
transgression	海侵	海進
transhumance	游牧	山牧季移,遷移性放牧
transit area	边境区	過境區
transitional fen	中位沼泽	中位沼澤
transmissivity	透射率	透射率
transpiration	蒸腾	蒸散[作用]
transportability of sediment	输沙能力	輸沙能力
transportation	搬运作用	搬運作用
transportation chain	运输链	運輸鏈
transportation map	交通运输地图	交通運輸地圖
transportation regionalization	交通运输区划	交通運輸區劃
transport circle	交通圈	交通圈
transported regolith	运积表土	運積岩屑
transport junction	运输枢纽	運輸樞紐
transport linkage	运输联系	運輸聯繫
transport mode	运输方式	運輸方式
transport network	运输网络	運輸網路
transport principle	运输原则	運輸原則
transverse coastline	横向岸线	橫向岸線
transverse dune	横向沙丘	橫沙丘
transverse valley	横谷	橫谷
traveling salesman problem	货郎行程问题	旅行推銷員問題
travel writer	旅行作家	旅行作家
travertine	结晶灰华	灰華
travertine terrace	钙华阶地	石灰華階地
tree line	树线	樹線
trellis drainage pattern	方格状水系格局	格子狀水系
trench	海沟	海溝
trend to stability in geography	地理趋稳性	地理趨穩性
triangular facet	[断层]三角面	[斷層]三角面
triangular irregular network(TIN)	不规则三角网	不規則三角網
Triassic Period	三叠纪	三疊紀
tributary	支流	支流
trophic chain	营养链	營養鏈
trophic level in biosphere	生物圈中的营养级	生物圈中的營養級
tropical belt(=tropical zone)	热带	熱帶
tropical cyclone	热带气旋	熱帶氣旋
tropical easterlies	热带东风	熱帶東風

英　文　名	大　陆　名	台　湾　名
tropical easterly jet stream	热带东风急流	熱帶東風噴射氣流
tropical geography	热带地理学	熱帶地理學
tropical rainforest	［热带］雨林	熱帶雨林
tropical rainforest climate	热带雨林气候	熱帶雨林氣候
tropical zone	热带	熱帶
Tropic of Cancer	北回归线	北回歸線
Tropic of Capricorn	南回归线	南回歸線
tropopause	对流层顶	對流層頂
troposphere	对流层	對流層
true color image	真彩色影像	全彩影像
truncated spur	切断山嘴	切斷山嘴
tsunami	海啸	海嘯
tufa	石灰华	石灰華
tuff	凝灰岩	凝灰岩
tuff breccia	凝灰角砾岩	凝灰角礫岩
tundra	冻原	凍原,苔原
tundra climate	苔原气候	苔原氣候
turbidite	浊积岩	濁流岩
turbidity current	浊流	濁流
turbulent flow	湍流	湍流,紊流
turf politics	地盘政治	地盤政治
twenty-four solar terms	二十四节气	二十四節氣
twilight zone(= zone of transition)	转换带	過渡區
type map	类型图	類型圖
typhoon	台风	颱風
typical steppe	典型草原	典型貧草原
typical year	典型年	典型年
typology	类型学	類型學
typomorphic element	标型元素	標型元素

U

英　文　名	大　陆　名	台　湾　名
ubac	阴坡	陰坡
UGIS(= urban GIS)	城市地理信息系统	都市地理資訊系統
Ullman's bases for interaction	乌尔曼相互作用理论	烏爾曼相互作用理論
Ultisol	老成土	老成土,淋育土
ultramafic rock	超镁铁岩	超基性岩

英 文 名	大 陆 名	台 湾 名
ultraviolet light	紫外光	紫外光
ultraviolet radiation	紫外辐射	紫外線輻射
UML（=unified modeling language）	统一建模语言	統一模式語言
uncertainty	不确定性	不確定性
unconfined groundwater	自由地下水	自由地下水
undercut slope	凹岸,掏蚀坡	基蝕坡,切割坡
undercutting	掏蚀	基蝕,崖底侵蝕
underdeveloped area	未开发区	低發展區
underdevelopment	欠发达	低度發展
underemployment	欠就业	低度就業
underground reservoir	地下水库	地下水庫
underground river	地下河	地下河
undertow	底流	底流
under-urbanization	低度城市化	低度城市化
uneven development	非均衡发展	失衡發展
unfrozen water	未冻水	未凍水
unified field theory	统一性领域理论	統一性領域的理論
unified geography	统一地理学	統一地理學
unified modeling language（UML）	统一建模语言	統一模式語言
uniform flow	均匀流	均匀流
uniformitarianism	均变论	均變說,齊一說
uniform region	同质区域	同質區域
unilateral trade	单边贸易	單邊貿易
unit cell	晶胞	晶胞
unit hydrograph	单位过程线	單位水歷線
unit weight of peat	泥炭容重	泥炭容重
universalization	全世界化	全世界化
universal rule	普遍法则	普遍法則
university-science city	大学-科学城	大學-科學城
unloading	卸载	卸載
unsaturated zone	非饱和带	未飽和帶
unstable air	不稳定的空气	不穩定的空氣
unsteady flow	非稳定流	非穩定流
unsupervised classification	非监督分类	非監督分類
upper-air westerlies	高空西风带	高空西風帶
upright sandfence	高立式沙障	高立式沙障
uptake	吸收	吸收
uptidal zone	潮上带	潮上帶

英　文　名	大　陆　名	台　湾　名
uptown	上城区	上城區
upwash	上溅	上溅,冲溅
upwelling	上升流	湧升流
uranium series dating	铀系法测年	铀系定年
urban agglomeration	城市集聚区	都市聚集
urban archipelago	城市群岛	都市列嶼
urban atlas	城市地图集	都市地圖集
urban attraction	城市吸引力	都市吸引力
urban capacity	城市容量	都市容量
urban center	城市中心	都市中心
urban climate	城市气候	都市氣候
urban core	城市核心	都市核心
urban culture	城市文化	都市文化
urban decentralization	城市疏散	都市去中心化
urban decline	城市衰退	都市衰退
urban density gradient	城市密度梯度	都市密度梯度
urban density gradient law	城市密度梯度律	都市密度梯度律
urban design	城市设计	都市設計
urban detailed planning	城市详细规划	都市細部規劃
urban development axis	城镇发展轴线	都市發展軸線
urban district	市区	市區
urban ecological system	城市生态系统	都市生態系統
urban ecology	城市生态学	都市生態學
urban economic base theory	城市经济基础理论	都市經濟基礎理論
urban economic function	城市经济职能	都市經濟機能
urban economic region	城市经济区	都市經濟區
urban economics	城市经济学	都市經濟學
urban elite	都市精英	都市精英
urban entrepreneuriatism	城市创业主义	都市創業主義[精神]
urban environment	城市环境	都市環境
urban expansion	城市扩展	都市擴張
urban field	城市场	都市場
urban fringe	城市边缘区	都市外緣
urban geography	城市地理学	都市地理學
urban geomorphology	城市地貌学	都市地形學
urban GIS(UGIS)	城市地理信息系统	都市地理資訊系統
urban governance	城市管治	都市治理
urban growth	城市增长	都市成長

英　文　名	大　陆　名	台　湾　名
urban growth pole	城市生长极	都市成長極
urban growth stage	城市成长阶段	都市成長階段
urban hierarchy	城市等级体系	都市階層
urban hydrology	城市水文学	都市水文學
urban impact analysis	城市影响分析	都市影響分析
urban information system	城市信息系统	都市資訊系統
urban infrastructure	城市基础设施	都市基礎設施
urban issue	城市问题	都市問題
urbanization	城市化	都市化
urbanization curve	城市化曲线	都市化曲線
urbanization economy	城市化经济	都市化經濟
urbanized area	城市化地区	都市化地區
urban landscape	都市景观	都市景觀
urban layout	城市布局	都市佈局
urban managerialism	城市管理主义	都市管理主義
urban manager and gatekeeper	城市经理人与守门人	都市經理人與守門人
urban map	城市地图	都市地圖
urban mass transport system	城市高速交通系统	都市大衆運輸系統
urban master planning	城市总体规划	都市總體規劃
urban morphology (= city form)	城市形态	都市形態
urban movement	城市运动	都市運動
urban nation	都市国家	都市國家
urban network	城市网络	都市網絡
urban pattern of dispersed component	分散集团型城市形态	分散型都市形態
urban pattern of radiating corridor	放射走廊型城市形态	放射走廊型都市形態
urban physical geography	城市自然地理学	都市自然地理學
urban planning	城市规划	都市計畫
urban planning area	城市规划区	都市計畫區
urban policy	城市政策	都市政策
urban population	城市人口	都市人口
urban population projection	城市人口预测	都市人口預測
urban population structure	城市人口结构	都市人口結構
urban primacy ratio	城市首位度	都市首位度
urban problem (= urban issue)	城市问题	都市問題
urban program	城市计划	都市計畫
urban redevelopment	城市再开发	都市再開發
urban rehabilitation	城市复兴	都市重振
urban remote sensing	城市遥感	都市遙測

英　文　名	大　陆　名	台　湾　名
urban renewal	城市更新	都市更新
urban revolution	城市革命	都市革命
urban road hierarchy	城市道路等级	都市道路階層
urban shadow	城市影响区	都市林蔭
urban social movement	城市社会运动	都市社會運動
urban sociology	城市社会学	都市社會學
urban sprawl	城市蔓延	都市蔓延
urban structural planning	城市结构规划	都市結構規劃
urban structure	城市结构	都市結構
urban style of life	城市生活方式	都市生活風格
urban system	城市体系	都市體系
urban system dynamic model	城市系统动力学模式	都市系統動力學模式
urban tourism	城市旅游	都市旅遊
urban tract	城市连续建成区	都市道
urban traffic planning	城市交通规划	都市交通規劃
urban transport	城市交通	都市交通
urban village	城中村	都市村
urochishche	限区	限區
use value of natural resources	资源使用价值	資源使用價值
U-shape valley	U 形谷	U 形谷
utilitarian	功利主义者	效用主義者
utilitarianism	功利主义	效用主義
utilization ratio of sunlight energy	光能利用率	光能利用率

V

英　文　名	大　陆　名	台　湾　名
vadose cave	渗流带溶洞	滲流溶洞
vadose water	包气带水	滲流水
valley	谷	谷
valley glacier	山谷冰川	谷冰河
valley swamp	河谷沼泽	河谷沼澤
valley train	谷边碛	谷磧
variance	方差	變異[量]
varve	纹泥	紋泥,季候泥
varved-clay dating	纹泥测年	季候泥定年
Vayda school	威达学派	維達學派
vector-born disease	媒介传染病	媒介傳染病

英　文　名	大　陆　名	台　湾　名
vector data	矢量数据	向量資料
vector data model	矢量数据模型	向量資料模式
vector data structure	矢量数据结构	向量資料結構
vector map	矢量地图	向量地圖
vector to raster conversion	矢量-栅格转换	向量-網格轉換
vegetable garden soil	菜园土	菜園土
vegetation	植被	植被
vegetation regionalization	植被区划	植被區劃
vegetation succession	植被演替	植被演替
vegetation type	植被型	植被型態
vein	矿脉	礦脈
vein ice	脉冰	脈冰
ventifact(=wind-faceted stone)	风棱石	風稜石
venture capital	风险资本	創投資本
venture capital fund	创投基金	風險投資基金
vernacular landscape	乡土景观	鄉土地景
vernal equinox	春分	春分
vertical corporation	垂直企业	垂直企業
vertical farming	垂直农业	垂直農業
vertical foreign direct investment	垂直外资	垂直國外直接投資
vertical industrial linkage	产业垂直联系	垂直產業關聯
vertical polarization	垂直极化	垂直極化
vertisol	变性土,膨转土	反轉土,膨轉土,黏裂土
vesicle	气泡	氣泡,囊泡
vicariance	隔离演化	隔離演化
vicariance biogeography	隔离演化生物地理学	隔離演化生物地理學
video-conference	电视会议	視訊會議
Vienna circle	维也纳学圈	維也納學圈,維也納學派
viewpoint	视点	觀點
viewshed	视野图	視域
village	村落	村落
virtual geographical environment	地理环境虚拟	虛擬地理環境
virtual map	虚拟地图	虛擬地圖
virtual reality	虚拟现实	虛擬實境
viscosity	黏度	黏度
viscous debris flow	黏性泥石流	黏性泥石流
visible light	可见光	可見光

英 文 名	大 陆 名	台 湾 名
visual form	视觉形式	視覺形式
visual remote sensing	可见光遥感	可見光遙測
volatile	挥发分	揮發物
volcanic arc	火山弧	火山弧
volcanic ash	火山灰	火山灰
volcanic bomb	火山弹	火山彈
volcanic breccia	火山角砾	火山角礫岩
volcanic neck	火山颈	火山頸
volcanic pipe	火山管	火山管
volcanic rock	火山岩	火山岩
volcanism(=culcanism)	火山作用	火山作用
volcano	火山	火山
von Thünen pattern	杜能模式	屠能模型
Voronoi diagram	沃罗诺伊图	沃羅諾伊圖
Voronoi pattern	沃罗诺伊模式	沃羅諾伊模型
vortex flow	涡流	渦流
Vulcanian eruption	乌尔卡诺式喷发	弗卡諾式噴發
vulcanism	火山作用	火山作用

W

英 文 名	大 陆 名	台 湾 名
Wallace's line	华莱士线	華萊士線
wandering dune(=mobile dune)	流动沙丘	流動沙丘
wandering lake	游移湖	遊移湖
wandering river channel	游荡型河道	擺蕩型河道
warm-blooded animal	温血动物	溫血動物
warm current	暖流	暖流
warm front	暖锋	暖鋒
warm lake	热[带]湖	暖湖
warm occlusion	暖性锢囚	暖囚錮
warning stage	警戒水位	警戒水位
washout	冲刷	雨洗
wastewater irrigation	污水灌溉	廢水灌溉
water balance	水[量]平衡	水平衡
water body	水体	水體
water color	水色	水色
water demand	需水量	需水量

英　文　名	大　陆　名	台　湾　名
water demand management	需水管理	需水管理
water divide	分水岭	分水嶺
water exchange	水量交换	水交換
waterfall	瀑布	瀑布
water gap	水通道	水口,峡谷
water hemisphere	水半球	水半球
water level(=water stage)	水位	水位
waterlogging	涝	積水
water mass	水团	水體
water paludification	水体沼泽化	水體沼澤化
water pollution	水污染	水污染
water quality	水质	水質
water resources	水资源	水資源
water resources assessment	水资源评价	水資源評估
water resources supporting capacity	水资源承载力	水資源供應力
water-rock flow	水石流	水石流
watershed	集水区	集水區
watershed flow concentration	流域汇流	流域匯流
watershed management	流域管理	流域經營
watershed model	流域模型	流域模型
watershed morphology	流域形态	流域形態
water source protection	水源保护	水源保護
water spout	水龙卷	海龍卷
water stage	水位	水位
water supply	供水量	供水量
water supply and demand balance	水资源供需平衡	水資源供需平衡
water temperature	水温	水溫
water transport	水路运输	水運
waterway	航道,河漕	水道,航道,河漕
waterway of grain transporting	漕河	漕河
water wetland	淡水湿地	淡水濕地
water yearbook	水文年鉴	水文年鑒,水文年報
water yield	产水量	產水量
wave	波浪	波浪
wave base	浪蚀基面	波基
wave-built terrace	浪积台[地]	浪積台
wave crest	波峰	波峰
wave-cut bench	浪蚀台,海蚀平台	波蝕台,波蝕棚

英 文 名	大 陆 名	台 湾 名
wave cyclone	波动性气旋	波狀氣旋
wave erosion	波浪侵蚀	波[浪侵]蝕
wave-form sand	波状沙地	波狀沙地
wave height	波高	波高
wave length	波长	波長
wavelet transformation	小波变换	小波轉換
wave period	波动周期	波浪週期
wave refraction	波浪折射	波折射
wave trough	波谷	波谷
way of life(=genres de vie(法))	生活方式	生活方式
weakly mobile element	弱移动元素	弱移動元素
weather	天气	天氣
weathered crust	风化壳	風化殼
weathering	风化作用	風化[作用]
weather satellite series	气象卫星系列	氣象衛星系列
weather system	天气系统	天氣系統
Weber model	韦伯模型	韋伯模式
Weber's industrial location model	韦伯工业区位模型	韋伯工業區位元模式
WebGIS	万维网地理信息系统	網際網路地理資訊系統
Web map	万维网地图	網際網路地圖
web model	网络模式	網狀模式,網路模式
welded tuff	熔结凝灰岩	熔結凝灰岩
welfare economics	福利经济学	福利經濟學
welfare geography	福利地理学	福利地理學
welfare state	福利国家	福利國家
westerlies	西风带	西風帶
wet adiabatic lapse rate	湿绝热直减率	濕絕熱遞減率
wet damage	湿害	濕害
wetland	湿地	濕地
wetland biogeochemistry	湿地生物地球化学	濕地生物地球化學
wetland classification in single element	湿地单要素分类	濕地單要素分類
wetland conservation	湿地保护	濕地保育
wetland construction	湿地建设	濕地建設
wetland economics	湿地经济	濕地經濟
wetland ecosystem	湿地生态系统	濕地生態系統
wetland environment	湿地环境	濕地環境
wetland evolution	湿地演化	濕地演化
wetland hydrology	湿地水文	濕地水文

英 文 名	大 陆 名	台 湾 名
wetland investigation	湿地调查	濕地調查
wetland landform	湿地地貌	濕地地形
wetland landscape classification	湿地景观[生态]分类	濕地景觀[生態]分類
wetland loss	湿地丧失	濕地喪失
wetland management	湿地管理	濕地經營
wetland pollution	湿地污染	濕地污染
wetland process	湿地过程	濕地過程
wetland rejuvenation	湿地恢复	濕地恢復
wetland resources	湿地资源	濕地資源
wetland science	湿地学	濕地學
wetland sediment	湿地沉积	濕地沈積
wetland soil	湿地土壤	濕地土壤
wetland swamp coast	湿地沼泽海岸	濕地沼澤海岸
wetland utilization	湿地利用	濕地利用
wetland value	湿地价值	濕地價值
wet perimeter	湿润外围	濕潤週邊
wet precipitation	湿沉降	濕降水
wild buffalo	野牛	野牛
wilting coefficient	凋萎系数	凋萎係數
wilting point	萎蔫点	枯萎點
wind-accumulated landform	风积地貌	風積地形
windbreak	风障	風障,防風林
windbreak forest	防沙林	防風林
wind damage	风灾	風災
wind direction	风向	風向
wind drift sand flow	风沙流	風沙流
wind-eroded ground	风蚀地	風蝕地
wind-eroded habitacle	风蚀壁龛	風蝕壁龕
wind-eroded yardang landform	风蚀残丘	風蝕殘丘,風蝕雅爾當地形
wind erosion	风蚀	風蝕
wind erosion lake	风蚀湖	風蝕湖
wind erosion landform	风蚀地貌	風蝕地形
wind-faceted stone	风棱石	風稜石
wind force action	风力作用	風力作用
wind gap	风口	風口
wind shadow	静风区	風幕
wind speed	风速	風速

英 文 名	大 陆 名	台 湾 名
wind tunnel	风洞	風洞
windward slope	迎风坡	迎風坡
winter dormancy	冬眠	冬眠
wintering area	越冬地	越冬地
winter monsoon	冬季风	冬季風
winter solstice	冬至	冬至
Wisconsin Glaciation	威斯康星冰期	威斯康辛冰期
workspace	工作空间	工作空間
world atlas	世界地图集	世界地圖集
world city	世界城市	世界城市
world floristic division	世界植物区系分区	世界植物區系分區
world island	世界岛	世界島
world of appearance	表现世界	表現世界
world of difference	差异世界	差異世界
world-system analysis	世界体系分析	世界體系分析
world-system theory	世界体系理论	世界體系理論
world taken for granted	视为当然之世界	視為當然之世界
world-wide sea level change(=global sea-level change)	全球[性]海[平]面变化	全球[性]海[平]面變化

X

英 文 名	大 陆 名	台 湾 名
xenolith	捕房体	捕虜岩
xeric habitat	旱生生境	旱生生境
xerophilization	旱生化	旱生化
xerophilous critter	旱生生物	旱生生物
xerophyte	旱生植物	旱生植物
xerophytia	旱生群落	旱生群落
XML(=extensible markup language)	可扩展标记语言	可延伸標示語言

Y

英 文 名	大 陆 名	台 湾 名
Yardang	雅丹	雅丹,雅爾當
yellow-brown soil	黄棕壤	黄棕壤
yellow-cinnamon soil	黄褐土	黄褐土
yellow earth	黄壤	黄壤

英　文　名	大　陆　名	台　湾　名
yellow soil (= yellow earth)	黄壤	黄壤
Younger Dryas event	新仙女木事件	新仙女木事件
young soil	幼年土壤	幼年土
youth stage	幼年期	幼年期
yuan	黄土塬	黄土塬

Z

英　文　名	大　陆　名	台　湾　名
zeolite	沸石	沸石
zero curtain	零点幕	零點幕
zero flux plane	零通量面	零通量面
Zhou's curve	竺可桢曲线	竺可楨曲線
Zipf rule	齐普夫规则	齊普夫法則
zonal circulation	纬向环流	緯向環流
zonality	地带性	地帶性
zonal soil	显域土	顯域土,定域土
zone	地带	地帶
zone of aeration	通气带	通氣帶
zone of assimilation	同化作用圈层	棄卻帶
zone of dependence	依附带	依賴帶
zone of discard	退化作用圈层	退化作用圈層,退化帶
zone of transition	转换带	過渡區
zoning	分区制	分區制
zoning effect	划带效应	分區效應
zoogeography	动物地理学	動物地理學
zooplankton	浮游动物	浮游動物